ABITUR-TRAINING
PHYSIK

Horst Lautenschlager

Quanten-, Atom- und Kernphysik

Grundkurs

Aufgaben mit Lösungen

STARK

Bildnachweis
Umschlagbild: © Erik Kinast

ISBN: 3-89449-217-1

1. Auflage 1995
D-85318 Freising · Postfach 1852 · Tel. (08161) 1790

Inhalt

(Fortsetzung nächste Seite)

Ausblick auf Kerntechnik und Elementarteilchenphysik

Lösungen 67

Vorwort

Liebe Kollegiatin, lieber Kollegiat,

mit diesem Band halten Sie ein **kompaktes Repetitorium** in Händen, das den gesamten **prüfungsrelevanten Stoff** der Jahrgangsstufe 13 im Grundkurs Physik enthält. Sein vorrangiges Anliegen ist es, Sie bei der **Vorbereitung** auf **Klausuren** sowie die **schriftliche Abiturprüfung** und das **Colloquium** zu unterstützen. Zu diesem Zweck soll der einmal gehörte Lehrstoff in sicheres und abrufbares Wissen verwandelt werden. Dieses Ansinnen spiegelt sich auch im Aufbau des vorliegenden Trainingsbandes wider:

- Er wendet sich bewußt in **Frage-Antwort-Form** an Sie, denn nur wenn Sie anhand gezielter Fragen Ihr Wissen überprüfen können, merken Sie, wo ihre individuellen Schwachstellen liegen.
- Alle 201 Aufgaben werden in einem eigenen Teil **ausführlich** und **vollständig gelöst.** Im Anschluß an die Lösungen einiger Aufgaben finden Sie **erklärende Hinweise**, die ausschließlich zur Vertiefung einer angeschnittenen Problematik dienen oder Querverbindungen zu weiteren Themenbereichen herstellen, jedoch nicht prüfungsrelevant sind.
- Das **Stichwortverzeichnis** soll es Ihnen ermöglichen, jederzeit schnell auf den Inhalt des Buches zugreifen zu können.

Viel Erfolg wünscht Ihnen

Horst Lautenschlager

Hinweis:
In den Lösungen auftauchende Bezeichnungen wie z. B. "FS S. 24" verweisen darauf, daß Sie die verwendete Formel in der Formelsammlung "Hammer/Hammer: Physikalische Formeln und Tabellen, [5]1989" auf Seite 24 finden.

Elementare Quantenphysik

Grundlagen der Röntgenspektroskopie

1. Die Gitterkonstante muß zur Wellenlänge passen

a) Erklären Sie mit dem Huygensschen Prinzip, wie es zu Beugung und Interferenz von Licht an optischen Strichgittern bzw. von Röntgenstrahlung an Kristallgittern kommt!

b) Unter welcher wesentlichen Voraussetzung tritt beim Auftreffen einer Welle auf ein Beugungsgitter eine deutliche Interferenzerscheinung auf? Begründen Sie Ihre Antwort!

c) Die besten optischen Strichgitter weisen 1700 Striche pro mm auf. Zeigen Sie durch Rechnung, daß selbst solche Gitter von senkrecht auftreffender Röntgenstrahlung der Wellenlänge $\lambda = 5,9$ pm keine deutliche Interferenzerscheinung erzeugen!

d) Warum beobachtet man keine Interferenzerscheinung, wenn Licht der Wellenlänge $\lambda = 589,0$ nm auf ein Kristallgitter der Gitterkonstanten $b = 2,0 \cdot 10^{-10}$ m trifft? Rechnerische Begründung!

2. Bragg-Reflexion

a) Was versteht man unter den Begriffen "Netzebene" und "Netzebenenschar"?

b) Geben Sie die Braggsche Beschreibung von Röntgenstrahlinterferenzen an Einkristallen wieder! Leiten Sie dabei auch die Braggsche Beziehung her!

c) Erläutern Sie den Begriff "Glanzwinkel"!

d) Welcher grundsätzliche Unterschied besteht zwischen dem Reflexionsverhalten eines ebenen Spiegels für Licht und eines Einkristalls für Röntgenstrahlung?

3. Drehkristall-Verfahren

Beschreiben Sie (Versuchsaufbau mit Skizze, Versuchsdurchführung, Versuchsergebnis mit Skizze) die Messung der Wellenlänge von Röntgenstrahlung mittels des Drehkristall-Verfahrens.

4. Zahlenbeispiel zum Drehkristall-Verfahren

a) Der Glanzwinkel 1. Ordnung für die Bragg-Reflexion von monoenergetischer Röntgenstrahlung der Energie $E = 5,9$ keV an einem NaCl-Einkristall beträgt 22,17°. Berechnen Sie den zugehörigen Netzebenenabstand d!

b) Trifft monochromatische Röntgenstrahlung der unbekannten Wellenlänge λ auf die Netzebenen aus Teilaufgabe a, so liefert das Drehkristall-Verfahren untenstehendes Drehwinkel-Zählrate-Diagramm. Bestimmen Sie hieraus λ!

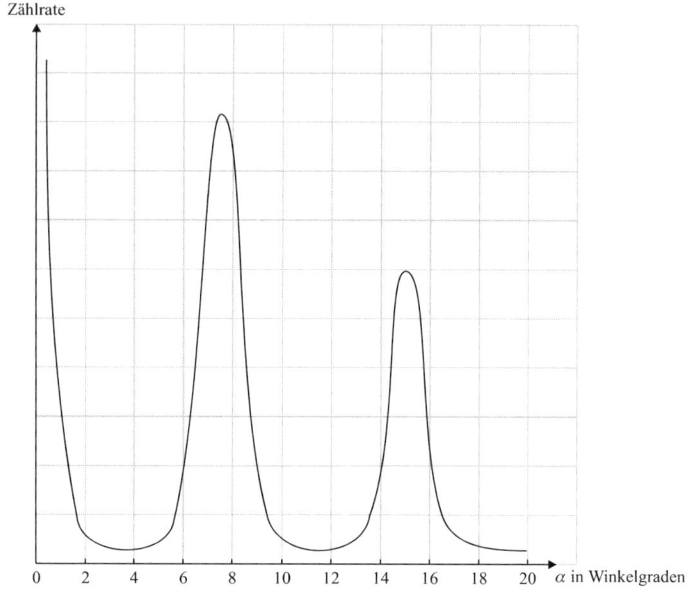

5. Debye-Scherrer-Verfahren

Beschreiben Sie unter Verwendung geeigneter Skizzen, wie man mit dem Debye-Scherrer-Verfahren die Wellenlänge von Röntgenstrahlung mißt. Gehen Sie dabei vor allem auf die Entstehung des typischen Interferenzmusters ein und leiten Sie eine Beziehung zur Berechnung der Wellenlänge aus den geometrischen Größen des Versuchsaufbaus und Kristallgrößen her! Die üblichen Näherungen für kleine Winkel können dabei verwendet werden.

6. Zahlenbeispiel zum Debye-Scherrer-Verfahren

Ein monoenergetischer Röntgenstrahl der Energie $E = 73{,}1\ \text{keV}$ trifft auf eine dünne Graphitfolie mit polykristalliner Struktur. Auf einem zur ursprünglichen Strahlrichtung senkrechten, von der Folie 27,0 cm entfernten

Schirm beobachtet man das abgebildete System von Interferenzringen. Man weiß, daß die Ringe K_1, K_3, K_4 zu unterschiedlichen Interferenzordnungen *einer* Netzebenenschar mit dem Netzebenenabstand d' gehören. Ebenso handelt es sich bei K_2, K_5, K_6 um unterschiedliche Interferenzordnungen einer anderen Netzebenenschar mit dem Netzebenenabstand d".

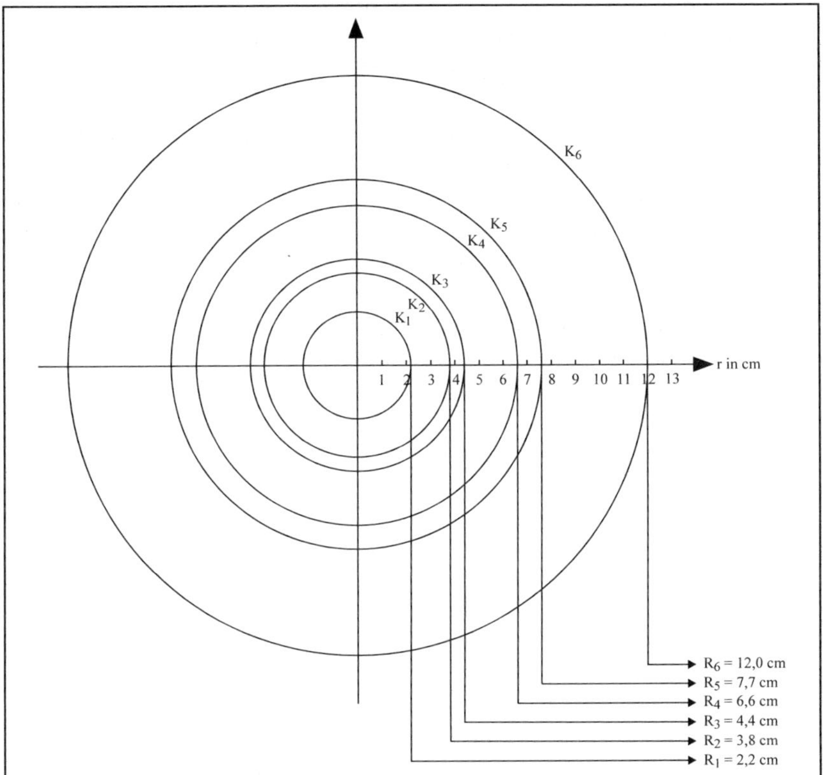

a) Berechnen Sie die Wellenlänge der einfallenden Röntgenstrahlung!

b) Welche Ringe gehören jeweils zur 1. Interferenzordnung? (Begründung!)

c) Welcher Ring 1. Interferenzordnung gehört zur Netzebenenschar mit dem kleineren Netzebenenabstand? (Begründung!)

d) Für die Ringe 1. Interferenzordnung ist die Kleinwinkelnäherung zulässig. Berechnen Sie unter dieser Voraussetzung die numerischen Werte für d' und d"!

e) Wie ändert sich das Interferenzmuster unter Beibehaltung aller anderen Versuchsbedingungen, wenn Röntgenstrahlung kleinerer Energie verwendet wird? (Begründung!)

7. Laue-Digramme

Beschreiben Sie eine Versuchsanordnung zur Aufnahme eines Laue-Diagramms und erläutern Sie kurz, was ein Laue-Diagramm ist und durch welche physikalische Vorgänge es entsteht.

8. Vergleichende Charakterisierung des Laue-, Debye-Scherrer- und Drehkristall-Verfahrens

Charakterisieren Sie jeweils die in der Überschrift genannten Verfahren! Stellen Sie dazu jeweils kurz das Wesentliche des betreffenden Verfahrens ohne Rechnung und Skizzen mit Worten dar!

9. Erzeugung monochromatischer Röntgenstrahlung

Beschreiben Sie, wie man aus kontinuierlicher Röntgenstrahlung einen monochromatischen Röntgenstrahl vorgegebener Wellenlänge λ_0 erzeugen kann!

Materiewellen

10. De Broglies Hypothese

a) Wie lautet de Broglies Hypothese?

b) Auf welche Weise ordnete de Broglie materiellen Teilchen Frequenz und Wellenlänge zu?

11. Berechnung von Materiewellenlängen

Berechnen Sie mit allgemeinen Größen die de-Broglie-Wellenlänge eines Teilchens der Ruhemasse m_0 und der Ladung q, das aus der Ruhe heraus durch eine Spannung vom Betrag U beschleunigt worden ist, wenn

a) nicht relativistisch gerechnet werden kann!

b) relativistisch gerechnet werden muß!
Hilfe: Zeigen Sie zunächst, daß für die Teilchengeschwindigkeit v gilt:

$$v = \frac{c}{E_k + E_0} \cdot \sqrt{2 \cdot E_0 \cdot E_k + E_k^{\,2}}$$

E_k bezeichnet dabei die kinetische Energie des Teilchens, E_0 seine Ruheenergie.

12. Versuchskonzept für den Nachweis der Wellennatur von Teilchen

a) Die Elektronen eines Elektronenstrahls werden aus der Ruhe heraus durch die Spannung U = 250 V beschleunigt. Berechnen Sie ihre de-Broglie-Wellenlänge!

b) Welche Ihnen bekannten Interferenzversuche können prinzipiell zum experimentellen Nachweis der Wellennatur dieser Strahlelektronen dienen? (Begründung!)

c) Sind Nachweisversuche leichter zu realisieren, wenn man höhere Beschleunigungsspannungen verwendet?

13. Experimentelle Überprüfung der de-Broglie-Hypothese

Zur experimentellen Überprüfung von de Broglies Hypothese beschleunigt man Elektronen aus der Ruhe heraus mit einer Spannung von U = 1,0 kV und läßt sie dann in einem feinen Strahl auf eine dünne Graphitfolie polykristalliner Struktur treffen. Auf einem zum Strahl senkrechten ebenen Schirm, der 25,0 cm hinter der Folie angebracht ist, beobachtet man ein System von konzentrischen Interferenzkreisringen.

a) Zum kleinsten, mit Radius r = 4,7 cm gehört der Netzebenenabstand $d = 2{,}1 \cdot 10^{-10}$ m. Berechnen Sie den zugehörigen Glanzwinkel!

b) Berechnen Sie aus dem Glanzwinkel und dem Netzebenenabstand die de-Broglie-Wellenlänge der Elektronen!

c) Überprüfen Sie mit den übrigen Angaben de Broglies Formel für die Materiewellenlänge!

d) Wie kann man recht einfach nachweisen, daß die Interferenzringe durch die Elektronen und nicht durch Röntgenstrahlen erzeugt worden sind, die von den Elektronen in der Folie ausgelöst wurden.

14. Das Experiment von Davisson und Germer

Davisson und Germer beschleunigten 1927 Elektronen aus der Ruhe heraus durch eine Spannung von U = 54 V und ließen sie dann in einem feinen Strahl auf einen Nickeleinkristall treffen. Dort drangen die Elektronen nicht in den Kristall ein, sondern wurden von den Kristallpartikeln der Oberfläche zurückgestreut. Fassen Sie nun die zurückgestreuten Elektronen nicht mehr als Teilchen, sondern als Wellenvorgang auf. Unter welchem Winkel α müßte man dann im Unendlichen das Interferenzmaximum 1. Ordnung der Elektronenstreustrahlung beobachten können, wenn der gegenseitige Abstand b der Kristallpartikel $b = 2{,}15 \cdot 10^{-10}$ m beträgt?

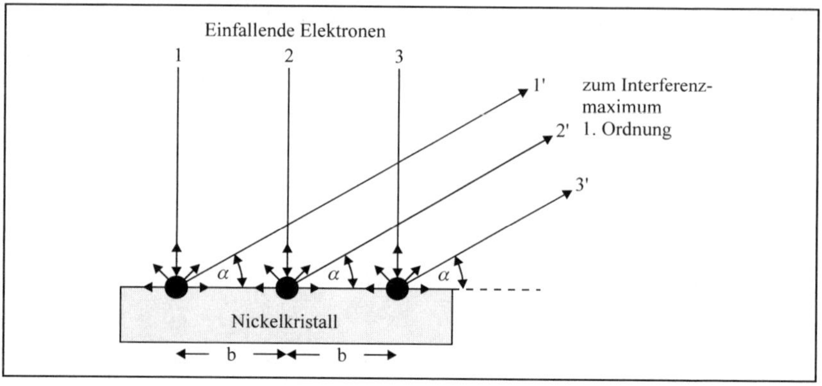

15. Der Möllenstedt-Versuch

MÖLLENSTEDT gelang es 1954 Elektronenstrahlinterferenzen zu erzeugen, ohne daß die daran beteiligten Elektronen in Wechselwirkung mit Materie traten. Beschreiben Sie seinen Versuch kurz unter Verwendung einer erläuternden Skizze!

16. Zur Geschwindigkeitsabhängigkeit der elektrischen Ladung

Man führt einen Interferenzversuch mit einem monoenergetischen Elektronenstrahl der Geschwindigkeit v durch und mißt dabei die de-Broglie-Wellenlänge λ der Elektronen (Experiment 1).

Dann untersucht man die Ablenkung d e s s e l b e n Elektronenstrahls, wenn dieser senkrecht zu den Feldlinien in ein homogenes Magnetfeld der Flußdichte B eintritt. Bei diesem Experiment mißt man B und den Radius r des Kreisbogens, den die Elektronen durchlaufen (Experiment 2).

a) Drücken Sie für jedes Experiment den Elektronenimpuls p durch die jeweiligen Meßgrößen aus!

b) Zeigen Sie mit Hilfe Ihrer Ergebnisse aus a, daß zwischen den Meßgrößen und der Elementarladung e folgender Zusammenhang besteht:

$$e = \frac{h}{B \cdot \lambda \cdot r}$$

c) Man führt dieses Doppelexperiment nun mehrmals durch, erhöht aber bei jedem neuen Versuch die Geschwindigkeit der Elektronen. Dabei zeigt sich, daß sich zwar die Meßwerte für B, λ und r ändern, aber in der Weise, daß der Wert des Terms $B \cdot \lambda \cdot r$ unverändert bleibt. Dies gilt auch für Geschwindigkeiten, die größer als $0{,}1 \cdot c$ sind.
Welche Frage wird dadurch geklärt?

17. Zur Wellennatur von Makrokörpern

Ein Tennisball der Masse m = 57,5 g fliegt nach einem mißglückten Aufschlag in die Zuschauermenge. Er bewegt sich entsprechend nebenstehender Skizze geradlinig mit der Geschwindigkeit $v = 108\,\frac{km}{h}$ auf 4 Zuschauer Z_1, Z_2, Z_3, Z_4 zu, die äquidistant im Abstand 0,5 m längs einer Geraden stehen. Obwohl die Zuschauer ein Gitter mit 3 Spalten bilden, passiert der Tennisball unabgelenkt. Erklären Sie dies durch Rechnung!

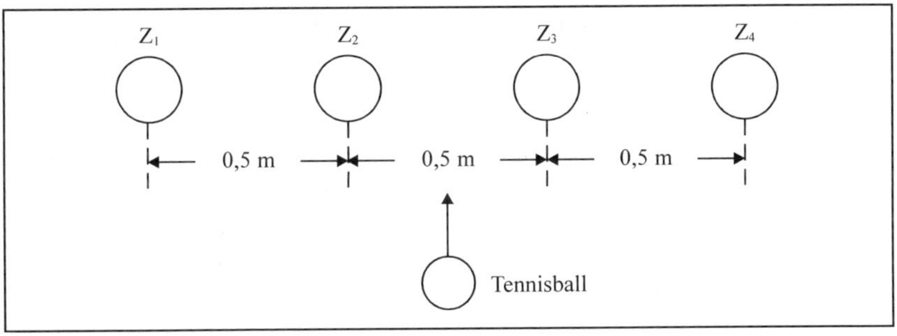

18. Zum Versuch von Jönsson

Erst 1960 gelang es JÖNSSON nachzuweisen, daß Licht und Elektronen an einem Doppelspalt gleiches Ausbreitungsverhalten zeigen. Im folgenden werden die Schwierigkeiten, die beim Doppelspaltversuch mit Elektronen auftreten, verdeutlicht.

a) Warum benötigt man für den Versuch einen Doppelspalt mit möglichst kleinem Spaltabstand b und Elektronen mit möglichst großer de-Broglie-Wellenlänge λ?

b) Welche Bedingung muß die Beschleunigungsspannung, mit der ein Elektronenstrahl erzeugt wird, erfüllen, damit die de-Broglie-Wellenlänge der Elektronen möglichst groß ist?

c) Aus der Ruhe heraus durch die (sehr kleine Spannung) U = 30 V beschleunigte Elektronen treffen auf einen Doppelspalt mit dem (sehr kleinen) Spaltabstand $b = 2 \cdot 10^{-6}\,\text{m}$. Berechnen Sie den Abstand Δx der Interferenzmaxima 1. und 2. Ordnung auf einem L = 20,0 cm vom Doppelspalt entfernten Schirm!

d) Warum ist die Beobachtung von Elektronenstrahlinterferenzen an einem Doppelspalt schwierig?

Dualismus

19. Dualismus

a) Was versteht man unter dem Dualismus Welle – Teilchen?

b) Was versteht man unter dem Dualismus Teilchen – Welle?

20. Vermittlung zwischen Teilchen- und Wellenmodell

Welche Bedeutung haben die dem Wellenmodell entnommenen Begriffe "Frequenz" und "Amplitude" im Teilchenmodell?

21. Taylorexperiment

Ein Doppelspaltversuch mit Photonen oder Elektronen soll so durchgeführt werden, daß sich nie mehrere Korpuskeln gleichzeitig in der Anordnung befinden.

a) Beschreiben Sie, welche Beobachtungen man auf dem Schirm machen kann, wenn

(1) sehr kurz,

(2) etwas länger,

(3) sehr lange belichtet wird!

b) Was bedeuten diese Beobachtungen für das Verhalten einer einzelnen Korpuskel nach dem Durchtritt durch den Doppelspalt?

22. Phasen- und Gruppengeschwindigkeit

a) Wie sind Phasen- und Gruppengeschwindigkeit einer Welle definiert?

b) Wie groß sind Phasen- und Gruppengeschwindigkeit einer monochromatischen, elektromagnetischen Welle im Vakuum?

c) Zeigen Sie, daß für die Phasengeschwindigkeit c_{Phase} einer Materiewelle gilt:

$$c_{Phase} = \frac{c^2}{v}$$

c bezeichnet dabei die Vakuumlichtgeschwindigkeit, v die Teilchengeschwindigkeit.

d) Wie groß ist die Gruppengeschwindigkeit einer Materiewelle?

23. Charakter einer Strahlung

Der "Charakter" einer Strahlung wird dadurch bestimmt, wie stark jeweils ihre Wellen- oder ihre Korpuskelnatur zum Ausdruck kommt.

a) Je energiereicher ein Photon ist, desto leichter kann es als Einzelphoton von einem Nachweisgerät festgestellt werden. Wie wird daher der Charakter einer elektromagnetischen Strahlung durch ihre Frequenz bestimmt?

b) Begründen Sie mit Hilfe von Tabelle 18 ihrer Formelsammlung, ohne Rechnung, warum es materielle Teilchen mit einer kleineren relativistischen Gesamtenergie als 0,511 MeV nicht gibt!

c) Zu welchem Bereich des elektromagnetischen Spektrums gehört Photonenstrahlung der Energie 0,511 MeV? Welchen Charakter besitzt elektromagnetische Strahlung dieser Energie?

d) Bezeichnet E die relativistische Gesamtenergie und E_0 die Ruheenergie eines materiellen Teilchens, so gilt für seine de-Broglie-Wellenlänge

$$\lambda = \frac{h \cdot c}{\sqrt{E^2 - E_0^2}}$$ (Herleitung nicht verlangt!)

Berechnen Sie die Wellenlänge eines Elektrons und eines Photons, die jeweils die relativistische Gesamtenergie E = 0,512 MeV besitzen! Wem würden Sie einen "stärkeren" Teilchencharakter zuschreiben?

Heisenbergs Unschärferelation

24. Heisenbergs Unschärferelation

a) Wie lautet die Heisenbergsche Unschärferelation?

b) Welche physikalische Aussage macht diese Beziehung?

25. Mikroteilchen sind keine kleinen Billardkugeln.

Zeigen Sie, daß folgendes Bild von Mikroteilchen falsch ist:

> "Mikroteilchen, z. B. Elektronen, sind sehr, sehr klein, verhalten sich aber genauso wie sehr, sehr stark verkleinerte Billardkugeln. Sie haben also zu jedem Zeitpunkt eine bestimmte Orts- und Impulskoordinate. Nur verbietet ein Naturgesetz, das durch die Heisenbergsche Unschärferelation ausgedrückt wird, die gleichzeitige Bestimmung ihrer jeweiligen Orts- und Impulskoordinate mit beliebiger Genauigkeit."

Denken Sie sich zur Aufdeckung des Fehlers einen Doppelspaltversuch mit Elektronen ausgeführt und überlegen Sie, welche Bilder auf dem Beobachtungsschirm entstehen, wenn für eine erste Aufnahme beide Spalten für die Zeit T geöffnet sind bzw. für eine zweite Aufnahme zunächst nur der linke Spalt für den Zeitraum T geöffnet und der rechte verdeckt und für die anschließende Zeitspanne T nur der rechte Spalt geöffnet und der linke verdeckt wird.

26. Strahlaufweitung

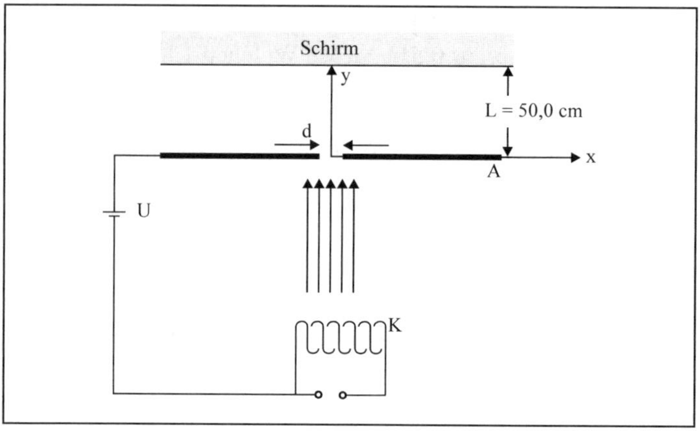

Glühelektrisch bei K erzeugte Elektronen werden von der Spannung U = 250 V beschleunigt und treffen senkrecht mit der Auftreffgeschwindigkeit v_y auf die gelochte Anode A. Der Lochdurchmesser beträgt d = 1,0 mm.

a) Berechnen Sie v_y und den zugehörigen Impuls.

b) Welche Ortsunschärfe besitzen die Elektronen in dem Moment, in dem sie das Loch in A durchfliegen? Berechnen Sie die zugehörige Impulsunschärfe.

c) Bis zu welchem Winkel α können einzelne Elektronen hinter A mindestens von der ursprünglichen Strahlrichtung abweichen?

d) Welcher Durchmesser ist dann für den Bildfleck des Lochs auf dem Schirm zu erwarten?

e) Wie müßte man den Lochdurchmesser verändern, damit der Winkel α aus Teilaufgabe c 5° beträgt?

f) Berechnen Sie die de-Broglie-Wellenlänge der Elektronen und vergleichen Sie mit dem Lochdurchmesser aus Teilaufgabe e!

27. Nullpunktsenergie

Die Bewegung eines Teilchens der Masse m in x-Richtung des Koordinatensystems sei nur innerhalb des Intervalls [0; a] möglich.

a) Erklären Sie, warum das Teilchen niemals in Ruhe sein kann!

b) Weisen Sie mit einem nichtrelativistischen Ansatz, unter der Annahme, daß die Minimalgeschwindigkeit des Teilchens praktisch Null ist ($v_{min} \approx 0$), für die Maximalgeschwindigkeit v_{max} des Teilchens nach:

$$v_{max} \geq \frac{h}{2 \cdot \pi \cdot a \cdot m}$$

c) Berechnen Sie mit allgemeinen Größen, welche maximale kinetische Energie das Teilchen zeitweise mindestens erreichen kann!

d) Berechnen Sie die numerischen Werte für Teilaufgabe c in eV, wenn es sich bei dem Teilchen um ein

(1) Elektron handelt und $a = 10^{-10}$ m ist.

(2) Proton handelt und $a = 10^{-14}$ m ist.

28. Warum spielt die Heisenbergsche Unschärferelation für Makrokörper keine Rolle?

Die Lage des Schwerpunkts eines sehr kleinen Makrokörpers der Masse 1 mg kann experimentell mit Hilfe von Laserlicht der Frequenz $f = 4{,}7 \cdot 10^{14}$ Hz innerhalb eines Ortsintervalls $[x_0; x_0 + \lambda]$ ermittelt werden; λ bezeichnet dabei die Wellenlänge des Laserlichts.

a) Berechnen Sie die zugehörige Geschwindigkeitsunschärfe des Körpers!

b) Welche meßtechnische Bedeutung hat der Zahlenwert aus Teilaufgabe a?

29. Änderung der Ortsunschärfe aufgrund der Ortsunschärfe

Die Ortsunschärfe eines Teilchens der Masse m betrage zum Zeitpunkt $t_0 = 0$ s Δx.

a) Zeigen Sie, daß das Teilchen zum Zeitpunkt $t_1 > t_0$ dann die Ortsunschärfe

$$\Delta x' \geq \frac{h \cdot t_1}{2 \cdot \pi \cdot m \cdot \Delta x}$$

besitzt!

b) Berechnen Sie mit dem Ergebnis von Teilaufgabe a jeweils die Ortsunschärfe $\Delta x'$ eines freien Elektrons (bzw. eines Staubkorns der Masse 1 µg) zum Zeitpunkt $t_1 = 1$ s, wenn es zum Zeitpunkt $t_0 = 0$ s die Ortsunschärfe $\Delta x = 10^{-10}$ m (bzw. $\Delta x = 10^{-5}$ m) besessen hat, und interpretieren Sie Ihr Ergebnis!

30. Verallgemeinerung der Heisenbergschen Unschärferelation

Für alle Größenpaare, deren Produkt die Dimension einer Wirkung (J · s) hat, gibt es zur Heisenbergschen Unschärferelation analoge Unschärferelationen.

Wie lauten sie für die Größenpaare (Energie / Zeit) und (Frequenz / Zeit)?

31. Anwendung der modifizierten Unschärferelation

Die Leuchtdauer emittierender Atome beträgt 10^{-8} s. Eine Spektrallinie kann somit nach Aufgabe 30, auch bei sonst idealen Versuchsbedingungen, niemals scharf sein, da die zeitliche Unschärfe $\Delta t = 10^{-8}$ s beträgt.

a) Berechnen Sie die Unschärfe Δf, mit der die Frequenz prinzipiell behaftet ist!

b) Macht sich diese Unschärfe bei der Wellenlängenmessung der H_α-Linie von Wasserstoff bemerkbar?

Die Struktur des Atoms und seiner Hülle

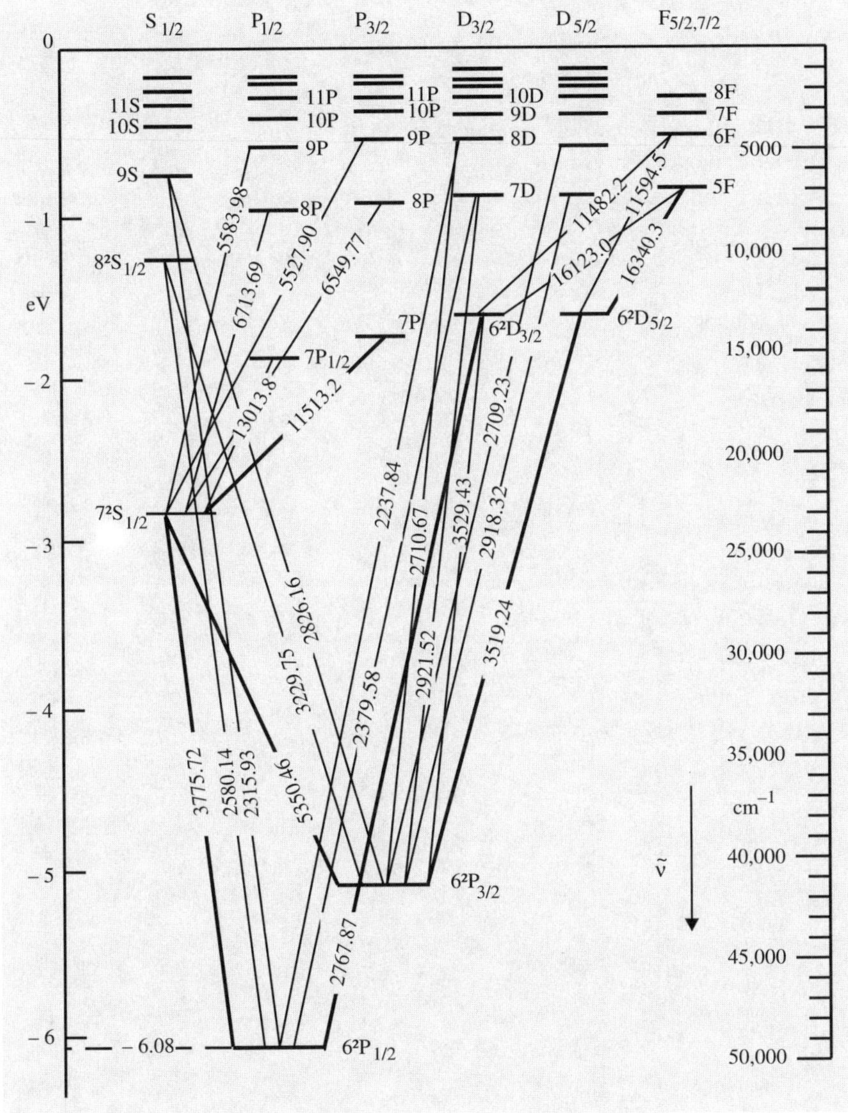

Das Rutherfordsche Atommodell und seine Vorläufer

32. Die Daltonsche Atomhypothese
Formulieren Sie die Daltonsche Atomhypothese!

33. Die Atomvorstellung der kinetischen Gastheorie
Welche Vorstellung macht man sich von Atomen in der kinetischen Gastheorie?

34. Brownsche Bewegung

a) Was versteht man unter der Brownschen Bewegung?
b) Geben Sie eine Erklärung für die Brownsche Bewegung!
c) Welche Bedeutung kommt der Brownschen Bewegung mit Blick auf die Atomvorstellung zu?

35. Der Ölfleckversuch
Mit Hilfe des Ölfleckversuchs läßt sich unter anderem die Größe von Atomen abschätzen.

a) Erklären Sie Aufbau und Durchführung des Versuchs! Erläutern Sie dabei genau, jedoch ohne Rechnung, wie es gelingt, mit einfachen Hilfsmitteln den Durchmesser eines Ölsäuremoleküls abzuschätzen!
b) Wie weist man nach, daß die erzeugte Ölschicht monomolekular ist?
c) Bei einer Messung verwendet man Ölsäure, die mit Leichtbenzin im Verhältnis 1 : 2 000 gemischt wird. Eine mit 10 cm^3 des Gemischs gefüllte Tropfpipette liefert 621 gleich große Tropfen. Einer dieser Tropfen erzeugt einen kreisförmigen Ölfleck vom Radius $r = 5{,}7$ cm.
Schätzen Sie mit diesen Daten den mittleren Durchmesser d eines Ölsäuremoleküls ab!
d) Berechnen Sie unter der Annahme, daß alle Atome eines Ölsäuremoleküls gleich groß und Würfel der Kantenlänge a sind, einen Näherungswert für den Atomdurchmesser a! Ölsäure hat die chemische Formel $C_{17}H_{33}COOH$.
e) Berechnen Sie die Anzahl N aller im Ölsäurefleck aus Teilaufgabe b enthaltenen Ölsäuremoleküle!
f) Berechnen Sie die Lohschmidtsche Zahl! Die Dichte der Ölsäure hat bei Zimmertemperatur den Wert $\rho = 0{,}89 \frac{g}{cm^3}$.

36. Atome enthalten geladene Bestandteile.
Welche wesentlichen Erscheinungen weisen darauf hin, daß Atome geladene Bestandteile enthalten?

37. Thomsonsches Atommodell
J. J. THOMSON entwickelte 1904 ein Atommodell, in dem das Vorkommen von positiven und negativen Ladungen im Atom berücksichtigt wird.
Nennen Sie die wesentlichen Merkmale dieses Atommodells!

38. Lenards Elektronen-Streuversuch
a) Beschreiben Sie unter Verwendung einer beschrifteten Skizze das Wesentliche von Lenards Elektronen-Streuversuch!
b) Warum widerlegen Lenards Versuchsergebnisse das Thomsonsche Atommodell? Verwenden Sie bei Ihrer Begründung für die Dicke der Absorberfolie den Wert 2 μm!

39. α-Teilchen als Kerngeschoße
a) Nennen Sie die wesentlichen Eigenschaften eines α-Teilchens!
b) Erklären Sie, warum sich α-Teilchen zur Untersuchung der Verteilung von Ladung und Masse im Atom besser eignen als langsame Elektronen!

40. Rutherfords Streuversuch
a) Beschreiben Sie anhand einer beschrifteten Skizze den Aufbau des Rutherfordschen Streuversuches!
b) Nennen Sie die wesentlichen qualitativen Ergebnisse dieses Versuches!
c) Welche Schlüsse über den Atomaufbau zog Rutherford aus diesen Ergebnissen?

41. Das Rutherfordsche Atommodell
Nennen Sie die wesentlichen Merkmale des Rutherfordschen Atommodells!

42. Unzulänglichkeiten des Rutherfordschen Atommodells
Nennen Sie kurz die wesentlichen Mängel des Rutherfordschen Atommodells!

43. Gerader, zentraler Stoß eines α-Teilchens mit einem Atomkern

Ein α-Teilchen der Ruhemasse m_α wird aus unendlich großer Entfernung mit der Anfangsgeschwindigkeit v_0 auf einen in Ruhe befindlichen Kern geschossen, der die Ladung $Z \cdot e$ trägt. Die Masse des Kerns kann als unendlich groß angenommen werden.

a) Unter welchen Voraussetzungen kommt das Teilchen dem Kern am nächsten?

b) Drücken Sie diesen Minimalabstand r_{min} durch m_α, v_0, Z, e, π und ε_0 aus!

c) Wie groß muß die kinetische Energie in eV eines α-Teilchens mindestens sein, daß es bei Gold in den Bereich der Kernkräfte gelangt?

d) Welche Spannung müßte das α-Teilchen aus Teilaufgabe c aus der Ruhe heraus hierfür durchlaufen haben?

44. Experimentelle Bestimmung des Goldkernradius

Verwendet man beim Rutherfordschen Streuversuch α-Teilchen, deren kinetische Energie größer als 28 MeV ist, so treten Abweichungen von der Streuformel auf.

a) Wie ist dies zu erklären?

b) Schätzen Sie mit den gegebenen Daten den numerischen Wert für den Radius r_K des Goldatomkerns ab!

45. Einfache Rechnungen im Rahmen des Rutherfordschen Atommodells

Folgende Aufgaben sind im Rahmen des Rutherfordschen Atommodells für das H-Atom zu bearbeiten:

a) Drücken Sie die Bahngeschwindigkeit des Elektrons durch Naturkonstante und den Bahnradius r aus!

b) Drücken Sie die Umlaufszeit T durch Naturkonstante und den Bahnradius r aus!

c) Weisen Sie die sinngemäße Gültigkeit des 3. Keplerschen Gesetzes für das auf verschiedenen Kreisbahnen umlaufende Elektron nach!

46. Energie des Elektrons im Rutherfordschen Atommodell

Zeigen Sie durch Rechnung, daß die Gesamtenergie E_{ges} des Elektrons im Wasserstoffatom mit wachsendem Kreisbahnradius zunimmt!

Quantenhafte Emission und Absorption von Energie durch Atome

47. Anregung

a) Erklären Sie den Begriff "Anregung eines Atoms"!

b) Geben Sie die wichtigsten Möglichkeiten zur Anregung von Atomen an!

c) Beschreiben Sie die wesentlichen Unterschiede zwischen den einzelnen Anregungsmöglichkeiten!

48. Thermische Anregung

a) In der kinetischen Gastheorie geht man von vollkommen elastischen Stößen zwischen den Gasatomen aus. Wie ist diese Annahme mit der Erfahrungstatsache der thermischen Anregung zu vereinbaren?

b) Wasserstoff absorbiert bei Zimmertemperatur merklich nur 'Licht' mit Wellenlängen der Lyman-Serie, bei sehr hohen Temperaturen aber auch Licht mit Wellenlängen der Balmerserie. Erklären Sie diese Erscheinung!

49. Photonenselektion

Bringt man NaCl in eine nicht leuchtende Bunsenflamme, so geht von der Flamme gelbes Licht der Wellenlänge $\lambda = 589$ nm aus.

a) Erklären Sie das Zustandekommen dieser Lichtemission!

Entsprechend nebenstehender Skizze wird ein weißer Schirm durch eine Natriumdampflampe und eine Glühlampe gleicher Lichtleistung ausgeleuchtet. An der Stelle, wo sich die Lichtkegel der Lampen kreuzen, wird die Bunsenflamme aus a in den Strahlengang beider Lampen gebracht. Welche Beobachtung macht man an der Stelle des Schirms, an der das Licht der

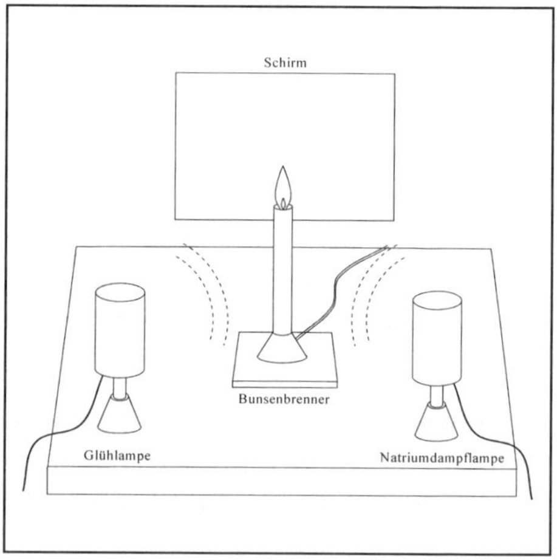

b) Natriumdampflampe
c) der Glühlampe
auftrifft? Begründen Sie jeweils ausführlich Ihre Antwort!

50. Resonanzfluoreszenz von Natriumdampf

In einem gut evakuierten Glaskolben befindet sich ein Tropfen metallischen Natriums. Der Kolben wird auf die Temperatur T erhitzt und mit dem Licht einer Natriumdampflampe bestrahlt.

a) Welche Beobachtung macht man bei seitlicher Betrachtung unter 90° gegen die Richtung des Natriumdampflampenlichtes, wenn T = 180°C? (Begründung!)
b) Die Temperatur wird auf T = 250°C erhöht. Was beobachtet man nun? (Begründung!)
c) Was beobachtet man, wenn die Natriumdampflampe durch eine Bogenlampe ersetzt wird? (Begründung!)

51. Umkehrung der Natrium-D-Linie

a) Erläutern Sie anhand einer qualitativen Versuchsbeschreibung – mit Skizze –, was man unter der "Umkehrung der Natrium-D-Linie" versteht!
b) Erklären Sie diesen Sachverhalt!

52. Fraunhofersche Linien

Was versteht man unter den "Fraunhoferschen Linien"? Wie erklärt man ihre Entstehung?

53. Franck-Hertz-Versuch

a) Beschreiben Sie unter Verwendung einer Skizze die Anordnung und die Durchführung des Franck-Hertz-Versuches!
b) Stellen Sie das Versuchsergebnis graphisch dar!
c) Erklären Sie das Versuchsergebnis!

54. Die "Ideale Franck-Hertz-Kurve"

Als 'Ideale Franck-Hertz-Kurve' werde das U_A-I_B-Diagramm eines Franck-Hertz-Versuches bezeichnet, bei dem stets monoenergetische Elektronen in der Röhre vorhanden sind und alle Elektronen mit ausreichender Energie einen inelastischen Stoß erleiden. Zeichnen Sie die 'Ideale Franck-Hertz-Kurve' schematisch und begründen Sie Ihr Ergebnis!

55. Bestimmung der Ionisierungsenergie

Bei einem mit Hg-Dampf gefüllten Franck-Hertz-Rohr in untenstehender Schaltung ergibt sich der vom Amperemeter angezeigte Auffängerstom I_B als Funktion der Beschleunigungsspannung U_A so, wie dies untenstehende Abbildung (rechts) zeigt.

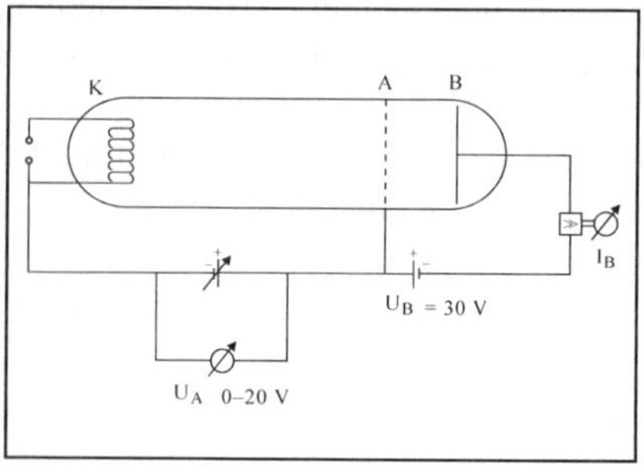

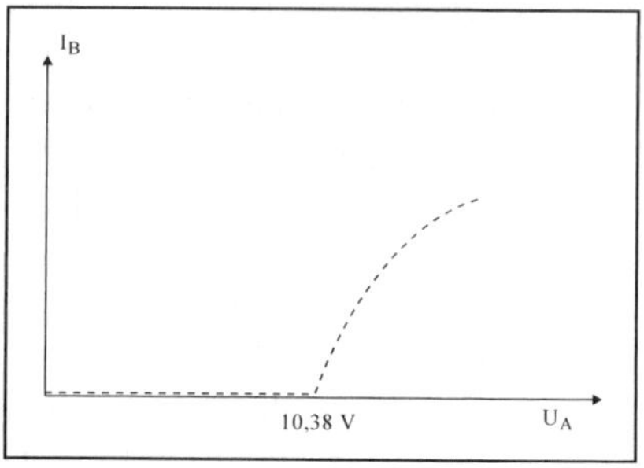

a) Erklären Sie das schlagartige Einsetzen des Auffängerstromes bei 10,38 V! Beachten Sie, daß $|U_B|>|U_{A,max}|$!

b) Warum darf bei diesem Versuch die Temperatur der Franck-Hertz-Röhre nicht zu hoch sein?

56. Bestimmung des Planckschen Wirkungsquantums mit dem Franck-Hertz-Rohr

Verwendet man bei einem Franck-Hertz-Versuch eine mit Kaliumdampf gefüllte Röhre, so beobachtet man die Maxima des Auffängerstromes in einem Abstand von 1,63 V. Bei bestimmten Beschleunigungsspannungen beobachtet man im Franck-Hertz-Rohr monochromatische Strahlung der Wellenlänge 760,6 nm.

a) Erklären Sie das Auftreten der elektromagnetischen Strahlung!

b) Berechnen Sie aus den angegebenen Daten den Wert des Planckschen Wirkungsquantums!

57. Das Wasserstoffemissionsspektrum – Grundbegriffe

a) Erläutern Sie am Beispiel des Wasserstoffatomspektrums die Begriffe "Wellenzahl", "Spektralterm", den Zusammenhang zwischen Wellenzahl und Spektraltermen, "Spektralserie", "Seriengrenze"!

b) Geben Sie jeweils die Serienformel für die Lyman-, Balmer-, Paschen-, Brackett-, Pfund-Serie an! Welchem Spektralbereich gehören die einzelnen Serien an?

58. Rechenaufgabe zur Serienformel

a) Berechnen Sie für die Balmerserie die Wellenlänge λ_G der Seriengrenze!

b) Berechnen Sie die Wellenlänge λ_{max} der langwelligsten Linie der Lymanserie!

c) Weisen Sie durch Rechnung nach, daß sich die Linienspektren der Lyman- und Balmer-Serie nicht überlappen!

d) Eine Linie des Wasserstoffatomspektrums besitzt die Wellenlänge 1,00 µm; der zugehörige Laufterm lautet $-\frac{R}{49}$. Zu welcher Serie gehört die Linie?

59. Das Ritzsche Kombinationsprinzip

a) Formulieren Sie das Ritzsche Kombinationsprinzip!

b) Zeichnen Sie das Spektraltermschema des H-Atoms bis zum 5. Spektralterm und tragen Sie, so weit möglich, die Wellenzahlen der einzelnen Serien ein! (Für die Skizze: R $\hat{=}$ 10 cm)

c) Erläutern Sie das Ritzsche Kombinationsprinzip anhand des Spektraltermschemas!

60. Schluß vom Absorptions- aufs Emissionsspektrum

Im Absorptionsspektrum des einfach ionisierten Heliumions beobachtet man Linien mit den Wellenlängen λ_1 = 30,4 nm; λ_2 = 25,6 nm; λ_3 = 24,3 nm, die alle durch Absorption aus dem Grundzustand entstehen. Bestimmen Sie die Wellenlängen aller Linien des Emissionsspektrums von He^+, die sich aus diesen Angaben ermitteln lassen!

Das Bohrsche Atommodell

61. Die Bohrschen Annahmen

Geben Sie die beiden Bohrschen Postulate und die Bohrsche Quantenbedingung an!

62. Energiestufen des Elektrons im Wasserstoffatom

a) Drücken Sie den Radius r_n der n-ten Quantenbahn und die zugehörige Elektronengeschwindigkeit v_n durch die Elektronenmasse m, Naturkonstante und n aus!

b) Drücken Sie
(1) die kinetische Energie $E_{kin,\,n}$
(2) die potentielle elektrische Energie $E_{pot,\,n}$
des Elektrons auf der n-ten Quantenbahn durch dieselben Größen aus!

c) Berechnen Sie unter Verwendung der Ergebnisse aus Teilaufgabe b die Gesamtenergie E_n des Elektrons auf der n-ten Quantenbahn!

d) Zeigen Sie, daß $E_{kin,n} = -\frac{1}{2} \cdot E_{pot,n}$ und $E_{kin,n} = -E_n$

63. Herleitung der allgemeinen Serienformel fürs Wasserstoffatom

Im Wasserstoffatom besitzt das Elektron auf der n-ten Quantenbahn die Gesamtenergie

$$E_n = -\frac{e^4 \cdot m}{8 \cdot \varepsilon_0{}^2 \cdot h^2} \cdot \frac{1}{n^2}$$

a) Leiten Sie aus dieser Beziehung die allgemeine Serienformel für das Emissionsspektrum des Wasserstoffatoms her!

b) Zeigen Sie, daß $E_n = -\frac{R \cdot h \cdot c}{n^2}$!

c) Zeichnen Sie das Energieniveauschema des Wasserstoffatoms für die fünf niedrigsten Energiestufen! (1 eV $\hat{=}$ 1 cm)

d) Kennzeichnen Sie im Energieniveauschema, so weit möglich, die Emissionslinien der einzelnen Serien!

64. Ionisierungsenergie

a) Was versteht man unter der "Ionisierungsenergie eines Atoms"?

b) Zeigen Sie, daß für die Ionisierungsenergie $E_{ion}(n)$ eines im n-ten Anregungszustand befindlichen Wasserstoffatoms gilt:

$$E_{ion}(n) = \frac{R \cdot h \cdot c}{n^2}$$

c) Welcher Zusammenhang besteht beim Wasserstoffatom zwischen $E_{ion}(n)$ und der Wellenlänge $\lambda_{G,n}$ der Seriengrenze der n-ten Spektralserie? (Begründung!)

65. Überlegungen zum Sinn der Bohrschen Quantenbedingung

Für den Radius r_n der n-ten Quantenbahn des Elektrons im H-Atom und die zugehörige Elektronengeschwindigkeit v_n gilt:

$$r_n = \frac{\varepsilon_0 \cdot h^2}{m \cdot e^2 \cdot \pi} \cdot n^2 \qquad v_n = \frac{e^2}{2 \cdot \varepsilon_0 \cdot h} \cdot \frac{1}{n}$$

a) Drücken Sie die de-Broglie-Wellenlänge λ_n des Elektrons auf der n-ten Quantenbahn durch die in den Beziehungen für r_n und v_n auftretenden Größen aus!

b) U_n bezeichne den Umfang der n-ten Quantenbahn. Zeigen Sie, daß $U_n = n \cdot \lambda_n$!

c) Welcher tiefere physikalische Sachverhalt kommt in dieser Beziehung zum Ausdruck?

d) Leiten Sie aus der Beziehung $U_n = n \cdot \lambda_n$ die Bohrsche Quantenbedingung her!

66. Anregung von Wasserstoffgas durch Elektronenstoß

Elektronen werden aus der Ruhe heraus durch die Spannung U = 13,2 V beschleunigt und treffen dann auf ein Gas aus Wasserstoffatomen. Durch Elektronenstoß werden die Wasserstoffatome aus dem Grundzustand heraus angeregt. Jedes Elektron kann dabei höchstens einmal anregen. Nachdem die Elektronen das Gas verlassen haben, wird ihre kinetische Energie gemessen.

a) Zeichnen Sie das Energieniveauschema des H-Atoms!

b) Welche Werte stellt man bei der Messung der kinetischen Energie der Elektronen fest? (Begründung!)

c) Warum emittiert das beschossene Gas elektromagnetische Strahlung?

d) Wieviel verschiedene Wellenlängen können nachgewiesen werden? Welche davon liegen im sichtbaren Bereich?
Stellen Sie alle Übergänge im Energieniveauschema aus Teilaufgabe a dar!

e) Berechnen Sie die Wellenlänge der lang- und der kurzwelligsten Linie!

f) Was beobachtet man, wenn man das Gas mit Photonen der Energie 13,2 eV beschießt?

67. Anregung von Wasserstoff mit Photonen

Auf die Atome eines Wasserstoffgases trifft kontinuierliche elektromagnetische Strahlung. Dadurch werden sie ausschließlich aus dem Grundzustand heraus so angeregt, daß im Emissionsspektrum des Gases von der Balmer-Serie nur die H_α- und die H_β-Linie auftreten.

a) Welche Wellenlänge λ_0 ist dann in der auftreffenden Strahlung bestimmt enthalten? Berechnen Sie λ_0!

b) Wieviel Linien sind dann im Emissionsspektrum insgesamt zu beobachten? (Begründung!)
Berechnen Sie die Wellenlänge λ_{max} der langwelligsten!

c) Bis zu welcher Grenz-Wellenlänge λ_G dürfen in der auftreffenden Strahlung weitere Wellenlängen λ mit $\lambda < \lambda_0$ enthalten sein, ohne daß sich dadurch die Zahl der Linien im Emissionsspektrum ändert?

68. Ionisierung und Rekombination

a) Zur Ionisierung eines Wasserstoffatoms aus dem Grundzustand benötigt man die Energie $E_{ion} = 13{,}6$ eV; $\lambda_4 = 94{,}96$ nm ist die Wellenlänge der 4. Linie der Lyman-Serie. Mit diesen numerischen Werten läßt sich die Ionisierungsenergie E_{ion} (n) des Wasserstoffatoms aus einem angeregten Zustand E_n ermitteln.

(1) Um welchen Zustand handelt es sich?

(2) Berechnen Sie E_{ion} (n) nur mit Hilfe der angegebenen Werte!

b) Berechnen Sie die kleinste Wellenlänge λ_{min}, die man beobachten kann, wenn ein Proton ein Elektron der kinetischen Energie 0,5 eV einfängt!

69. Das Bohrsche Korrespondenzprinzip:

a) Formulieren Sie das Bohrsche Korrespondenzprinzip!

Für den Radius r_n bzw. die zugehörige Geschwindigkeit v_n des Elektrons auf der n-ten Quantenbahn des H-Atoms gilt:

$$r_n = \frac{\varepsilon_0 \cdot h^2}{m \cdot e^2 \cdot \pi} \cdot n^2 \quad \text{bzw.} \quad v_n = \frac{e^2}{2 \cdot \varepsilon_0 \cdot h} \cdot \frac{1}{n}$$

b) Berechnen Sie die Umlaufsfrequenz f_n des Elektrons auf der n-ten Quantenbahn des H-Atoms!

(Ergebnis: $f_n = \frac{2 \cdot R \cdot c}{n^3}$)

c) Berechnen Sie nach der Bohrschen Theorie die Frequenz $f_{n+1,n}$ der Strahlung eines H-Atoms beim Übergang des Elektrons von der (n + 1)-ten auf die n-te Quantenbahn!

(Ergebnis: $f_{n+1,n} = R \cdot c \cdot \frac{2 \cdot n + 1}{n^2 \cdot (n+1)^2}$)

d) Zeigen Sie mit den bisherigen Ergebnissen, daß für die Strahlungsemission des H-Atoms das Bohrsche Korrespondenzprinzip gilt!

70. Mängel des Bohrschen Atommodells

Nennen Sie die wesentlichen Mängel des Bohrschen Atommodells!

Ausblick auf das quantenmechanische Atommodell

71. Das Modell des linearen eindimensionalen Potentialtopfs

a) Was versteht man unter einem gebundenen Teilchen?

b) Welcher nicht realisierbare Spezialfall eines gebundenen Teilchens wird durch das Modell des linearen eindimensionalen Potentialtopfs der Länge L mit unendlich hohen Wänden beschrieben?

c) Skizzieren und beschreiben Sie den Verlauf der potentiellen Energie eines Teilchens in diesem Modell!

72. Aussagen der klassischen Physik und der Quantenphysik über ein Teilchen im Potentialtopf

Wie verhält sich ein Teilchen der Masse m

a) nach der klassischen Physik

b) nach der Quantenmechanik

in einem linearen eindimensionalen Potentialtopf?

Unterscheiden Sie dabei zwischen elektrisch neutralen und geladenen Teilchen!

73. Energiequantelung im Potentialtopf

Ein Teilchen der Masse m befinde sich in einem linearen eindimensionalen Potentialtopf der Länge L.

a) Warum sind für die kinetische Energie des Teilchens nur diskrete Werte $E_{kin,\,n}$ möglich? Zeigen Sie, daß $E_{kin,n} = \frac{h^2 \cdot n^2}{8 \cdot m \cdot L^2}$!

b) Zeichnen Sie bis zur Quantenzahl 3 das zugehörige Energieniveauschema ($\frac{h^2}{8 \cdot m \cdot L^2} \mathrel{\hat{=}} 1\,\text{cm}$) und qualitativ die Graphen der Wellenfunktion $\psi(x)$ und der Wahrscheinlichkeitsdichte $|\psi(x)|^2$. Veranschaulichen Sie jeweils die Graphen der Wahrscheinlichkeitsdichte durch ein 'Punktediagramm'!

c) Mit dem Übergang des Teilchens von einem stationären Zustand in einen anderen ist die Absorption bzw. Emission von Photonen verbunden. Drücken Sie die möglichen Frequenzen mittels der in der Beziehung für $E_{kin,\,n}$ auftretenden Größen aus!

74. Bohrsches Korrespondenzprinzip und Potentialtopf
Ein elektrisch neutrales Teilchen der Masse m befinde sich in einem linearen, eindimensionalen Potentialtopf der Länge L. Zeigen Sie, daß für große Quantenzahlen, die quantenmechanischen Aussagen über die Aufenthaltsbereiche des Teilchens im Topf mit den Aussagen der klassischen Physik übereinstimmen!

75. Der Potentialtopf als Modell für Atomhülle und Atomkern
a) Inwiefern kann der eindimensionale, lineare Potentialtopf als Modell für Atomhülle und Atomkern herangezogen werden? Gehen Sie in Ihrer Antwort auch auf die wesentlichen Mängel dieses Modells ein!
b) Für die Energie eines Teilchens der Masse m im linearen, eindimensionalen Potentialtopf der Länge L sind nur die diskreten Werte

$$E_n = \frac{h^2 \cdot n^2}{8 \cdot m \cdot L^2} \qquad n \in \mathbb{N}$$

möglich. Berechnen Sie mit Hilfe dieser Beziehung, welche Werte größenordnungsmäßig für Energieumsetzungen in der Atomhülle und im Atomkern zu erwarten sind und vergleichen Sie!

76. Orbitalmodell
Erläutern Sie am Beispiel des Wasserstoffatoms den Begriff "Orbital"!

Schalenaufbau und Röntgenspektrum

77. Rückschlüsse auf den Schalenaufbau der Atomhülle
In der Reihe der Elemente $_{10}Ne$, $_{11}Na$, $_{12}Mg$, $_{13}Al$, $_{14}Si$, ... , $_{18}Ar$ nimmt das Atomvolumen von Ne auf Na stark zu und dann allmählich bis Ar wieder kleinere Werte an.
a) Erklären Sie diesen Sachverhalt!
b) Welche Aussagen lassen sich prinzipiell über die Ionisierungsenergien der gegebenen Elementereihe machen? (Begründung!)

78. Die Röntgenröhre und ihr Emissionsspektrum
a) Erklären Sie unter Zuhilfenahme einer beschrifteten Skizze den Aufbau und die Funktionsweise einer Röntgenröhre!
b) Geben Sie ein Verfahren an, mit dem man ein Röntgenemissionsspektrum aufnehmen kann. Fertigen Sie eine Skizze der Anordnung mit knapper Versuchsbeschreibung an!

c) Skizzieren Sie qualitativ den Verlauf eines Röntgenemissionsspektrums und erklären Sie seine Entstehungsweise! Erläutern Sie dabei auch, was man unter K- bzw. L-Serie und unter K_α-, K_β-, L_α-Linie versteht!

d) Warum muß die Antikathode der Röntgenröhre gekühlt werden?

79. Details des Röntgenemissionsspektrums

Die Antikathode einer Röntgenröhre besteht aus Kupfer.

a) Welche Serien sind im Emissionsspektrum der Röhre prinzipiell zu erwarten? Wie viele Linien gehören zu jeder Serie? (Begründung!)

b) Die Betriebsspannung der Röhre werde stetig von Null beginnend gesteigert. In welcher Reihenfolge erscheinen die in Teilaufgabe a angegebenen Serien? (Begründung!)

c) Warum erscheinen alle Linien einer Serie des Röntgenemissionsspektrums gleichzeitig, sobald die Betriebsspannung einen bestimmten Schwellenwert erreicht hat?

d) Erläutern Sie am Beispiel der K-Serie, warum die Linien einer Serie unterschiedliche Intensitäten haben! Ordnen Sie die Linien der K-Serie entsprechend ihrer Intensität!

e) Wie verändert sich das Emissionsspektrum der Röhre, wenn die Betriebsspannung verringert wird?

80. Moseley-Gesetz

a) Formulieren Sie das Moseley-Gesetz!

b) Berechnen Sie die Wellenlänge der K_α-Linie von Zirkonium!

c) Aus welchem Material besteht die Antikathode einer Röntgenröhre, wenn für die Wellenlänge der K_α-Linie ihres Emissionsspektrums gilt:

$$\lambda_{K_\alpha} = 72{,}1 \text{ pm?}$$

81. Materialidentifizierung

a) Warum ist es im Gegensatz zum optischen Spektrum für das charakteristische Röntgenemissionsspektrum eines Elements unerheblich, ob die Atome frei oder chemisch gebunden sind?

b) Welche Möglichkeiten ergeben sich hieraus für die Analyse unbekannter Substanzen?

82. Viele Fragen in einer Aufgabe

Für die Wellenlänge der K_α-Linie einer Röntgenröhre findet man den Wert

$$\lambda_{K_\alpha} = 1{,}54 \cdot 10^{-10} \text{ m.}$$

a) Aus welchem Material besteht die Antikathode?

b) Für die Ionisation aus der L-Schale des in Teilaufgabe a gefundenen Elements ist die Mindestenergie $E_L = 0{,}936$ keV aufzubringen. Wie groß muß die Betriebsspannung der Röntgenröhre mindestens sein, damit die K_α-Linie beobachtet werden kann?

c) Berechnen Sie die Wellenlänge λ_{min} der kurzwelligen Grenze des Bremskontinuums, wenn die Betriebsspannung den in Teilaufgabe b berechneten Wert besitzt!

d) Berechnen Sie die Wellenlänge λ_{L_α} der L_α-Linie, wenn die Frequenz der K_β-Linie $2{,}16 \cdot 10^{18}$ Hz beträgt!

e) Welche Mindestenergie E_M ist zur Ionisation aus der M-Schale des in Teilaufgabe a genannten Elements nötig?

83. Röntgenabsorptionsspektrum

Schickt man Röntgenstrahlung durch eine dünne Metallfolie, so erhält man für die Abschwächung des Strahls in Abhängigkeit von der Wellenlänge (bei Vernachlässigung der Feinstruktur) nachstehendes Diagramm.

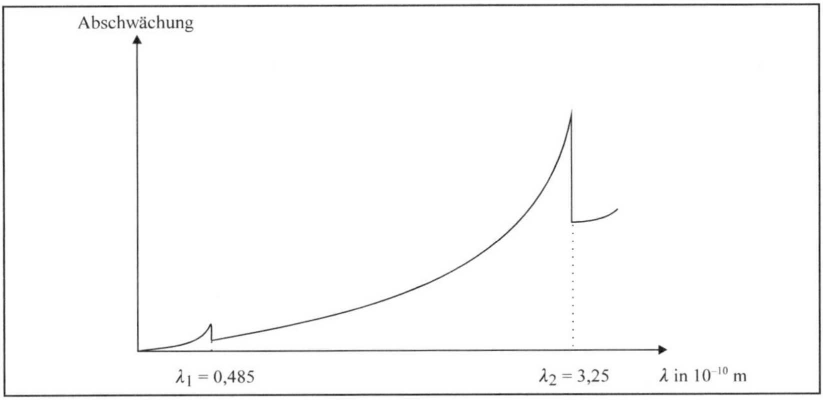

a) Erklären Sie, warum bei Röntgenabsorptionsspektren im Gegensatz zu Absorptionsspektren im optischen Bereich keine ausgeprägten Linien auftreten!

b) Erklären Sie das sprunghafte Abfallen der Absorption bei den Wellenlängen λ_1 und λ_2!

c) Geben Sie qualitativ an, wo auf obiger Wellenlängenskala die K_α-Linie liegt, wenn Absorberfolie und Antikathode aus dem gleichen Material bestehen!

d) Berechnen Sie aus den Daten des Diagramms die Wellenlänge der K_α-Linie und identifizieren Sie das Folienmaterial!

Aufbau und Eigenschaften von Atomkernen

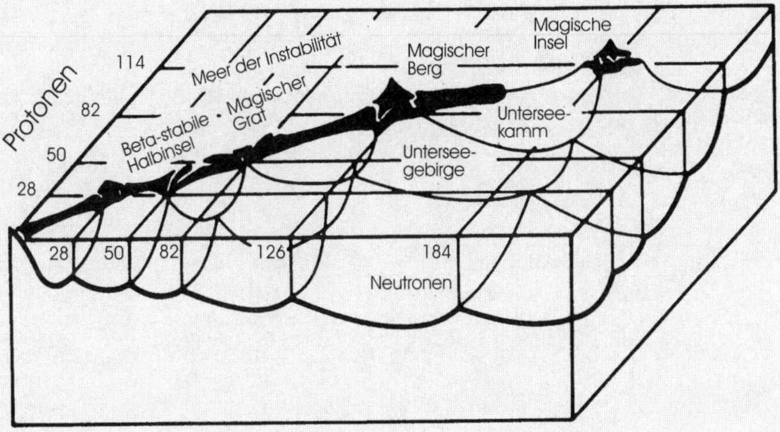

Grundeigenschaften des Atomkerns

84. Formel für den Kernradius

a) Geben Sie den Zusammenhang zwischen dem Kernradius r_K und der Massenzahl A an.

b) Zeigen Sie mittels der Beziehung aus Teilaufgabe a, daß die Volumina der Atomkerne proportional zu ihrer Massenzahl A sind.

c) Zeigen Sie, daß alle Atomkerne die gleiche Dichte besitzen! Berechnen Sie den numerischen Wert dieser Kerndichte ρ_K!

85. Grundlagen der Hofstadter-Experimente

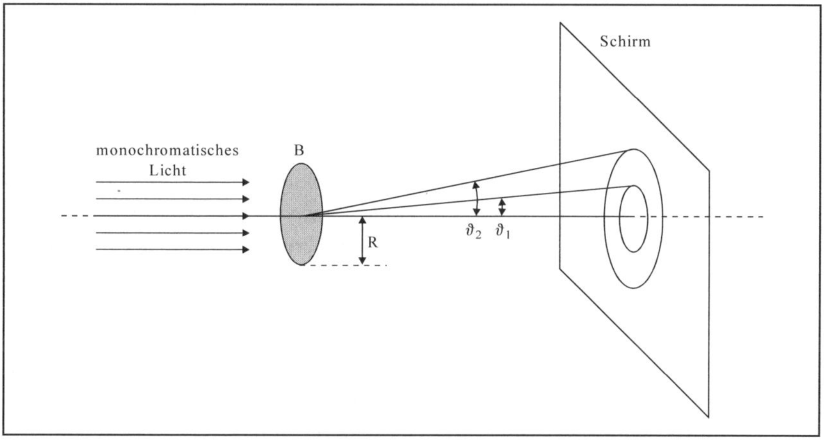

Trifft kohärentes monochromatisches Licht der Wellenlänge λ senkrecht auf eine kreisförmige Blende B vom Radius R, so beobachtet man hinter B auf einem zu B parallelen Schirm ein System konzentrischer Interferenzringe. Für die Winkel ϑ_k, unter denen man konstruktive Interferenz k-ter Ordnung findet, gilt:

$$\sin\vartheta_k = C_k \cdot \frac{\lambda}{R}$$

C_k sind dabei von der Interferenzordnung k abhängige Zahlen. Es gilt:

$$C_1 = 0{,}819;\ C_2 = 1{,}346;\ C_3 = 1{,}850;\ \ldots$$

a) Erläutern Sie kurz die Analogie der Hofstadterschen Streuversuche zum beschriebenen optischen Interferenzversuch.

b) Warum werden beim Hofstadterschen Versuch hochenergetische Elektronen verwendet?

c) Bei einer Hofstadter-Streuung von Elektronen mit dem Impuls $p = 2{,}65 \cdot 10^{-19}$ N · s an Bleikernen findet man das Interferenzmaximum 1. Ordnung unter einem Winkel von 15,9° . Berechnen Sie den Radius des Bleikerns!

86. Ergebnisse der Hofstadterschen Streuexperimente

a) Warum ergeben sich, wenn man hochenergetische Elektronen anstelle von Alphateilchen als Kerngeschoße verwendet, zusätzlich zu den Erkenntnissen Rutherfords neue Informationen über den Atomkern?

b) Nennen Sie kurz die wesentlichen Ergebnisse der Hofstadterschen Streuexperimente!

c) Skizzieren Sie qualitativ die Ladungsverteilung für zwei Atomkerne mit deutlich verschiedenen Massenzahlen $A_1 < A_2$!

87. Zur Existenz von Kernelektronen

Vor der Entdeckung des Neutrons durch Chadwick überlegte man, ob ein Atomkern der Massenzahl A und der Ordnungszahl Z aus A Protonen und A-Z-Elektronen aufgebaut sein kann. Diese Annahme soll mittels der Heisenbergschen Unschärferelation für den Kern Th 234 überprüft werden!

a) Berechnen Sie den Kernradius von Th 234.

b) Schätzen Sie die Impulsunschärfe eines fiktiven Kernelektrons von Th 234 rechnerisch ab. Setzen Sie hierfür $\Delta r = r$.

c) Schätzen Sie mittels des Ergebnisses aus Teilaufgabe b die relativistische Energie eines fiktiven Kernelektrons ab. Setzen Sie hierfür $\Delta p = p$ und verwenden Sie die Beziehung $E^2 = E_0^2 + p^2 \cdot c^2$; E bzw. E_0 bezeichnen die relativistische bzw. die Ruheenergie des Elektrons.

d) Deuten Sie das Ergebnis aus Teilaufgabe c, wenn die Bindungsenergie für Kernteilchen im Mittel kleiner als 9 MeV ist.

88. Neutronen und Protonen als Kernbausteine

a) Erläutern Sie kurz die Begriffe "Nukleon", "Kernladungszahl", "Massenzahl", "Nuklid".

b) Was versteht man in der Kernphysik unter "Isotopen"? Welche gegenseitige Lage nehmen Isotope in der Nuklidkarte ein? Geben Sie mit Hilfe der Formelsammlung ein Isotopenpaar an. Beantworten Sie diese Fragen auch für "Isobare" und "Isotone".

c) Erläutern Sie die Begriffe "gg-", "gu-", "ug-", "uu-Kern".

89. Isotopentrennung
Die bekanntesten Verfahren zur technischen Trennung größerer Stoffmengen von Isotopen sind das Diffusionsverfahren nach Hertz, das Trennrohrverfahren nach Clusius und die Isotopentrennung in einer Gaszentrifuge. Erläutern Sie kurz, ohne auf technische Details einzugehen, eines dieser Verfahren.

90. Starke Wechselwirkung
a) Was versteht man unter "Kernkraft"?
b) Nennen Sie die wesentlichen Eigenschaften der Kernkräfte!

91. Stabilitätslinie
Zeichnen Sie den Verlauf der Stabilitätslinie qualitativ in ein N-Z-Diagramm.Warum liegen stabile Kerne höherer Ordnungszahl nicht auf der Winkelhalbierenden des 1. Quadranten?

Massendefekt und Kernbindungsenergie

92. Massendefekt
a) Erläutern Sie den Begriff "Massendefekt".
b) Geben Sie eine Beziehung zur Berechnung des Massendefekts eines Nuklids aus den an seinem Aufbau beteiligten Massen an.
c) Wie läßt sich das Phänomen Massendefekt erklären?

93. Masseneinheiten
a) Was versteht man unter der atomaren Masseneinheit u?
b) Was versteht man unter der relativen Atommasse A_r?
c) Berechnen Sie das zu 1u gehörende Energieäquivalent.

94. Massendefekt aus Nuklid- und Atommasse
Berechnen Sie den Massendefekt eines α-Teilchens aus
a) seiner Nuklidmasse $m_K = 4{,}0015064$ u!
b) seiner Atommasse $m_A = 4{,}0026036$ u!
c) Welche Näherung macht man bei Teilaufgabe b? Inwiefern ist sie gerechtfertigt?

95. Bindungsenergie

a) Was versteht man unter der Bindungsenergie B eines Kerns?

b) Geben Sie eine Beziehung zur Berechnung von B aus den am Nuklidaufbau beteiligten Massen an!

c) Was versteht man unter der "mittleren Bindungsenergie pro Nukleon"?

d) Berechnen Sie die Bindungsenergie und die mittlere Bindungsenergie pro Nukleon für ein Alphateilchen!

96. Separationsenergie

Berechnen Sie für Ne20 den Betrag der Bindungsenergie E_B des zuletzt gebundenen Protons und den Betrag $\overline{E_B}$ der mittleren Bindungsenergie pro Nukleon.

97. Diskussion der A-$\left|\frac{B}{A}\right|$-Kurve

Untenstehendes Diagramm stellt den Betrag $\left|\frac{B}{A}\right|$ der mittleren Bindungsenergie pro Nukleon in Abhängigkeit von der Massenzahl A dar.

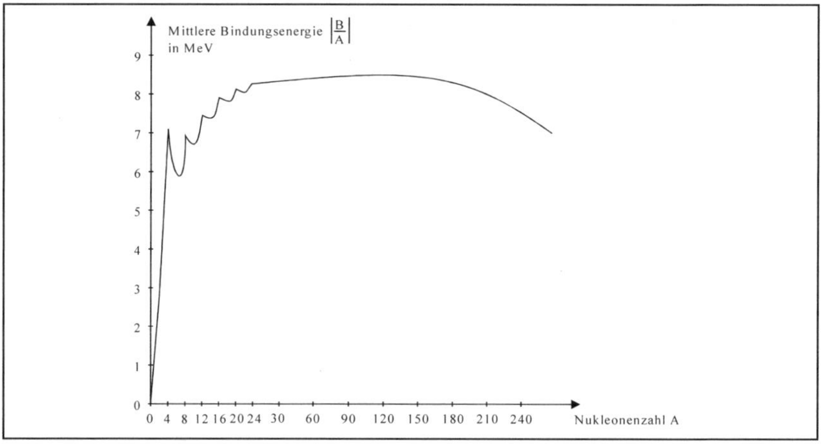

a) Erklären Sie, warum $\left|\frac{B}{A}\right|$ – von Zacken abgesehen – für kleine Massenzahlen bis zu einem flachen Maximum bei A ≈ 60 zu- und dann wieder abnimmt.

b) Erläutern Sie mit Hilfe des Diagramms, warum bei folgenden Prozessen (R_1) und (R_2) Energie frei wird. Schätzen Sie mit Hilfe des Diagramms den Betrag der freiwerdenden Energien ab.

(R_1) Ein Kern der Massenzahl 240 wird in zwei gleich große Kerne gespalten.
(R_2) Zwei Deuteronen fusionieren zu einem He4-Kern.

c) In manchen Astronomiebüchern findet man die Behauptung, daß am Ende der Entwicklung unseres Kosmos fast nur noch Eisenatome vorhanden sind. Inwiefern legt obiges Diagramm diese Vermutung nahe?

Geräte zum Nachweis radioaktiver Strahlung

98. Nachweisprinzip bei radioaktiver Strahlung

Nennen Sie die wesentlichen Wirkungen radioaktiver Strahlen, aufgrund derer man sie nachweisen kann!

99. "Kennlinie" einer Ionisationskammer

Für eine Ionisationskammer soll die Abhängigkeit der Ionisationsstromstärke von der Betriebsspannung untersucht werden.

a) Fertigen Sie eine beschriftete Schaltskizze der Versuchsanordnung an, erläutern Sie den Versuchsaufbau, die physikalische Arbeitsweise einer Ionisationskammer und die Versuchsdurchführung!

b) Welche Forderungen stellt man sinnvollerweise an das bei diesem Versuch verwendete radioaktive Präparat P?

c) Skizzieren Sie qualitativ das bei diesem Versuch erhaltene U-I-Diagramm und erklären Sie den Kurvenverlauf!

d) Wie ändert sich der Kurvenverlauf, wenn man das ursprünglich verwendete Präparat durch ein stärker ionisierendes ersetzt?

100. Aktivitätsmessung mit einer Ionisationskammer

In einer mit Luft gefüllten, hinreichend großen Ionisationskammer befindet sich ein radioaktives Präparat, das allseitig α-Teilchen der einheitlichen kinetischen Energie 4,7 MeV emittiert. Man mißt die Sättigungsstromstärke $I_S = 0{,}49\,nA$.

a) Berechnen Sie unter der Annahme, daß die Luftmoleküle in der Kammer einfach ionisiert werden ($E_{ion} = 32{,}5$ eV) die Zahl ΔN der pro Sekunde vom Präparat emittierten α-Teilchen!

b) Welche Rolle spielt die Größe der Ionisationskammer für die Genauigkeit der Messung von ΔN?

c) Warum wird die Ionisationskammer bei dieser Messung im Sättigungsbereich betrieben?

101. Zur Physik des Geiger-Müller-Zählrohrs

a) Beschreiben Sie (mit Schaltskizze) den Aufbau und die physikalische Arbeitsweise eines Geiger-Müller-Zählrohrs (GMZ) im Proportionalitätsbereich! Erläutern Sie dabei insbesonders, welche Aufgaben der Arbeitswiderstand und der Koppelkondensator übernehmen und welche Rolle die Polung der Betriebsspannung spielt!

b) Wie arbeitet ein GMZ im Auslösebereich?

102. Zählrohrcharakteristik

Erläutern Sie unter Zuhilfenahme einer Skizze, was man unter der Charakteristik eines Zählrohrs versteht! Gehen Sie dabei auch kurz auf die Begriffe "Einsatzspannung", "Arbeitsspannung", "Plateau" ein!

103. Nulleffekt

Was versteht man unter dem Nulleffekt? Wie ist er zu erklären?

104. Expansionsnebelkammer

Beschreiben Sie unter Zuhilfenahme einer Skizze Aufbau und Wirkungsweise einer Wilsonschen Expansionsnebelkammer!

105. Blasenkammer

Erläutern Sie kurz die Wirkungsweise einer Blasenkammer!

106. Vergleich Nebelkammer/Zählrohr

Wägen Sie Vor- und Nachteile von Nebelkammer und Zählrohr gegeneinander ab!

107. Vergleich Zählrohr/Ionisationskammer

Welche Vorteile hat ein im Auslösebereich arbeitendes Geiger-Müller-Zählrohr gegenüber einer Ionisationskammer?

108. Spinthariskop

Der "Urahn" heutiger moderner Szintillationszähler war das Spinthariskop. Erklären Sie, was man unter einem Spinthariskop versteht!

Die Komponenten der natürlichen Radioaktivität

109. Begriffsbestimmung

a) Erklären Sie die Begriffe "Radioaktivität", "natürliche Radioaktivität", "künstliche Radioaktivität"!

b) Woraus besteht die Strahlung der natürlichen Radioaktivität?

110. Identifizierung über die Reichweite in Luft

a) Vergleichen Sie das unterschiedliche Ionsierungsvermögen von α-, β- und γ-Strahlen in Gasen! Geben Sie dazu größenordnungsmäßig an, wie viele einwertige Ionenpaare jeweils ein Teilchen der Energie 1 MeV längs 1 cm Lufts von Atmosphärendruck erzeugt!

b) Schätzen Sie mit den Zahlenwerten aus Teilaufgabe a die Reichweite von α-, β- und γ-Strahlen der Energie 1 MeV in Luft größenordnungsmäßig ab, wenn zur Erzeugung eines Ionen-Elektronenpaares in Luft ca. 35 eV notwendig sind!

c) Wie lassen sich aufgrund der bisherigen Ergebnisse α-Strahler relativ einfach identifizieren? Warum versagt diese Methode für β- oder γ-Strahler?

111. Identifizierung über Absorber

Ein idealisiertes radioaktives Präparat P emittiere nur eine Komponente der natürlichen radioaktiven Strahlung. Beschreiben Sie, wie man in einem einfachen Versuch mit Hilfe von Absorbern die von P emittierte Strahlungsart identifizieren kann!

112. Identifizierung mittels Nebelkammer

a) Beschreiben sie kurz, wie die Spuren von α-, β- und γ-Teilchen in einer kontinuierlichen, feldfreien Nebelkammer aussehen!

b) Fertigen Sie eine vergleichende Skizze der Bahnspuren!

113. Trennung

Nach welchem Prinzip kann man die in der Strahlung eines Präparats vorhandenen α-, β- und γ-Komponenten voneinander trennen?

114. Ablenkung durch elektrische Felder

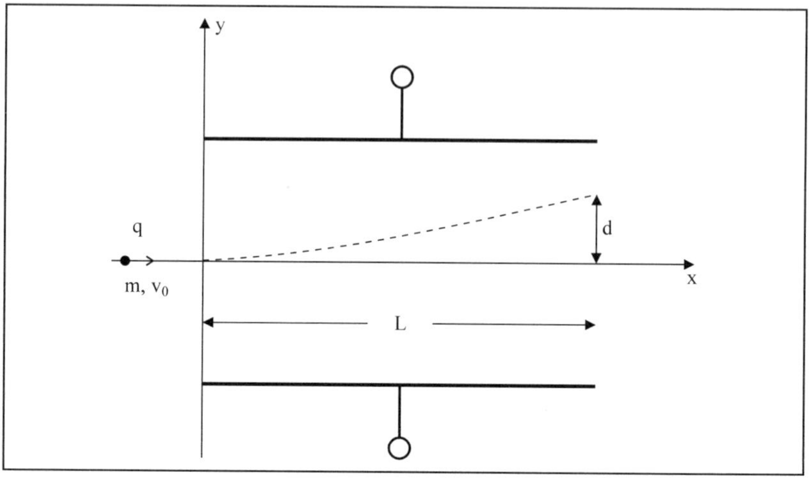

a) Ein geladenes Teilchen (Ladungsbetrag q) der Masse m tritt senkrecht zu den Feldlinien mit der Geschwindigkeit v_0 in ein homogenes elektrischen Querfeld der Stärke E und der Länge L ein.
Drücken Sie d, den Betrag der Ablenkung unmittelbar nach Verlassen des Feldes, durch die gegebenen allgemeinen Größen aus (nichtrelativistische Rechnung!)!

b) Mit d_α bzw. d_{β^-} werde die Ablenkung eines α- bzw. β^--Teilchens bezeichnet. Berechnen Sie den numerischen Wert des Quotienten $\frac{d_{\beta^-}}{d_\alpha}$, wenn die Teilchen gleiche Eintrittsgeschwindigkeit v_0 haben!

115. Ablenkung durch magnetische Felder

a) Ein geladenes Teilchen (Ladungsbetrag q) der Masse m tritt mit der Geschwindigkeit v_0 senkrecht zu den Feldlinien in ein homogenes Magnetfeld der Kraftflußdichte B ein. Drücken Sie den Radius r seiner Kreisbahn durch die gegebenen allgemeinen Größen aus. (nichtrelativistische Rechnung!)

b) Mit r_α bzw. r_{β^-} werde der Kreisbahnradius eines α- bzw. β^--Teilchens bezeichnet. Berechnen Sie den numerischen Wert des Quotienten $\frac{r_\alpha}{r_{\beta^-}}$, wenn die Teilchen gleiche Eintrittsgeschwindigkeit v_0 haben!

116. Spezifische Ladung von β^--Teilchen

Zum Nachweis dafür, daß β^--Teilchen Elektronen sind, wird nach folgender Methode die spezifische Ladung der β^--Teilchen gemessen.

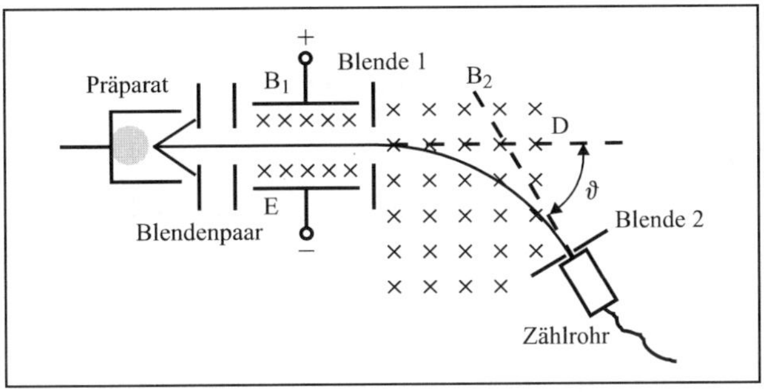

Die β^--Strahlen des Präparats treten nach einem der Richtungsdefinition dienenden Bleiblendenpaar in ein Wienfilter ($E = 3 \cdot 10^6 \frac{V}{m}$, $B_1 = 15$ mT) ein und anschließend senkrecht zu den Feldlinien in ein homogenes Magnetfeld. Nur wenn dessen Kraftflußdichte B_2 den Wert $B_2 = 6{,}1$ mT besitzt, können sie weiter ins Zählrohr gelangen. Das Zählrohr ist um den Winkel $\vartheta = 12°$ aus der ursprünglichen Strahlrichtung herausgedreht. Der Drehpunkt D ist von den Blenden 1 und 2 gleich weit, $L = 2{,}6$ cm, entfernt.

a) Berechnen Sie die Geschwindigkeit der Teilchen, die das Wienfilter verlassen!

b) Berechnen Sie den Radius der Kreisbahn im Magnetfeld B_2!

c) Berechnen Sie mit den Ergebnissen aus den Teilaufgaben a und b die spezifische Ladung $\frac{q}{m_0}$ der β^--Teilchen; m_0 bezeichnet dabei ihre Ruhemasse (relativistische Rechnung!)!

d) Warum ist mit dem Ergebnis aus Teilaufgabe c der Nachweis erbracht, daß β^--Teilchen Elektronen sind?

117. Die Identifizierung der α-Teilchen durch Rutherford und Royds

RUTHERFORD und ROYDS identifizierten α-Teilchen auf spektroskopischem Weg als He4-Kerne. Beschreiben Sie ihren Versuch und fertigen Sie eine erläuternde Skizze an.

118. Natur der γ-Strahlung
Welche experimentellen Befunde legen die Vermutung nahe, daß γ-Strahlung elektromagnetische Strahlung ist?

Verschiebungssätze und Zerfallsreihen

119. Verschiebungssätze
a) Formulieren Sie die Verschiebungssätze von FAJANS und SODDY!
b) Veranschaulichen Sie diese Aussagen in einem N-Z-Diagramm!
c) Begründen Sie die Verschiebungssätze!

120. Ergänzungsaufgabe
Ergänzen Sie in folgendem Ausschnitt der Uran-Radium-Zerfallsreihe die mit ? gekennzeichneten Fehlstellen und stellen Sie dann den Ausschnitt in einem A-Z-Diagramm dar!

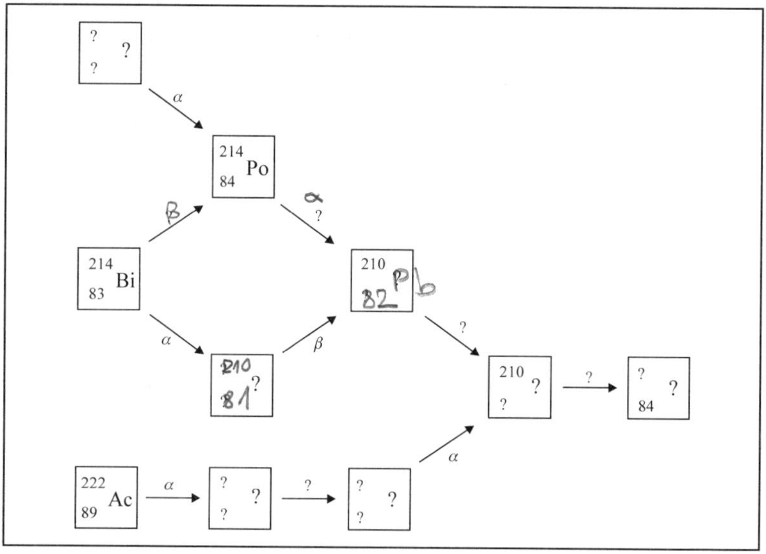

121. Zerfallsreihen
a) Was versteht man unter einer Zerfallsreihe?
b) Warum gibt es nicht mehr als 4 Zerfallsreihen?

122. Rechnungen zu Zerfallsreihen

a) Bestimmen Sie durch Rechnung das Glied der Neptunium-Zerfallsreihe, das durch 8 α- und 4 β^--Zerfälle aus Am 241 entstanden ist!

b) Durch wie viele α- bzw. β^--Zerfälle entsteht Tl207 aus Ac227?

c) Warum kann man in einem ursprünglich reinen Np237-Präparat niemals das Nuklid Po211 finden?

Schwächung radioaktiver Strahlung

123. Wechselwirkung von radioaktiver Strahlung mit Materie

Durch welche Vorgänge werden

a) α-Strahlen

b) β^--Strahlen

c) γ-Strahlen Compton-Effekt, Photo-Effekt, Paarbildung

auf ihrem Weg durch Materie geschwächt?

124. Zum Begriff "Reichweite"

a) Was versteht man unter dem Begriff "Reichweite eines Teilchens"?

b) Warum kann man für γ-Quanten keine Reichweite festlegen?

c) Schildern Sie die Schwierigkeiten, die sich bei der Übertragung des Begriffs "Reichweite" auf β^--Teilchen ergeben!

125. Reichweitenmessung für α-Teilchen mit der Bragg-Kammer

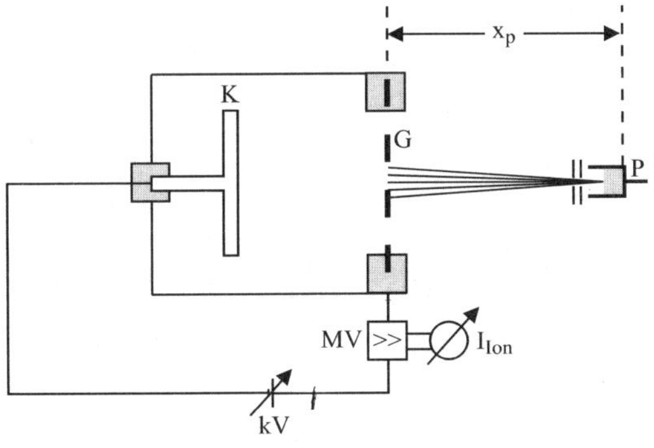

Abb.1

Mit der in Abbildung 1 skizzierten Ionisationskammer wird der Ionisationsstrom I_{Ion} in Abhängigkeit vom Präparatabstand x_P gemessen. Die Kammer ist mit Luft gefüllt und wird im Sättigungsbereich betrieben. Eine Elektrode ist als Platte K ausgeführt, die andere als Metallgitter G, durch das die Strahlung in die Kammer eindringen kann. Der Abstand $\overline{KG}$ beträgt 5–10 mm.

a) Warum kann man mit dieser Versuchsanordnung nur α-Strahlung nachweisen? Wie kann man dies rasch überprüfen?

b) Abb. 2 zeigt, wie die Ionisationsstromstärke von der Entfernung x_P eines bestimmten α-Präparats abhängt.

(1) Erklären Sie den Abfall der Kurve zwischen x_2 und x_3!

(2) Welche Folgerungen über die Reichweite von α-Teilchen lassen sich aus dem Diagramm ziehen?

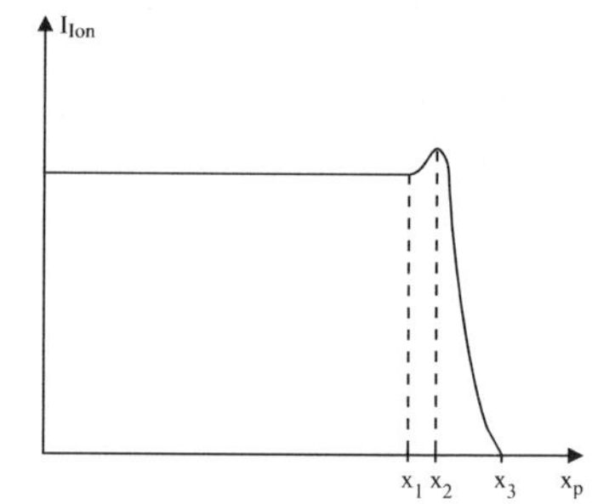

Abb. 2

c) Erläutern Sie den restlichen Kurvenverlauf! Auf die Gründe für die Entstehung des "Höckers" bei x_2 braucht nicht eingegangen zu werden.

126. Das Absorptionsgesetz für γ-Strahlung

a) Formulieren Sie das Absorptionsgesetz für γ-Strahlung!

b) Beschreiben Sie unter Verwendung einer Skizze einen Versuch, mit dem man die Absorption von monoenergetischen γ-Quanten in Materie untersuchen kann (Versuchsaufbau, Durchführung, Messungen)!

c) Bei einem solchen mit Bleiabsorbern durchgeführten Versuch erhält man für 662keV γ-Quanten folgende, Nulleffekt bereinigte Meßwerte:

Absorberdicke d/cm	0	1,0	2,0	3,0	4,0	5,0	6,0	7,0
Zählrate/s^{-1}	166700	64450	24917	9634	3725	1440	557	215

Weisen Sie graphisch nach, daß ein exponentielles Absorptionsgesetz vorliegt!

d) Entnehmen Sie dem Diagramm aus Teilaufgabe c den Schwächungskoeffizienten μ!

127. Halbwertsdicke

a) Was versteht man unter dem Begriff "Halbwertsdicke"?

b) Leiten Sie rechnerisch eine Beziehung zwischen der Halbwertsdicke D und dem Schwächungskoeffizienten μ her!

128. Grundaufgaben zum Absorptionsgesetz

Bei einem Absorptionsversuch mit monoenergetischen γ-Quanten mißt man hinter Bleiabsorbern der Dicke $d_1 = 1{,}0\,\text{cm}$ bzw. $d_2 = 4{,}0\,\text{cm}$ die Zählrate $Z_1 = 3867\,\frac{1}{\text{min}}$ bzw. $Z_2 = 223\,\frac{1}{\text{min}}$.

a) Berechnen Sie den zugehörigen Schwächungskoeffizienten μ!

b) Wie groß ist die Zählrate ohne Absorber?

c) Berechnen Sie die zugehörige Halbwertsdicke D!

d) Bei welcher Dicke können nur noch 3 % der eingestrahlten γ-Quanten den Absorber durchdringen?

129. Theoretische Herleitung des quadratischen Abstandsgesetzes

In M befindet sich ein radioaktives Präparat P, das allseitig pro Zeiteinheit N_0 Teilchen emittiert. Von Schwächungseffekten durch die umgebende Luft soll im folgenden abgesehen werden. Im Abstand r_1 bzw. r_2 sei eine nicht zu große ebene Fläche A jeweils so angebracht, daß sie von möglichst vielen Teilchen getroffen wird. Die Zahlen der pro Zeiteinheit auf A treffenden Teilchen werden mit N_1 bzw. N_2 bezeichnet. Zeigen Sie, daß

$$\frac{N_1}{N_2} = \left(\frac{r_2}{r_1}\right)^2 .$$

130. Experimentelle Bestätigung des quadratischen Abstandsgesetzes

Der Abstand r eines Zählrohrs von einem γ-Strahler konstanter Aktivität wird in Beträgen von 2,5 cm vergrößert und jedesmal die Zählrate Z(r) gemessen. Dabei erhält man folgende Meßwerte:

r / cm	5,0	7,5	10,0	12,5	15,0	17,5	20,0
$Z(r) / \frac{1}{\text{min}}$	15000	6600	3750	2390	1670	1230	930

a) Stellen Sie $\frac{1}{\sqrt{Z(r)}}$ in Abhängigkeit von r graphisch dar!

b) Bestätigen Sie mit Hilfe dieses Diagramms die Beziehung

$$\frac{Z(r_1)}{Z(r_2)} = \left(\frac{r_2}{r_1}\right)^2 !$$

c) Geben Sie den Inhalt dieser Beziehung mit Worten wieder!

d) Welche Zählrate registriert man bei diesem Versuch in 25 cm Entfernung vom Präparat?

131. Rechenaufgabe zum quadratischen Abstandsgesetz

Zwei γ-Präparate P_1 bzw. P_2 besitzen unterschiedliche, aber zeitlich konstante Aktivitäten. Mit einem Zählrohr wird jeweils eine Zählrate von $Z_1 = 7020\ \frac{1}{\text{min}}$ bzw. $Z_2 = 4450\ \frac{1}{\text{min}}$ registriert, wenn sich jeweils nur P_1 in $r_1 = 5{,}0$ cm bzw. nur P_2 in $r_2 = 8{,}0$ cm Entfernung vor dem Zählrohr befindet. Bestimmen Sie durch Rechnung, welches Präparat die größere Aktivität besitzt! (Alle auf das Zählrohrfenster treffenden γ-Quanten sollen in dieser Aufgabe vom Zählrohr auch registriert werden!)

Grundlagen des Strahlenschutzes

132. Biologische Strahlenwirkung

Beschreiben Sie die einzelnen Schritte, die in einem Organismus von der Absorption radioaktiver Strahlung bis zu einem biologisch manifesten Strahlenschaden führen!

133. Klassifizierung von Strahlenschäden

Was versteht man unter

a) nichtstochastischen

b) stochastischen

c) genetischen

d) somatischen

Strahlenschäden?

134. Dosisbegriffe

Erläutern Sie die Begriffe "Energiedosis", "Äquivalenzdosis", "Dosisleistung"!

135. Rechenaufgabe zu den Dosisbegriffen

Bei der Endlagerung werden mittelaktive, unter anderem als beton- oder bitumenfixierte Konzentrate, in Fässern verpackte radioaktive Abfälle mit Spezialfahrzeugen in der Endlagerstätte transportiert. Der Fahrer eines solchen Fahrzeugs sitzt 2,5 m von der Ladefläche entfernt und erhält beim Transport eines Faßes eine Energiedosisleistung von $2{,}5 \cdot 10^{-4}\ \frac{\text{Gy}}{\text{h}}$.

a) Wie groß ist die entsprechende Äquivalenzdosisleistung, wenn die Strahlung nur aus β^-- und γ-Strahlen besteht?

b) Wie viele Stunden pro Tag darf der Fahrer Fässer transportieren (1 Faß pro Fahrt), wenn er im Jahr 320 Tage arbeitet und die (Ganzkörper) Äquivalenzdosis für beruflich strahlenexponierte Personen in 1 Jahr 0,05 Sv nicht übersteigen darf?

c) Wie viele Minuten könnte er pro Tag länger arbeiten, wenn sein Abstand zur Ladefläche 3,5 m beträgt?

d) Wäre es für den Fahrer günstiger, wenn er nur die Hälfte der in Teilaufgabe b berechneten Zeit arbeiten würde, dafür aber 2 Fässer auf einmal transportierte?

136. Innere und äußere Bestrahlung

Nehmen Sie mit Blick auf die Überschrift Stellung zur Gefährlichkeit von α-Strahlen für den Menschen!

Zerfallsgesetz

137. Ionisationskammerversuch

Mit einer im Sättigungsbereich betriebenen Ionisationskammer soll der radioaktive Zerfall des Gases Rn220 untersucht werden.

a) Fertigen Sie eine beschriftete Versuchsskizze an!

b) Die Versuchsdurchführung ergab folgende Meßwerte für die Stärke des Ionisationsstroms in Abhängigkeit von der Zeit:

t / s	0	10	20	30	40	50	60	70	80	90	100
$I/10^{-11}$A	40	35,2	31,2	27,2	24	21,2	18,8	16,4	14,4	12,8	11,2

Zeigen Sie unter Verwendung dieser Meßwerte mittels eines geeigneten graphischen Verfahrens, daß die Stromstärke exponentiell nach der Beziehung $I(t) = I(0) \cdot e^{-\lambda \cdot t}$ abnimmt!

c) Entnehmen Sie dem Graphen aus Aufgabe b den numerischen Wert für λ!

138. Experimentelle Bestätigung des Zerfallsgesetzes

Das beim Ionisationskammerversuch verwendete Rn220 zerfällt wie folgt:

$$^{220}_{86}\text{Rn} \xrightarrow[\alpha]{T_1=55\,\text{s}} {}^{216}_{84}\text{Po} \xrightarrow[\alpha]{T_2=0{,}16\,\text{s}} {}^{212}_{82}\text{Pb} \xrightarrow[\beta^-]{T_3=11\,\text{h}} {}^{212}_{83}\text{Bi}$$

a) Warum wird beim Ionisationskammerversuch die exponentielle Abnahme der Ionisationsstromstärke durch den radioaktiven Zerfall der Tochtersubstanzen von Rn220 nicht gestört?

b) Zeigen Sie, daß $I(t) \sim \dot{N}(t)$, wobei

$I(t)$ = Ionisationsstromstärke zum Zeitpunkt t

$N(t)$ = Zahl der zum Zeitpunkt t noch unzerfallen vorhandenen Rn220-Kerne

c) Zeigen Sie unter Verwendung der Ergebnisse von 137 b und Teilaufgabe b, daß $N(t) = N(0) \cdot e^{-\lambda \cdot t}$!

139. Zerfallsgesetz aus Rutherfords Hypothese

a) Nennen und erläutern Sie die Rutherfordsche Hypothese zum radioaktiven Zerfall!

b) Leiten Sie aus diesen Annahmen das Zerfallsgesetz her!

140. Halbwertszeit und Zerfallskonstante

a) Erläutern Sie den Begriff "Halbwertszeit"!

b) Leiten Sie den Zusammenhang zwischen der Halbwertszeit T und der Zerfallskonstanten λ her!

141. "Atome altern nicht"

a) Zeigen Sie, daß für die Wahrscheinlichkeit P, daß ein radioaktiver Kern innerhalb der nächsten, im Vergleich zur Halbwertszeit sehr kurzen Zeitspanne Δt zerfällt, gilt: $P = \lambda \cdot \Delta t$!

b) Warum legt diese Beziehung die Aussage "Atome altern nicht" nahe?

142. Halbwertszeit T und Zerfallskonstante λ aus Diagrammen

Der zeitliche Verlauf des Zerfalls einer bestimmten Ausgangsmenge des β^--Strahlers C15 ist in den folgenden t-$\frac{N(t)}{N(0)}$- bzw. t-ln$\frac{N(t)}{N(0)}$-Diagrammen wiedergegeben. In Abbildung 1 tangiert die Gerade g die t-$\frac{N(t)}{N(0)}$-Kurve im Punkt (0/1) und schneidet die t-Achse in (3,6/0). Entnehmen Sie jedem der untenstehenden Diagramme jeweils die numerischen Werte für die Halbwertszeit T und die Zerfallskonstante λ und begründen Sie Ihr Vorgehen.

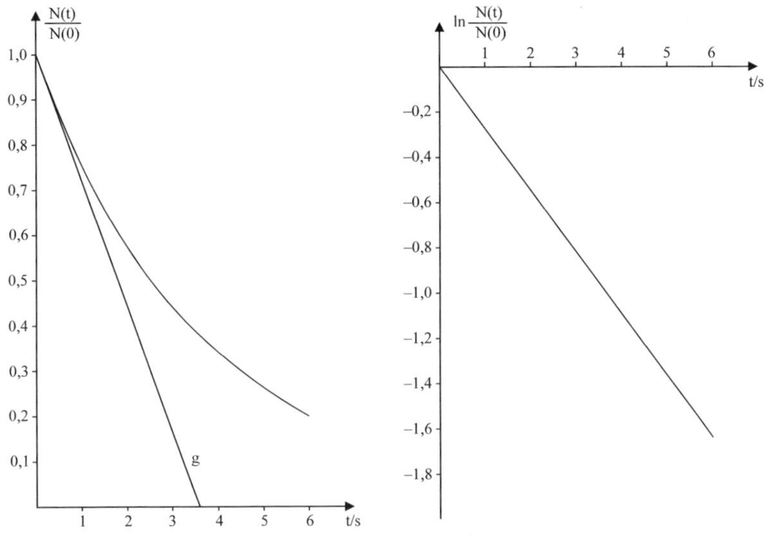

Abb. 1 Abb. 2

143. Aktivität

a) Was versteht man unter der Aktivität eines radioaktiven Präparats?

b) Zeigen Sie, daß die zeitliche Abnahme der Aktivität einem Exponentialgesetz folgt!

144. Elementare Rechenaufgaben zum Zerfallsgesetz

Ta184 ist ein β^--Strahler mit der Halbwertszeit T = 8,7 h.

2h18min nach Beginn der Zeitmessung stellt man fest, daß nur noch $6 \cdot 10^{19}$ Ta-Kerne unzerfallen vorhanden sind.

a) Wieviel Kerne waren zu Beginn der Zeitmessung unzerfallen vorhanden?

b) Wie lange dauert es, bis davon

(1) nur noch $3 \cdot 10^{19}$ Kerne unzerfallen vorhanden sind?

(2) $3 \cdot 10^{19}$ Kerne zerfallen sind?

(3) nur noch 12 % der Kerne unzerfallen vorhanden sind?

(4) 12 % der Kerne zerfallen sind?

c) Wie viele Kerne sind von den ursprünglich vorhandenen Kernen
(1) nach 10 h noch unzerfallen vorhanden?
(2) nach 10 h zerfallen?
(3) wieviel Prozent sind das jeweils?

d) Berechnen Sie die Aktivität des Präparats zu Beginn der Messung und 3 h später!

145. Massenbestimmung über Isotopenmarkierung
In einer Quecksilbermischung ist das radioaktive Isotop Hg203 (Halbwertszeit T = 47d) zu 0,01 % enthalten. Unmittelbar nach Herstellung der Mischung bestimmt man die Aktivität einer Hg-Probe zu 30 Bq. Berechnen Sie die Masse m der Hg-Probe!

146. Messung "normaler" Halbwertszeiten
Die Aktivität eines At211-Präparats beträgt zu Beginn der Zeitmessung 400 Bq, 2 Stunden später nur noch 330 Bq. Berechnen Sie die Halbwertszeit T von At211!

147. Messung "sehr langer" Halbwertszeiten

a) Wie lange dauert es bei U238 (Halbwertszeit $T = 4{,}47 \cdot 10^9$ a), bis die Aktivität um 0,001 % abgenommen hat?

b) Das Ergebnis aus Teilaufgabe a zeigt, daß es für radioaktive Substanzen mit sehr langen Halbwertszeiten T unmöglich ist, T aus der Aktivitätsabnahme zu bestimmen.
Welche Größen müssen zur T-Bestimmung sehr langlebiger reiner Substanzen gemessen werden, und wie kann man daraus T berechnen?

c) Natürliches Kalium enthält an radioaktiven Isotopen nur das K40 zu 0,011 %.
Wie groß ist die Halbwertszeit von K40, wenn 10 g natürliches Kalium eine Aktivität von 300 Bq besitzen?

148. Messung "kurzer" Halbwertszeiten
Bei einem Li8-Präparat mißt man innerhalb des Zeitintervalls $0\text{ s} \leq t < 5\text{ s}$ $Z_1 = 295169$ Zerfallsakte, im gleich großen unmittelbar folgenden Zeitintervall $5\text{ s} \leq t \leq 10\text{ s}$ nur noch $Z_2 = 4767$ Zerfallsakte.

a) Zeigen Sie, daß mit $\Delta t = 5$ s gilt:

$$\lambda \cdot \Delta t = \ln \frac{Z_1}{Z_2}\,!$$

b) Berechnen Sie die Halbwertszeit von Li8!

149. Das Uran-Blei-Alter

a) Ein Nuklid A zerfällt radioaktiv mit bekannter Halbwertszeit T in ein stabiles Nuklid B. Man weiß, daß bei der Entstehung eines Gesteins nur Nuklide der Sorte A, aber keine der Sorte B vorhanden waren. Heute läßt sich massenspektroskopisch das Verhältnis

$N_A : N_B$ oder m(A) : m(B) (N_X bzw. m (X) Zahl bzw. Masse aller Nuklide der Sorte X in einer Gesteinsprobe)

messen.

Zeigen Sie, daß für das Alter t des Gesteins dann gilt:

$$t = \frac{T}{\ln 2} \cdot \ln\left(1 + \frac{N_B}{N_A}\right)$$

b) U238 zerfällt radioaktiv über mehrere Zwischenstufen in das stabile Bleiisotop Pb206.

(1) Berechnen Sie unter der Annahme, daß U238 mit der Halbwertszeit $T = 4{,}5 \cdot 10^9$a direkt in Pb206 zerfällt, das Alter eines Gesteins, für das man m(U238) : m(Pb206) = 6,825 fand!

(2) Inwiefern ist die Annahme in Teilaufgabe b (1) gerechtfertigt? Zeigen Sie, daß das "wirkliche Alter" größer als das errechnete ist!

150. Das Kalium-Argon-Alter

Der Zerfall des in der Natur vorkommenden K40 wird durch folgendes Diagramm wiedergegeben.

Durch Bestimmung des Zahlenverhältnisses von K40-Nukliden zur Ar40-Nukliden hat sich für eine Gesteinsprobe ein Alter von $1{,}75 \cdot 10^6$ a ergeben.

a) Warum ist der Zerfall $^{40}_{19}K \rightarrow {}^{40}_{20}Ca$ für die Altersbestimmung unbrauchbar?

b) Berechnen Sie das Zahlenverhältnis $N_{Ar} : N_K$ in der Gesteinsprobe!

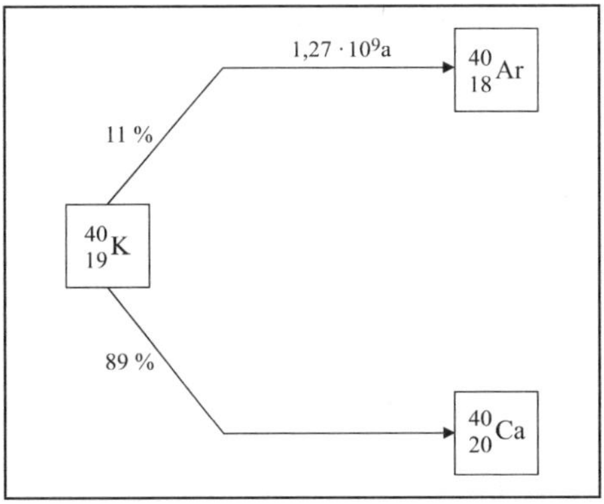

151. Radiokarbonmethode

a) Beschreiben Sie die physikalischen und biologischen Grundlagen der Radiokarbonmethode!

b) Der Kohlenstoffanteil einer Holzprobe beträgt 25 g und hat eine Aktivität von 1,35 Bq. Berechnen Sie, vor wie vielen Jahren das Holz abgestorben ist!

c) Warum versagt die Radiokarbonmethode bei Holz, das neben einer stark befahrenen Straße gewachsen ist?

(Halbwertszeit von C14 : T = 5730 a; Aktivität 1 g natürlichen Kohlenstoffs : 15,3 $\frac{1}{\text{min}}$)

152. Abschätzung des Erdalters

In natürlichem Uran treffen heute auf ein U235-Nuklid 140 U238-Nuklide. Nehmen Sie an, daß bei der Entstehung der Erde beide Isotope gleich häufig vorhanden gewesen waren und berechnen Sie unter dieser Annahme das Erdalter!

Kernumwandlungen

153. Begriffsbestimmung und Notation

Was versteht man unter einer "Kernreaktion"?
Beschreiben Sie kurz die gebräuchlichen Notationen!

154. Ergänzung von Reaktionsgleichungen

Ergänzen Sie folgende unvollständige Reaktionsgleichungen und geben Sie die zugehörige Kurzschreibweise an!

	Reaktionsgleichung	Kurzschreibweise
a)	${}^{16}_{8}O + \gamma \rightarrow \_ + {}^{1}_{0}n$	________
b)	${}^{59}_{27}Co + \_ \rightarrow {}^{60}_{27}Co + \gamma$	________
c)	${}^{9}_{4}Be + \_ \rightarrow {}^{12}_{6}C + {}^{1}_{0}n$	________
d)	$\_ + \gamma \rightarrow {}^{25}_{11}Na + {}^{1}_{1}p$	________
e)	${}^{238}_{92}U + \alpha \rightarrow 20\,{}^{1}_{1}H + 35\,{}^{1}_{0}n + \_$	________
f)	$\_ + p \rightarrow {}^{51}_{24}Cr + {}^{1}_{0}n$	________
g)	${}^{130}_{52}Te + d \rightarrow {}^{131}_{52}J + \_$	________
h)	${}^{208}_{82}Pb + {}^{16}_{8}O \rightarrow \_ + {}^{17}_{8}O$	________

155. Q-Wert einer Kernreaktion

a) Was versteht man unter dem Q-Wert einer Kernreaktion
$a + A \rightarrow B + b$?

b) Drücken Sie den Q-Wert durch die Ruheenergien der an der Reaktion beteiligten Nuklide aus!

c) Wann wird eine Reaktion als exotherm bzw. endotherm bezeichnet?

156. Einfache Rechnungen zum Q-Wert

Folgende Reaktionen dienen zur Erzeugung von α-Teilchen

(R_1)	...	(p, α)	...
(R_2)	$^{6}_{3}Li$	$(..., \alpha)$	...
(R_3)	$^{6}_{3}Li$	$(p, ...)$	...

a) Ergänzen Sie die Reaktionsgleichungen!

b) Bestimmen Sie rechnerisch die Reaktion, bei der die meiste Energie freigesetzt wird!

157. Einfache Rechnung zum Q-Wert

Entscheiden Sie möglichst rasch, aus welcher der beiden Reaktionen man die schnelleren Neutronen erhält:

(R_1) $^{6}_{3}Li + ^{2}_{1}D \rightarrow ^{7}_{4}Be + ^{1}_{0}n$

(R_2) $^{6}_{3}Li + ^{2}_{1}D \rightarrow ^{4}_{2}He + ^{3}_{2}He + ^{1}_{0}n$

Nuklidmasse von $^{7}_{4}Be$: 7,0147357 u

158. Bestimmung der Neutronenmasse

Trifft ein thermisches Neutron ($E_{kin} \approx 0$ MeV) auf ein ruhendes Proton, so entsteht ein Deuteron, dessen kinetische Energie vernachlässigbar klein ist und ein γ-Quant der Energie $E_\gamma = 2{,}23$ MeV.

a) Stellen Sie die zugehörige Reaktionsgleichung auf!

b) Berechnen Sie Neutronenmasse aus der Protonenmasse m(H), der Deuteronenmasse m(D) und E_γ!

159. Rutherfords Kernreaktion

1919 beobachtete Rutherford, daß beim Zusammenstoß eines α-Teilchens mit einem ruhenden $^{14}_{7}N$-Kern der Kern $^{17}_{8}O$ und ein weiteres Teilchen entsteht. Er hatte damit die historisch erste künstliche Kernwandlung entdeckt.

a) Geben Sie die vollständige Reaktionsgleichung in ausführlicher und in Kurzschreibweise an!

b) Zeigen Sie durch Berechnung des Q-Werts, daß es sich um eine endotherme Reaktion handelt!

c) Ein α-Teilchen, das genau die kinetische Energie besitzt, die dem Betrag des in Teilaufgabe b berechneten Q-Werts entspricht, kann Rutherfords Reaktion nicht auslösen. Dazu ist es erst in der Lage, wenn seine kinetische Energie größer als 1,53 MeV ist.
Erklären Sie diesen Sachverhalt ohne Rechnung!

160. Kinetische Energien von Reaktionspartnern

Bei der Reaktion ${}^3_1H + {}^3_1H \rightarrow {}^4_2He + {}^1_0n + {}^1_0n$ stoßen Tritonen mit je 0,5 MeV kinetischer Energie zusammen. Berechnen Sie die kinetische Energie des α-Teilchens, wenn die beiden Neutronen eine kinetische Energie von je 4,1 MeV besitzen.
Nuklidmasse von ${}^3_1H$: 3,01549 u

161. Kernphotoeffekt

a) Ab welcher Mindestenergie kann ein γ-Quant bei einem ruhenden ${}^{16}_8O$-Kern die Reaktion

$${}^{16}_8O + \gamma \rightarrow {}^{15}_8O + {}^1_0n$$

auslösen? (Nuklidmasse von ${}^{15}_8O$: 14,9986829 u)

b) Warum bezeichnet man diese Reaktion auch als Kernphotoeffekt?

162. Radioaktiver Zerfall freier Neutronen

Freie Neutronen sind instabil. Sie zerfallen mit einer Halbwertszeit von 10,6 min.

a) Geben Sie die zugehörige Zerfallsgleichung an!

b) Widerlegen Sie durch eine einfache Abschätzung die Annahme, daß ein Neutron aus einem Proton und einem Elektron zusammengesetzt ist!

c) Wie kommt es, daß freie Neutronen zerfallen, während Neutronen in stabilen Atomkernen als dauerhafte Bestandteile enthalten sind?

163. Neutronenerzeugung

Da freie Neutronen instabil sind, kommen sie in der Natur kaum vor; sie müssen erzeugt werden. Beschreiben Sie wenigstens 2 verschiedene Methoden zur Erzeugung freier Neutronen!

164. Neutronenklassifizierung

Was versteht man unter thermischen, mittleren und schnellen Neutronen?

165. Wechselwirkung von Neutronen mit Materie

Beschreiben und erläutern Sie die Wechselwirkung von Neutronen mit Materie!

166. Nachweis von Neutronen mit Zählrohren

a) Warum lassen sich Neutronen mit Zählrohren nicht direkt nachweisen?

b) Warum kann man mit einem Zählrohr, dessen Innenwand mit Paraffin ausgekleidet ist, schnelle Neutronen nachweisen?

c) Warum versagt die in Teilaufgabe b beschriebene Methode beim Nachweis thermischer Neutronen?

d) Nach welchen Manipulationen kann ein Zählrohr langsame Neutronen nachweisen?

e) Warum verwendet man die in Teilaufgabe d beschriebene Methode nicht auch zum Nachweis schneller Neutronen?

167. Thermische Neutronen

a) Welche Bedeutung haben thermische Neutronen in der Kernphysik?

b) Wie kann man aus schnellen Neutronen thermische Neutronen erzeugen? Welche Materialien eignen sich hierfür besonders?

168. Künstliche Radioaktivität und Aktivierung

1934 untersuchte das Ehepaar JOLIOT u. a. die Reaktion

$$^{27}_{13}\mathrm{Al}(\alpha, n)\ ^{30}_{15}\mathrm{P} \xrightarrow[2{,}5\,\mathrm{min}]{} {}^{30}_{14}\mathrm{Si} + {}^{0}_{1}e^{+} + {}^{0}_{0}\nu$$

Erläutern Sie am Beispiel dieser Reaktion die Begriffe "künstliche Radioaktivität" und "Aktivierung"!

169. Strahlung der künstlichen Radioaktivität

a) Welche Strahlenarten beobachtet man bei der künstlichen Radioaktivität? Welche Unterschiede bestehen zur Strahlung der natürlichen Radioaktivität?

b) Welche Modellvorstellungen macht man sich zu einer β^--, β^+-, EC-Umwandlung? Geben Sie die entsprechenden "Zerfallsgleichungen" an!

170. Konkurrenz von β^--, β^+-, EC-Umwandlung

Wie kann man aus der Stellung eines künstlich radioaktiven Nuklids in der Nuklidkarte die Art seines Zerfalls vorhersagen? Begründen Sie Ihre Antwort!

171. γ-Zerfall

γ-Quanten werden von Atomkernen nur im Anschluß an α- oder β-Zerfälle bzw. nach Kernreaktionen emittiert.

a) Welche Vorstellung über die Entstehung von γ-Quanten legen diese Beobachtungen nahe?

b) Mit welcher aus der Atomphysik bekannten Erscheinung läßt sich die Emission von γ-Quanten vergleichen?

172. Energieniveauschema eines γ-Zerfalls

Beim β^--Zerfall von Bi212 entsteht der angeregte Zwischenkern Po*212, der unter γ-Emission in den Grundzustand übergeht. Dabei werden u. a. folgende γ-Energien beobachtet:

$E_{\gamma_1} = 1{,}801$ MeV; $E_{\gamma_2} = 1{,}513$ MeV; $E_{\gamma_3} = 1{,}074$ MeV;
$E_{\gamma_4} = 0{,}786$ MeV; $E_{\gamma_5} = 0{,}727$ MeV

Zeichnen Sie das zugehörige Energieniveauschema von Po212 und tragen Sie die entsprechenden Übergänge ein!

173. Energetische Voraussetzung für den α-Zerfall

a) Welche Bedingung müssen die Massen der an einem α-Zerfall beteiligten Nuklide erfüllen, damit der α-Zerfall energetisch möglich ist?

b) Zeigen Sie, daß bei Ra223 α-Zerfall prinzipiell möglich, bei Tl203 unwahrscheinlich und bei C13 unmöglich ist!

Nuklidmassen:	Ra223: 222,97025u	Rn219: 218,96233u
	Tl203: 202,92791u	Au199: 198,92542u

174. Zerfallsschema eines α-Zerfalls

Untersucht wird der aus dem Grundzustand stattfindende α-Zerfall von Bi212.

a) Geben Sie die Zerfallsgleichung an; berechnen Sie die Zerfallsenergie Q!

b) 27,2 % der emittierten α-Teilchen haben als kinetische Energie die in Teilaufgabe a berechnete Zerfallsenergie, 69,8 % besitzen die kinetische Energie 6,16 MeV

Zeichnen Sie unter Berücksichtigung aller bisher bekannten Daten das zugehörige Zerfallsschema!

c) Erklären Sie, warum bei diesem Zerfall auch γ-Strahlung beobachtet wird! Berechnen Sie die zugehörige Wellenlänge!

d) Weiß man nicht, daß sich Bi212 im Grundzustand befindet, so kann der Zerfall auch durch ein anderes Zerfallsschema beschrieben werden. Zeichnen Sie es!
Nuklidmassen: Bi212: 211,94576 u; Tl208: 207,93758 u

175. Energiespektrum beim α-Zerfall

Beim α-Zerfall von Bi212 ergibt die magnetspektrometrische Analyse der emittierten α-Teilchen fünf Gruppen mit folgenden Energien und Häufigkeiten:

Nr.	5	4	3	2	1
Energie in MeV	6,22	6,16	5,87	5,73	5,71
Häufigkeit in %	27,2	69,8	1,8	0,1	1,1

Zeichnen Sie das zugehörige Energiespektrum! Wodurch unterscheidet es sich ganz wesentlich von einem β^--Energiespektrum?

176. Energiespektrum beim β^--Zerfall

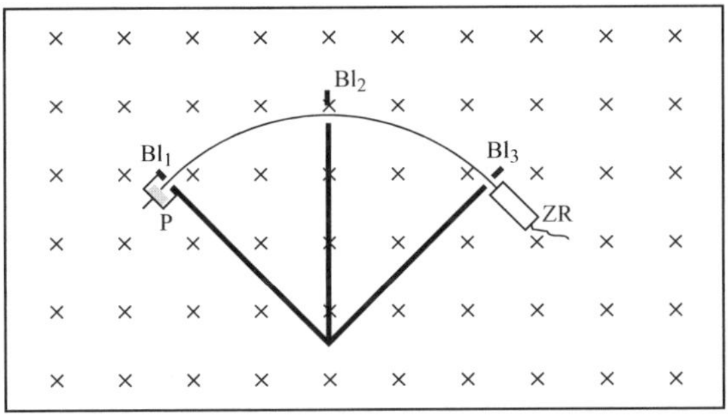

Die von einem Präparat P emittierten β^--Teilchen können nur dann ins Zählrohr ZR gelangen, wenn sie in einem homogenen Magnetfeld der Kraftflußdichte B eine Kreisbahn vom Radius r beschrieben haben. r ist durch die Bleiblenden Bl_1, Bl_2, Bl_3 fest vorgegeben.

a) Zeigen Sie durch relativistische Rechnung, daß für die kinetische Energie E_{kin} eines vom ZR registrierten β^--Teilchens gilt:

$$E_{kin} = \sqrt{E_0^2 + (B \cdot e \cdot r \cdot c)^2} - E_0$$

Verwenden Sie hierfür die Beziehung $E^2 = E_0^2 + p^2 \cdot c^2$!

E bzw. E_0 bezeichnen die relativistische bzw. die Ruheenergie des β^--Teilchens.

b) Bei obiger Anordnung wird die Kraftflußdichte B schrittweise, bei 0 beginnend, erhöht und jeweils mit dem ZR die zugehörige Zählrate gemessen. Über die Beziehung aus Teilaufgabe a läßt sich dann ein E_{kin}-Zählrate-Diagramm der β^--Teilchen erstellen.

(1) Skizzieren Sie dieses Diagramm qualitativ!

(2) Beschreiben Sie die wesentlichen Eigenschaften dieses Energiespektrums!

177. Probleme mit dem β^--Spektrum

a) Warum steht das β^--Energiespektrum im Widerspruch zum Energiesatz, wenn man den β^--Zerfall durch die Umwandlung eines Neutrons in ein Proton und ein Elektron im Kern erklären will?

b) Zur Klärung dieser Widersprüche nahm man an, daß beim β^--Zerfall zwei Elektronen ausgesandt werden, die zusammen die Zerfallsenergie besitzen, diese aber willkürlich unter sich verteilen. Warum ist diese Hypothese nicht haltbar?

c) Auch die Annahme, daß der Kern die überschüssige Energie durch Rückstoß aufnimmt, ist nicht haltbar. Erklären Sie dies ohne Rechnung!

d) Welche Beobachtungen zeigen, daß auch der Impulserhaltungssatz verletzt ist, wenn man die Vorstellungen aus Teilaufgabe a zugrunde legt?

e) Beschreiben Sie, wie diese Widersprüche zum Energie- und Impulserhaltungssatz beseitigt wurden!

f) Wie lauten die vollständigen Zerfallsgleichungen für eine β^--, β^+-, EC-Umwandlung?

178. Zerfallsschema eines β^--Zerfalls

Co60 ist ein β^--Strahler, der aus dem Grundzustand 2 Gruppen von β^--Teilchen mit den Maximalenergien $E_{max,1} = 0{,}32$ MeV und $E_{max,2} = 1{,}49$ MeV emittiert. Außerdem werden 2 γ-Quanten emittiert.

Das energiereichere hat die Energie $E_\gamma = 1{,}33$ MeV.

a) Geben Sie die Zerfallsgleichung an und berechnen Sie die Zerfallsenergie Q!

b) Zeichnen Sie das Zerfallsschema und tragen Sie den Übergang ein, bei dem das 1,33 MeV γ-Quant emittiert wird!

c) Berechnen Sie die Energie des zweiten γ-Quants!

Nuklidmassen Co60: 59,918998 u; Ni60: 59,91542 u

Ausblick auf Kerntechnik und Elementarteilchenphysik

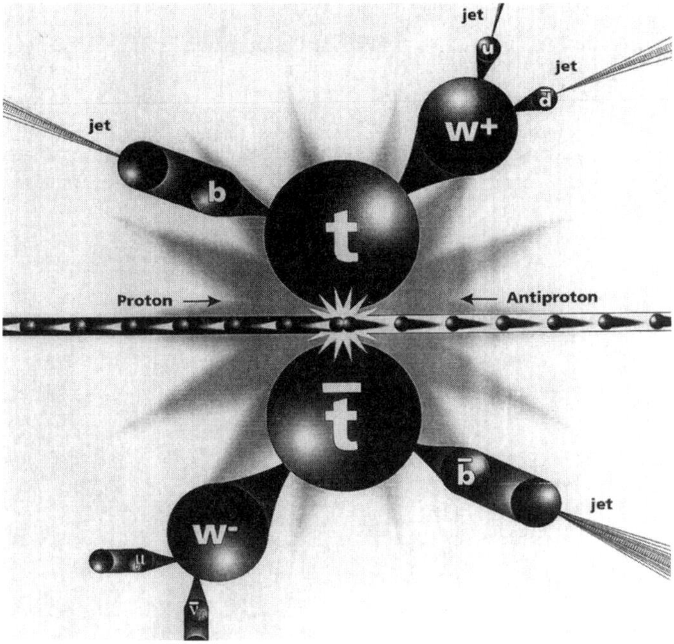

Grundlagen der Kernspaltung, der Kernfusion und der Kernenergietechnik

179. Begriffsbestimmung

Was versteht man unter einer "angeregten Kernspaltung?"

180. Vielfalt der Spaltprodukte

Beim Beschuß von $^{235}_{92}U$ mit Neutronen können verschiedene Bruchkerne K_1 und K_2 entstehen, die dann über mehrere β^--Zerfälle in stabile Kerne $\overline{K}_1$, $\overline{K}_2$ übergehen; ferner wird eine bestimmte Zahl z(n) von Neutronen frei.

Geben Sie mit Hilfe der folgenden Daten jeweils die Reaktionsgleichung für die Kernspaltung und alle Zerfallsgleichungen für die anschließend stattfindenden β^--Zerfälle vollständig an!

a) $K_1 = J138$; $K_2 = Y95$; $\overline{K}_1$ und $\overline{K}_2$ entstehen jeweils durch 3 β^--Zerfälle aus K_1 und K_2.

b) $\overline{K}_1 = Zr90$ und $\overline{K}_2 = Nd143$ entstehen durch jeweils 4 β^--Zerfälle aus K_1 und K_2; z(n) = 3

c) $\overline{K}_1 = Ce140$; z(n) = 2; $\overline{K}_1$ und $\overline{K}_2$ entstehen durch jeweils 3 β^--Zerfälle aus K_1 und K_2

181. Modellvorstellung zur Kernspaltung

a) Erläutern Sie am Beispiel von

$$^{235}_{92}U + ^{1}_{0}n \longrightarrow ^{138}_{53}J + ^{95}_{39}Y + 3\ ^{1}_{0}n$$

welche Modellvorstellungen man sich von einer angeregten Kernspaltung macht!

b) In welcher Form tritt die bei dieser Reaktion freiwerdende Energie auf?

182. Spaltschwelle und Aktivierungsenergie

a) Zeigen Sie, daß die Reaktion

$$^{236}_{92}U \longrightarrow ^{90}_{36}Kr + ^{143}_{56}Ba + 3\ ^{1}_{0}n$$

exotherm ist!

Nuklidmassen: m(U236) = 236,04558 u; m(Kr90) = 89,919603 u; m(Ba143) = 142,92055 u

b) Nebenstehendes Diagramm zeigt den Verlauf der potentiellen Energie des Kerns Kr90 bezüglich des Kerns Ba143 in Abhängigkeit vom Abstand r der beiden Kernschwerpunkte. Erklären Sie diesen Verlauf!

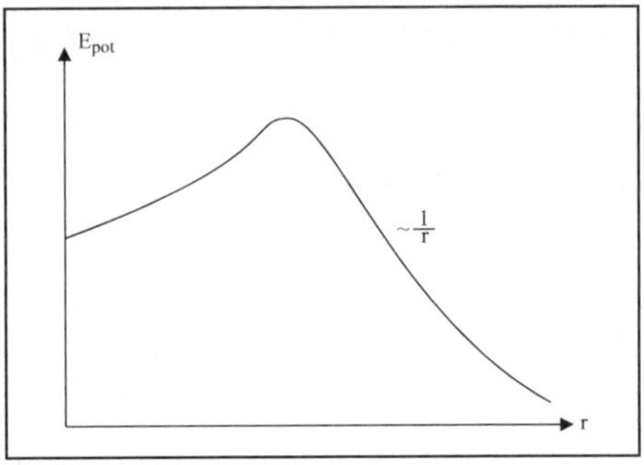

c) Trotz der Ergebnisse aus Teilaufgabe a ist U236 ein relativ stabiler Kern (α-Strahler mit einer Halbwertszeit von $2{,}34 \cdot 10^7$ a, bei dem nur gelegentlich spontane Kernspaltung zu beobachten ist). Erklären Sie, gestützt auf Ihre Erläuterungen in Teilaufgabe b, diese relative Stabilität!

d) Welche Aufgabe übernimmt das Neutron bei der Spaltung

$$^{235}_{92}U + ^{1}_{0}n \longrightarrow ^{90}_{36}Kr + ^{143}_{56}Ba + 3\ ^{1}_{0}n$$

183. Energieabschätzungen

Schätzen Sie den Betrag der bei der Kernspaltung

$$^{235}_{92}U + ^{1}_{0}n \longrightarrow ^{90}_{36}Kr + ^{143}_{56}Ba + 3\ ^{1}_{0}n$$

freiwerdenden Energie ab,

a) indem Sie den Q-Wert der Reaktion berechnen!

b) indem Sie die kinetische Energie berechnen, die der Kr90- und der Ba143-Kern nur aufgrund ihrer elektrostatischen Abstoßung gewinnen können!

c) mit Hilfe der mittleren Bindungsenergie pro Nukleon der Reaktionspartner!

Benötigte Nuklidmassen: m(U235) = 235,04394 u;
m(Kr90) = 89,919603 u; m(Ba143) = 142,92055 u

184. Spaltneutronen

a) Erklären Sie ohne Rechnung, warum bei der Spaltung eines schweren Kerns in zwei mittelschwere Kerne Neutronen frei werden!

b) Was versteht man unter "prompten" und "verzögerten" Spaltneutronen? Welche besondere Bedeutung kommt den verzögerten Neutronen zu?

185. Spaltstoffe

Erkären Sie, warum sich U235 als Spaltstoff für die technische Nutzung der Kernspaltung eignet, U238 dagegen nicht!

186. Kettenreaktion

a) Erläutern Sie am Beispiel von U235 die Begriffe "Kettenreaktion" und "kritische Masse"!

b) Was versteht man unter einem Kernreaktor?

187. Moderation

a) Was versteht man unter einem Moderator?

b) Welche wesentlichen, allgemeinen Eigenschaften muß ein Moderator besitzen?

c) Erläutern Sie am Beispiel von U238 den Begriff "Resonanzeinfang von Neutronen"!

d) Warum werden in Uran-Reaktoren Moderatoren verwendet?

188. Zur Auslegung eines Uran-Reaktors

a) Was versteht man unter einem heterogenen bzw. einem homogenen Reaktor?

b) Aus technischen Gründen verwendet man als Moderator für einen Uran-Reaktor meist leichtes Wasser, schweres Wasser oder Graphit. Charakterisieren Sie kurz die wesentlichen Moderatoreigenschaften dieser Substanzen!

c) Wie beeinflußt die Art des Moderators bei einem heterogenen Uranreaktor die Zusammensetzung und die Menge des verwendeten Urans?

189. Steuerung und Regelung der Kettenreaktion

a) Auf welchen wesentlichen physikalischen Grundlagen beruhen Steuerung und Regelung der Kettenreaktion?

b) Beschreiben Sie kurz unter Verwendung einer geeigneten Skizze den Aufbau eines Uran-Brennelements! Inwiefern ermöglicht die Konzeption eines Brennelements bei einem wassermoderierten Reaktor Fremd- und Selbststeuerung des Reaktors?

190. Prinzipieller Aufbau eines wassermoderierten Reaktors

Beschreiben Sie auch unter Zuhilfenahme einer Prinzipskizze, aus welchen Hauptteilen ein wassermoderierter Kernreaktor aufgebaut ist und welche Aufgaben diese Hauptbestandteile erfüllen!

191. Bauprinzip von Druck- und Siedewasser-Reaktoren

Alle 1995 in Deutschland in Betrieb befindlichen Leistungsreaktoren sind Leichtwasserreaktoren, die entweder als Druck- oder als Siedewasserreaktoren konzipiert sind.

a) Fertigen Sie für jeden der beiden Reaktortypen eine Prinzipskizze an, in der auch Turbine, Generator und Kühlturm berücksichtigt werden!

b) Beschreiben Sie die wesentlichen Vor- und Nachteile der beiden Reaktortypen.

192. Die wesentlichen Sicherheitseinrichtungen bei deutschen Leichtwasserreaktoren

Ein 1000-MW-Kernkraftwerk enthält nach einjähriger Betriebszeit eine Aktivitätsmenge von insgesamt ca. $2{,}6 \cdot 10^{20}$ Bq. Beschreiben Sie die wesentlichen Maßnahmen, die bei deutschen Leichtwasserreaktoren getroffen worden sind, um diese unvorstellbar große Radioaktivitätsmenge unter allen Umständen von der Außenwelt fernzuhalten!

193. Wiederaufarbeitung

a) Nennen Sie die Gründe, die bei Kernreaktoren einen regelmäßigen Brennelementewechsel erforderlich machen!

b) Was versteht man unter der Wiederaufarbeitung von Brennelementen?

c) Welche wesentlichen Gründe sprechen für, welche gegen die Wiederaufarbeitung?

194. Endlagerung

a) Welches Hauptproblem stellt sich bei der Endlagerung radioaktiver Abfälle?

b) Wie wird in Deutschland die Endlagerung radioaktiver Abfälle gehandhabt?

195. Technische Kernfusion

Wegen ihres Wirkungsquerschnittes sind die Reaktionen

$$(R_1)\quad {}^2_1\mathrm{H} + {}^3_1\mathrm{H} \longrightarrow {}^4_2\mathrm{He} + {}^1_0\mathrm{n}$$

$$(R_2)\quad {}^2_1\mathrm{H} + {}^2_1\mathrm{H} \longrightarrow {}^3_1\mathrm{H} + {}^1_1\mathrm{H}$$

$$(R_3)\quad {}^2_1\mathrm{H} + {}^2_1\mathrm{H} \longrightarrow {}^3_2\mathrm{He} + {}^1_0\mathrm{n}$$

noch am ehesten für die technische Realisierung der Kernfusion geeignet.

a) Berechnen Sie die bei R_1, R_2, R_3 freiwerdenden Energiebeträge!

b) Am meisten Energie wird bei R_1 freigesetzt. Für diese Reaktion werden Deuteronen aus einem Beschleuniger auf ${}^{3}_{1}H$-Kerne geschossen, die in einem Target ruhen.
Welche kinetische Energie muß ein Deuteron mindestens besitzen, damit es R_1 auslösen kann?

c) Mit Beschleunigern erreicht man pro Sekunde höchstens 10^9 Fusionen vom Typ R_1. Welche Leistung würde dabei freigesetzt?

d) Welche Energie (in kWh) würde bei einer Fusion nach R_1 aller in 1 kg Deuterium enthaltenen Kerne mit der entsprechenden Anzahl von Tritiumkernen frei?

e) Da Tritium in der Natur nur sehr beschränkt vorkommt, müßte es künstlich erzeugt werden. Da beim Beschuß von Li6 mit Neutronen Tritonen entstehen, ist es möglich, das benötigte Tritium durch die bei R_1 freiwerdenden Neutronen zu erbrüten. Geben Sie die entsprechenden Reaktionsgleichungen an!

f) Beantworten Sie unter Verwendung aller bisherigen Ergebnisse und unter Berücksichtigung der Tatsache, daß nur bei Temperaturen von $2{,}94 \cdot 10^9$ K die mittlere kinetische Energie eines Deuterons den in Teilaufgabe b berechneten Wert hat:
(1) Welche Probleme ergeben sich bei der technischen Realisierung der Kernfusion?
(2) Welche Vorteile hätte die Kernfusion gegenüber der Kernspaltung?

Nuklidmassen: m (H3) = 3,0155012 u

196. Energieproduktion in Sternen

In Sternen läuft bei Temperaturen zwischen $1{,}2 \cdot 10^7$ K - $1{,}7 \cdot 10^7$ K der Bethe-Weizsäcker-Zyklus ab:

(1) ${}^{12}_{6}C + {}^{1}_{1}p \longrightarrow {}^{13}_{7}N + \gamma$ (2) ${}^{13}_{7}N \longrightarrow {}^{13}_{6}C + {}^{0}_{1}e^+ + \nu$

(3) ${}^{13}_{6}C + {}^{1}_{1}p \longrightarrow {}^{14}_{7}N + \gamma$ (4) ${}^{14}_{7}N + {}^{1}_{1}p \longrightarrow {}^{15}_{8}O + \gamma$

(5) ${}^{15}_{8}O \longrightarrow {}^{15}_{7}N + {}^{0}_{1}e^+ + \nu$ (6) ${}^{15}_{7}N + {}^{1}_{1}p \longrightarrow {}^{12}_{6}C + {}^{4}_{2}He$

a) Berechnen Sie, wieviel Energie insgesamt frei wird, wenn die 6 Reaktionen nacheinander in der angegebenen Reihenfolge ablaufen!

b) Inwiefern übernimmt C12 die Rolle eines Katalysators?

c) Pro m^2 und Sekunde trifft von unserer Sonne auf der Erde die Energie 1,4 kJ ein. Wieviel Masse verliert die Sonne demnach pro Sekunde durch die Fusionsprozesse?

d) 5 % der Sonnenmasse bestehen heute aus Helium. Bei ihrer "Geburt" enthielt die Sonne kein Helium.
Berechnen Sie hieraus das Alter der Sonne, wenn ihre Strahlungsleistung während ihres gesamten bisherigen Lebens als konstant vorausgesetzt wird!

Ausblick auf die Physik der Elementarteilchen

197. Der "Zoo" der Elementarteilchen

Zur Zeit sind mehr als hundert verschiedene Elementarteilchen bekannt. Sie lassen sich nach ihrer Masse in mehrere Gruppen unterteilen. Nennen Sie diese Gruppen und ordnen Sie die aus dem Unterricht bekannten Elementarteilchen zu!

198. Kräfte zwischen den Elementarteilchen

Nennen Sie die Kräfte, die zwischen den Elementarteilchen wirken können und charakterisieren Sie diese Kräfte nach Reichweite und Stärke!

199. Kräfte sind Wechselwirkungen

Wie erklärt man in der modernen Physik das Zustandekommen der in Aufgabe 198 genannten vier Fundamentalkräfte?

200. Quarkmodell

Was versteht man unter Quarks?
Stellen Sie kurz die wesentlichen Charakteristika des Quarkmodells vor (auf den Farbbegriff braucht nicht eingegangen zu werden!) und erläutern Sie die Bedeutung der Quarks für die Hadronen, insbesondere für die Nukleonen!

201. Die Urbausteine der Materie

Erläutern Sie, warum Leptonen und Quarks als Urbausteine der Materie bezeichnet werden!

Lösungen

1. Die Gitterkonstante muß zur Wellenlänge passen.

a) Nach HUYGENS kann jeder Punkt einer Wellenfront als Ausgangspunkt von neuen, kreis- bzw. kugelförmigen sogenannten Elementarwellen betrachtet werden.

Trifft eine ebene Lichtwelle auf ein optisches Strichgitter, so können Elementarwellen am Ort des Gitters nur noch in den sehr engen durchlässigen Spalten entstehen. Die von hier ausgehenden kohärenten Elementarwellen führen dann durch Überlagerung hinter dem Gitter zu Beugungs- und Interferenzerscheinungen!

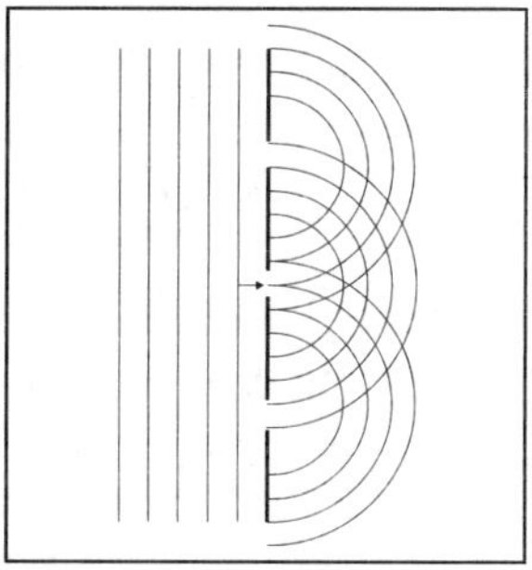

Trifft eine ebene Röntgenwelle auf ein Kristallgitter, so werden die Partikel des Kristalls (Moleküle, Ionen, Atome) zu Zentren für kugelförmige, kohärente Elementarwellen (vgl. Hinweis), die durch Überlagerung hinter dem Kristall zu Beugungs- und Interferenzerscheinungen führen.

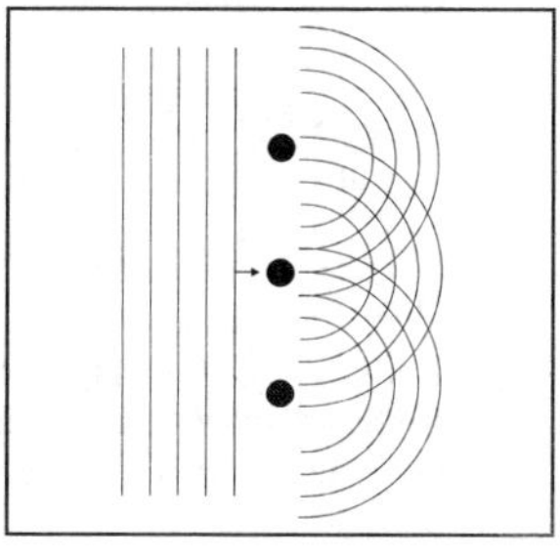

b) *Voraussetzung:*

Gitterkonstante b und Wellenlänge λ müssen **größenordnungsmäßig** übereinstimmen!

Begründung:

Aus der Gitterformel (vgl. FS. S. 49 / 2.1.3) $b \cdot \sin\alpha_k = k \cdot \lambda$ folgt:

$$\sin\alpha_k = \frac{k \cdot \lambda}{b} \qquad (*)$$

1. Fall: $b \ll \lambda \overset{(*)}{\Rightarrow} \sin\alpha_k > 1$

Interferenz tritt dann überhaupt nicht auf, da ja stets $|\sin\alpha_k| \le 1$

2. Fall: $b \gg \lambda \overset{(*)}{\Rightarrow} \sin\alpha_k \approx 0 \Rightarrow \alpha_k \approx 0$

Die Interferenzmaxima liegen dann zu nahe beim Maximum 0. Ordnung, zu nahe am direkten Strahl, und sind daher nicht beobachtbar.

Diese Schwierigkeiten lassen sich auch nicht dadurch umgehen, daß man nur hohe und höchste Interferenzordnungen betrachtet, da deren Intensität viel zu gering ist.

c) $b = \frac{1 \cdot 10^{-3}\,\text{m}}{1700} = 5{,}9 \cdot 10^{-7}\,\text{m}$

$(*)$: $\sin\alpha_k = \frac{k \cdot \lambda}{b} = \frac{k \cdot 5{,}9 \cdot 10^{-12}\,\text{m}}{5{,}9 \cdot 10^{-7}\,\text{m}} = k \cdot 10^{-5} \approx 0$

$\Rightarrow \alpha_k \approx 0$, falls k nicht zu groß!

Die Maxima von Interferenzordnungen mit nennenswerter Intensität liegen also zu nahe beim direkten Strahl, um beobachtet werden zu können.

d) $(*)$: $\sin\alpha_k = \frac{k \cdot \lambda}{b} = \frac{k \cdot 589{,}0 \cdot 10^{-9}\,\text{m}}{2{,}0 \cdot 10^{-10}\,\text{m}} = k \cdot 2{,}9 \cdot 10^3 > 1$

Da kein α diese Gleichung erfüllt, treten Interferenzerscheinungen nicht auf.

Hinweis:

Falls Sie Schwierigkeiten haben, die Kristallpartikel, die wir ja als Wellenhindernisse auffassen, als Zentren der Elementarwellen zu akzeptieren, hilft Ihnen folgende Skizze. Dort sind wellenundurchlässige Bereiche schwarz gezeichnet.

Experimentell und theoretisch (Theorem von Babinet) läßt sich zeigen, daß beide Anordnungen bei senkrechtem Welleneinfall die selbe Interferenzerscheinung erzeugen.

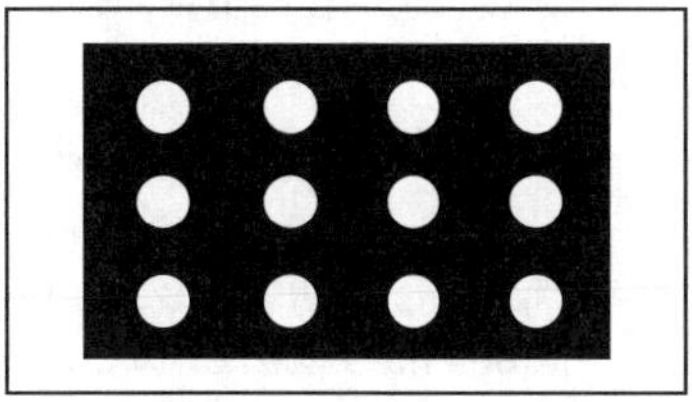

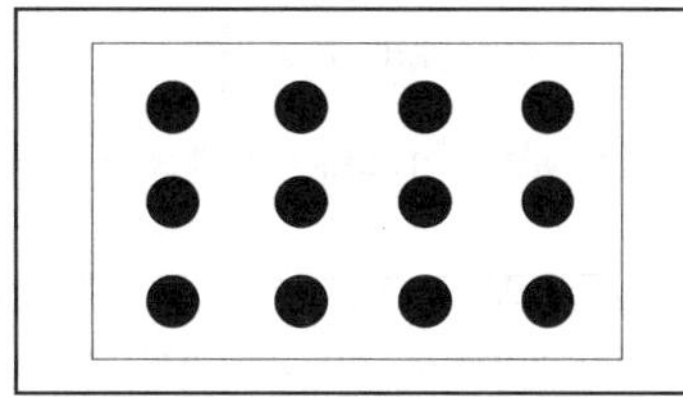

2. Bragg-Reflexion

a) Netzebenen sind fiktive Ebenen durch einen Einkristall, die gleichmäßig mit Kristallpartikeln besetzt sind. Alle zueinander parallelen, äquidistanten Netzebenen eines Kristalls, die in gleicher Weise mit Kristallpartikeln besetzt sind, bilden eine Netzebenenschar.

b) Nach dem Braggschen Modell werden die einfallenden Röntgenstrahlen von jeder Netzebene wie von einem Spiegel reflektiert. Die von sämtlichen Netzebenen einer Netzebenenschar reflektierten Strahlen interferieren im Unendlichen nur dann konstruktiv, wenn der Gangunterschied Δs zwischen zwei, an benachbarten Netzebenen reflektierten Strahlen die Bedingung

$$(*) \quad \Delta s = k \cdot \lambda \quad , k \in \mathbb{Z}$$

erfüllt.

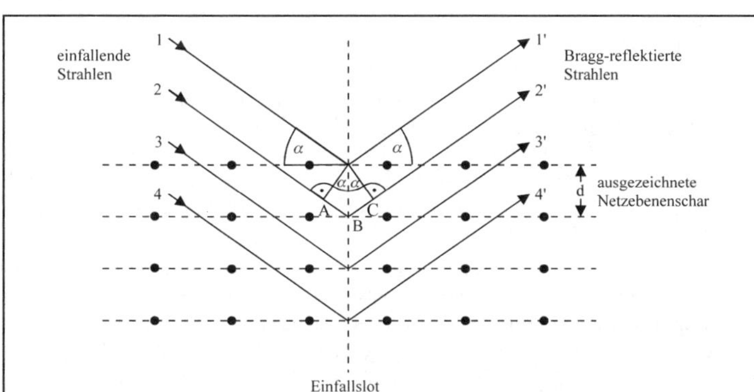

Aus der Skizze ergibt sich:

$$\left.\begin{aligned} \Delta s &= \overline{AB} + \overline{BC} = 2 \cdot \overline{AB} \\ \sin\alpha &= \frac{\overline{AB}}{d} \end{aligned}\right\} \Rightarrow \Delta s = 2 \cdot d \cdot \sin\alpha \overset{(*)}{\Rightarrow}$$

$\Rightarrow$ Bedingung für konstruktive Interferenz: $2 \cdot d \cdot \sin\alpha = k \cdot \lambda;\ k \in \mathbb{Z}$

c) Der Winkel α, den ein Röntgenstrahl entsprechend der Skizze mit einer Netzebene des Einkristalls einschließt, heißt Glanzwinkel, wenn er die Braggsche Beziehung erfüllt, wenn also der unter diesem Winkel auf die Netzebene treffende Röntgenstrahl von der Netzebenenschar reflektiert wird.

d) Ein ebener Spiegel reflektiert Licht stets, und zwar unabhängig vom Einfallswinkel und unabhängig von der Wellenlänge des einfallenden Lichts. Trifft dagegen ein monochromatischer Röntgenstrahl beliebiger Wellenlänge unter einem beliebigen Winkel auf einen Einkristall, so kann man nicht damit rechnen, daß er reflektiert wird, da im allgemeinen die Bragg-Beziehung nicht erfüllt ist. Monochromatische Röntgenstrahlung wird nach Teilaufgabe c ja nur dann von einem Kristall reflektiert, wenn sie unter einem Glanzwinkel auf den Einkristall trifft.

Hinweise:

1. Die Braggsche Beziehung wurde von zwei Leuten gefunden! Von SIR WILLIAM HENRY BRAGG (1862 – 1942) und seinem Sohn SIR WILLIAM LAWRENCE BRAGG (1890 – 1971).
2. Verbinden Sie den Braggschen Reflexionsbegriff nicht zu eng mit dem Reflexionsbegriff aus dem Optikunterricht der Mittelstufe: Trifft monochromatische Röntgenstrahlung auf einen Einkristall, so gehen von den Kristallpartikeln allseitig Streustrahlen oder – im Bild von Huygens – elementare Kugelwellen aus, die fast immer destruktiv interferieren. Nur unter ganz bestimmten Voraussetzungen interferieren sie konstruktiv. Den Braggs ist es gelungen, eine recht anschauliche Interpretation dieser Spezialfälle zu geben, indem sie so tun, als würden die Strahlen an den Netzebenen reflektiert. Die Bragg-Beziehung drückt dann in sehr einfacher Form die Voraussetzungen aus, die für eine konstruktive Interferenz erfüllt sein müssen.
3. Bitte beachten Sie zur Vermeidung von Mißverständnissen, daß im Braggschen Modell *eine* Netzebene einen Röntgenstrahl *immer* ohne einschränkende Bedingungen gemäß dem Reflexionsgesetz reflektiert, daß aber bei einer Netzebenenschar Reflexion nur auftritt, wenn die Bragg-Beziehung erfüllt ist.
4. Beachten Sie, daß es sich bei dem Winkel α der Skizze nicht um den aus der Optik bekannten Einfallswinkel handelt!

3. Drehkristall-Verfahren

Monochromatische Röntgenstrahlung der zu messenden Wellenlänge fällt entsprechend Abb. 1 unter einem Winkel α auf einen Einkristall bekannter Struktur. Mittels eines Zählrohrs bestimmt man die Intensität der unter einem Winkel von $2 \cdot \alpha$ gegen die Einfallsrichtung gestreuten Röntgenstrahlung. Diese Messung wird für hinreichend viele Drehwinkel α durchgeführt.

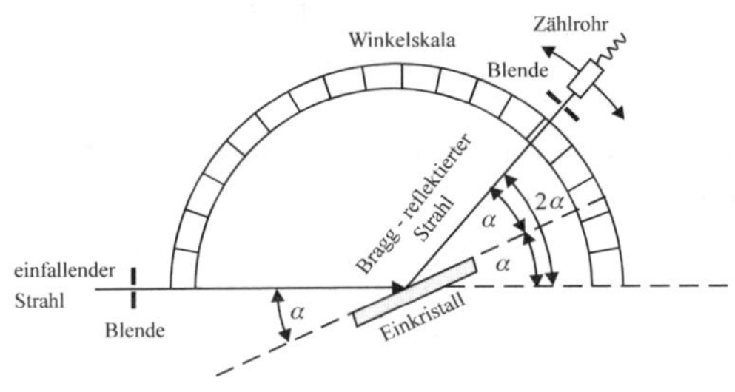

Abb. 1

Trägt man die gemessene Zählrate gegen die Winkel α an, so erhält man das Diagramm aus untenstehender Abbildung. Ihm entnimmt man die Glanzwinkel 1., 2., 3. ... Ordnung und kann hieraus, da d bekannt ist, über die Bragg-Beziehung

$$2 \cdot d \cdot \sin\alpha_k = k \cdot \lambda , k \in \mathbb{Z}$$

λ berechnen.

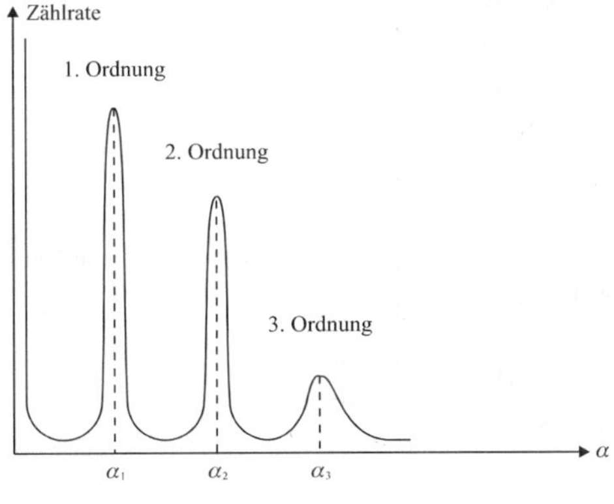

Abb. 2

4. Zahlenbeispiel zum Drehkristall-Verfahren

a) Berechnung der Wellenlänge:

$$E = h \cdot f = \frac{h \cdot c}{\lambda} \quad \Rightarrow$$

$$\Rightarrow \lambda = \frac{h \cdot c}{E} = \frac{6{,}63 \cdot 10^{-34}\,\mathrm{J \cdot s} \; 3 \cdot 10^{8}\,\frac{\mathrm{m}}{\mathrm{s}}}{5{,}9 \cdot 10^{3} \cdot 1{,}6 \cdot 10^{-19}\,\mathrm{J}} = 2{,}1 \cdot 10^{-10}\,\mathrm{m}$$

Bragg-Beziehung:

$$2 \cdot d \cdot \sin\alpha_k = k \cdot \lambda \overset{k=1}{\Rightarrow} d = \frac{\lambda}{2 \cdot \sin\alpha_k} = \frac{2{,}1 \cdot 10^{-10}\,\mathrm{m}}{2 \cdot \sin 22{,}17^\circ} = 2{,}8 \cdot 10^{-10}\,\mathrm{m}$$

b) Dem Diagramm entnimmt man $\alpha_1 = 7{,}5^\circ$ und $\alpha_2 = 15{,}0^\circ$.
Bragg-Beziehung für Interferenz 1. Ordnung:

$$\lambda = 2 \cdot d \cdot \sin\alpha_1 = 2 \cdot 2{,}8 \cdot 10^{-10}\,\mathrm{m} \cdot \sin 7{,}5^\circ = 7{,}3 \cdot 10^{-11}\,\mathrm{m}$$

5. Debye-Scherrer-Verfahren

Ein feiner, monochromatischer Röntgenstrahl der zu messenden Wellenlänge λ trifft entsprechend Abb. 1 auf ein polykristallines Pulver. Wegen der völlig regellosen Orientierung der winzigen Kriställchen im Pulver sind stets Mikrokristalle vorhanden, die in bezug auf die einfallende Strahlung unter einem Glanzwinkel liegen (vgl. Abb. 2). Die von diesen Kristalliten Bragg-reflektierten Strahlen laufen hinter dem Kristallpulver auf einem Kegelmantel mit dem Öffnungswinkel $4 \cdot \alpha_k$ aus.

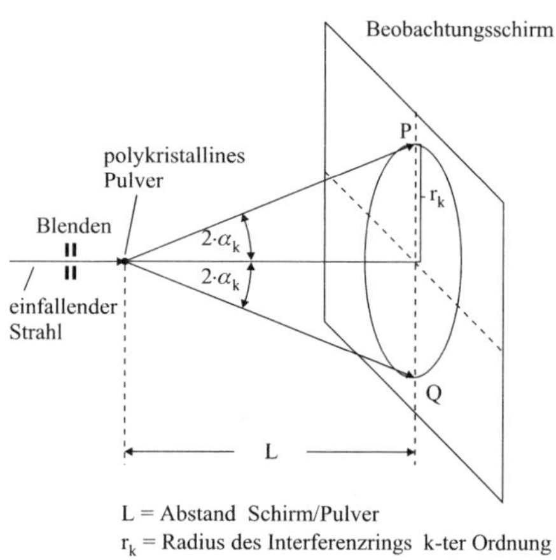

Abb. 1

Daher entsteht auf einem zur ursprünglichen Strahlrichtung senkrecht angebrachten Beobachtungsschirm als Interferenzfigur ein Kreisring.
Da zu verschiedenen Interferenzordnungen bzw. zu unterschiedlichen Netzebenenabständen unterschiedliche Glanzwinkel gehören, entsteht auf dem Beobachtungsschirm als Interferenzmuster ein System von konzentrischen Kreisringen, deren Mittelpunkt der Auftreffpunkt des unabgelenkt durchgehenden Röntgenstrahls ist.

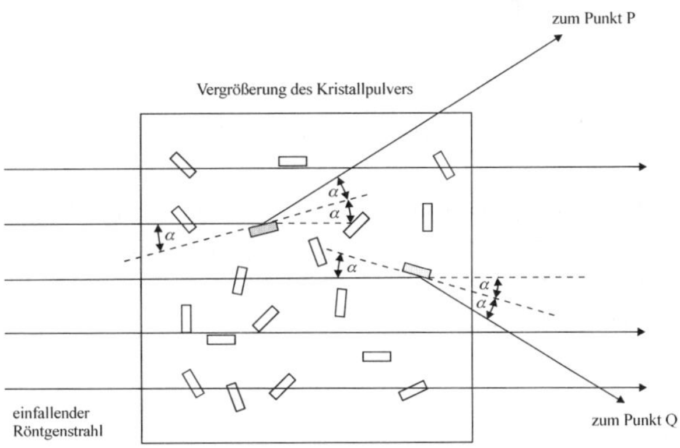

Abb. 2

$$\left.\begin{array}{l}\text{Geometrie der Versuchsanordnung: } \tan 2\cdot\alpha_k = \frac{r_k}{L} \overset{\text{Kleinwinkel-}}{\underset{\text{näherung}}{\Rightarrow}} 2\cdot\alpha_k = \frac{r_k}{L} \\ \text{Bragg-Beziehung: } 2\cdot d\cdot\sin\alpha_k = k\cdot\lambda \overset{\text{Kleinwinkel-}}{\underset{\text{näherung}}{\Rightarrow}} 2\cdot d\cdot\alpha_k = k\cdot\lambda\end{array}\right\} \Rightarrow$$

$$\Rightarrow \frac{d\cdot r_k}{L} = k\cdot\lambda \Rightarrow \lambda = \frac{d\cdot r_k}{k\cdot L}$$

Hinweise:

Manche Kollegiaten zweifeln nach Betrachtung von Abbildung 2 daran, daß die Bragg-reflektierten Strahlen hinter der Kristallpulverprobe auf einem Kegelmantel auslaufen. Schließlich zeigt die Skizze ja deutlich, daß die beiden relevanten Strahlen a) nicht von einem Punkt (der Kegelspitze) ausgehen und b) nur in der Zeichenebene verlaufen!
Zu a: Wegen des sehr feinen Röntgenstrahls und der geringen Dicke des Kristallpulvers ist die räumliche Ausdehnung des Bereichs im Kristallpulver, der von Röntgenstrahlung durchsetzt wird, winzig im Vergleich zum Abstand des Beobachtungsschirms vom Pulver. Daher ist es für die Lage des Auftreffpunkts der Bragg-reflektierten Strahlung am Beobachtungsschirm bedeutungslos, wo im Pulver die Reflexion stattgefunden hat.

Zu b: Abbildung 2 stellt nur einen ebenen Schnitt durch das Kristallpulver dar. Denkt man sich die Abbildung um eine Achse rotierend, die parallel zur einfallenden Strahlung durch die Mitte der Pulverprobe verläuft, so liegen die Bragg-reflektierten Strahlen auf einem Kegelmantel mit Öffnungswinkel $4 \cdot \alpha$.

6. Zahlenbeispiel zum Debye-Scherrer-Verfahren

a) $$E = h \cdot f = \frac{h \cdot c}{\lambda} \Rightarrow$$

$$\Rightarrow \lambda = \frac{h \cdot c}{E} = \frac{6{,}63 \cdot 10^{-34}\,\mathrm{J \cdot s} \cdot 3 \cdot 10^{8}\,\frac{\mathrm{m}}{\mathrm{s}}}{73{,}1 \cdot 10^{3} \cdot 1{,}6 \cdot 10^{-19}\,\mathrm{J}} = 1{,}7 \cdot 10^{-11}\,\mathrm{m}$$

b) Nach der Bragg-Beziehung $2 \cdot d \cdot \sin\alpha_k = k \cdot \lambda$ gehört zur kleineren Interferenzordnung der kleinere Glanzwinkel und damit der kleinere Interferenzring. K_1 und K_2 sind daher jeweils die zur 1. Interferenzordnung gehörenden Ringe.

c) Wie in Aufgabe 5 leitet man die Beziehung $\lambda = \frac{d \cdot r_k}{k \cdot L}$ her. Hieraus ergibt sich:

$$d = \frac{\lambda \cdot k \cdot L}{r_k} \qquad (*)$$

Bei gleicher Interferenzordnung gilt somit: Je größer der Ringradius ist, desto kleiner ist der Netzebenenabstand. K_2 gehört daher zur Netzebenenschar mit dem kleineren Netzebenenabstand. D. h. $d'' < d'$.

d) Nach (*) gilt jeweils:

$$d' = \frac{\lambda \cdot 1 \cdot L}{r_1'} = \frac{\lambda \cdot L}{R_1} = \frac{1{,}7 \cdot 10^{-11}\,\mathrm{m} \cdot 0{,}27\,\mathrm{m}}{2{,}2 \cdot 10^{-2}\,\mathrm{m}} = 2{,}1 \cdot 10^{-10}\,\mathrm{m}$$

$$d'' = \frac{\lambda \cdot 1 \cdot L}{r_1''} = \frac{\lambda \cdot L}{R_2} = \frac{1{,}7 \cdot 10^{-11}\,\mathrm{m} \cdot 0{,}27\,\mathrm{m}}{3{,}8 \cdot 10^{-2}\,\mathrm{m}} = 1{,}2 \cdot 10^{-10}\,\mathrm{m}$$

e) Mit kleiner werdender Energie nimmt die Wellenlänge λ der Röntgenstrahlung zu und damit werden wegen

$$(*) \Rightarrow r_k = \frac{\lambda \cdot k \cdot L}{d}$$

die Radien der Interferenzringe größer.

7. Laue-Diagramme

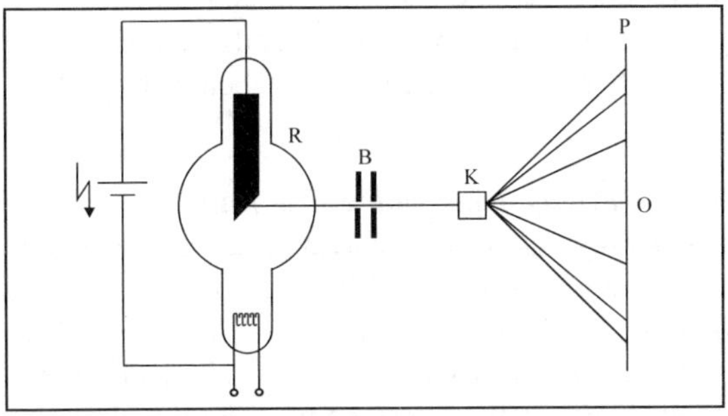

Aus der Strahlung der Röntgenröhre R wird mittels geeigneter Blenden B ein feiner Röntgenstrahl ausgeblendet. Senkrecht zu ihm stellt man eine Fotoplatte P auf. Bringt man zwischen B und P einen Einkristall K, so gibt es für einige wenige Wellenlängen des auftreffenden, kontinuierlichen Röntgenlichts Netzebenen in K, die relativ zur Einfallsrichtung unter einem Glanzwinkel liegen. Strahlung dieser Wellenlängen wird durch K Bragg-reflektiert und gelangt auf P an Stellen, die vom Auftreffpunkt O des direkten Strahls verschieden sind. Die restliche Strahlung trifft P in O.
Das Interferenzmuster auf P, das aus einzelnen Punkten unterschiedlicher Intensität besteht, die auf zu O konzentrischen Kreisen liegen, nennt man Laue-Diagramm.

8. Vergleichende Charakterisierung des Laue-, Debye-Scherrer- und Drehkristall-Verfahrens

Drehkristall-Verfahren

Hier trifft *monochromatische Röntgenstrahlung* auf einen *um eine Achse drehbaren Einkristall*, der so lange gedreht wird, bis er unter einem Glanzwinkel von der Röntgenstrahlung getroffen wird. Aus dem bekannten Glanzwinkel kann mittels der Bragg-Beziehung bei bekannter Wellenlänge der Netzebenenabstand berechnet werden und umgekehrt.

Debye-Scherrer-Verfahren

Hier trifft ebenfalls *monochromatische Röntgenstrahlung* auf *raumfeste, statistisch willkürlich liegende Mikrokristalle*. Nur die unter einem Glanzwinkel gegen die einfallende Strahlung liegenden Mikrokristalle Braggreflektieren die auftreffende Strahlung. Aus dem Interferenzmuster (Kreisringradius) und der Geometrie der Versuchsanordnung (Abstand Pulver – Schirm) lassen sich die Glanzwinkel berechnen und hieraus analog zum Drehkristallverfahren die Wellenlänge oder der Netzebenenabstand.

Laue-Verfahren
Hier fällt *kontinuierliches Röntgenlicht* auf einen *raumfesten Einkristall.* Vom Kristall werden nur diejenigen Wellen Bragg-reflektiert, deren Wellenlänge die Bragg-Beziehung erfüllt. Er filtert quasi aus einer großen Menge unterschiedlichster Wellenlängen die für die Bragg-Reflexion brauchbaren heraus, alle anderen passieren den Kristall unabgelenkt. Aus der Lage der so auf einer Fotoplatte entstehenden Punkte kann auf die Kristallstruktur zurückgerechnet werden.

9. Erzeugung monochromatischer Röntgenstrahlung

Man läßt die kontinuierliche Röntgenstrahlung in einem feinen Strahl so auf einen Einkristall mit geeignetem Netzebenenabstand d_0 treffen, daß der Winkel α_0 zwischen Strahl und der Netzebenenschar die Gleichung

$$2 \cdot d_0 \cdot \sin\alpha_0 = \lambda_0$$

erfüllt. Wegen der Bragg-Beziehung wird dann nur monochromatische Röntgenstrahlung der Wellenlänge λ_0 unter dem Winkel α_0 in 1. Interferenzordnung (dies ist die Ordnung mit der größten Intensität) reflektiert.

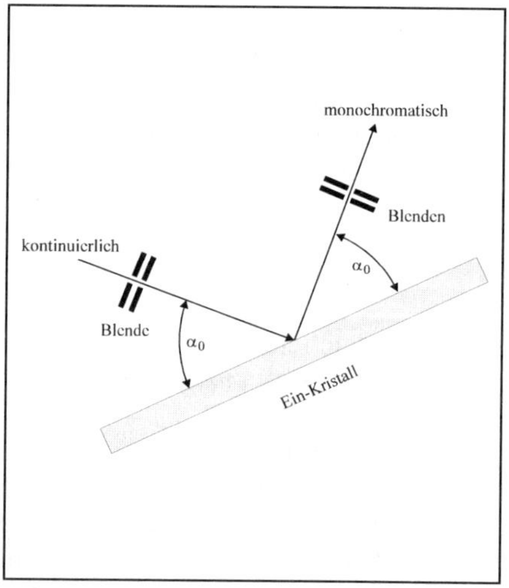

Hinweis zur Vermeidung von "Sprachwirrwarr":

Die Begriffe "polychromatische Röntgenstrahlung", "kontinuierliche Röntgenstrahlung", "polychromatisches Röntgenlicht", "kontinuierliches Röntgenlicht" und "weißes Röntgenlicht" sind alle synonym.
Ebenso sind "monochromatische Röntgenstrahlung", "monochromatisches Röntgenlicht", "monoenergetische Röntgenstrahlung" synonym.

10. De Broglies Hypothese

a) De Broglies Hypothese:
Jedes Materieteilchen der Masse m und der Geschwindigkeit v entspricht einem Wellenvorgang mit der Wellenlänge λ und der Frequenz f.

b) De Broglie übertrug die vom Photon her bekannte Beziehung zwischen Wellen- und Korpuskelgrößen (vgl. Band 1, Titel-Nr. 94321, Aufgaben 174 und 175)

$$E_{Photon} = m \cdot c^2 = h \cdot f \qquad \text{und} \qquad p_{Photon} = m \cdot c = \frac{h}{\lambda}$$

auf die Korpuskel:

$$E_{Korpuskel} = m \cdot c^2 \overset{!}{=} h \cdot f \qquad \text{und} \qquad p_{Korpuskel} = m \cdot v \overset{!}{=} \frac{h}{\lambda}$$

Damit erhält man Frequenz f und Wellenlänge λ einer Materiewelle zu:

$$m \cdot c^2 = h \cdot f \Rightarrow f = \frac{m \cdot c^2}{h} \qquad\qquad m \cdot v = \frac{h}{\lambda} \Rightarrow \lambda = \frac{h}{m \cdot v}$$

(aus der Beziehung für die Energie) (aus der Beziehung für den Impuls)

11. Berechnung von Materiewellenlängen

a) Energiesatz: $\frac{1}{2} \cdot m_0 \cdot v^2 = q \cdot U \Rightarrow v = \sqrt{2 \cdot \frac{q}{m_0} \cdot U}$

de Broglie: $\lambda = \frac{h}{m_0 \cdot v}$ $\quad \Rightarrow$

$$\Rightarrow \lambda = \frac{h}{m_0 \cdot \sqrt{2 \cdot \frac{q}{m_0} \cdot U}} = \frac{h}{\sqrt{2 \cdot q \cdot m_0 \cdot U}}$$

b) Energiesatz (vgl. Band 1, Titel 94321, Aufgabe 61):

$m \cdot c^2 - m_0 \cdot c^2 = q \cdot U \Rightarrow m \cdot c^2 - E_0 = E_k$

relativistische Masse: $m = \frac{m_0}{\sqrt{1 - \frac{v^2}{c^2}}}$ $\quad \Rightarrow$

$$\Rightarrow \frac{m_0 \cdot c^2}{\sqrt{1 - \frac{v^2}{c^2}}} - E_0 = E_k \Rightarrow E_0 \cdot \left(\frac{1}{\sqrt{1 - \frac{v^2}{c^2}}} - 1 \right) = E_k \Rightarrow$$

$$\Rightarrow \frac{1}{\sqrt{1-\frac{v^2}{c^2}}} - 1 = \frac{E_k}{E_0} \Rightarrow \frac{1}{\sqrt{1-\frac{v^2}{c^2}}} = 1 + \frac{E_k}{E_0} \Rightarrow$$

$$\Rightarrow \frac{1}{\sqrt{1-\frac{v^2}{c^2}}} = \frac{E_0+E_k}{E_0} \Rightarrow 1 - \frac{v^2}{c^2} = \left(\frac{E_0}{E_0+E_k}\right)^2 \Rightarrow$$

$$\Rightarrow \frac{v^2}{c^2} = 1 - \left(\frac{E_0}{E_0+E_k}\right)^2 = \frac{(E_0+E_k)^2 - E_0^2}{(E_0+E_k)^2} = \frac{2 \cdot E_0 \cdot E_k + E_k^2}{(E_0+E_k)^2} \Rightarrow$$

$$\Rightarrow v = \frac{c}{E_0+E_k} \cdot \sqrt{2 \cdot E_0 \cdot E_k + E_k^2} \qquad (*)$$

Energiesatz: $m \cdot c^2 = E_0 + E_k \Rightarrow m = \frac{E_0 + E_k}{c^2}$ (**)

(*) und (**): $m \cdot v = \frac{\sqrt{2 \cdot E_0 \cdot E_k + E_k^2}}{c}$

de Broglie: $\lambda = \frac{h}{m \cdot v}$ $\Bigg\} \Rightarrow$

$$\left.\begin{array}{l} \Rightarrow \lambda = \dfrac{h}{\frac{\sqrt{2 \cdot E_0 \cdot E_k + E_k^2}}{c}} \\ E_0 = m_0 \cdot c^2; E_k = q \cdot U \end{array}\right\} \Rightarrow \lambda = \frac{h}{\frac{\sqrt{2 \cdot m_0 \cdot c^2 \cdot q \cdot U + (q \cdot U)^2}}{c}} \Rightarrow$$

$$\Rightarrow \lambda = \frac{h}{\sqrt{2 \cdot m_0 \cdot q \cdot U + \left(\frac{q \cdot U}{c}\right)^2}}$$

Hinweise:

1. In Band 1, Titel 94321, Aufgabe 64, finden Sie die Spannungsschwellwerte, von denen ab für die in der Schule gebräuchlichen Elementarteilchen ein relativistischer Ansatz erforderlich ist.
2. Die in 11 a und 11 b hergeleiteten Formeln für die de-Broglie-Wellenlänge stehen nicht in der Formelsammlung. Vor allem die Berechnung der de-Broglie-Wellenlänge für den nicht relativistischen Fall ist eine Standardaufgabe, die Sie sicher bewältigen müssen. Aus Platz- und Übersichtlichkeitsgründen wird aber in allen folgenden Aufgaben, bei denen die Berechnung der de-Broglie-Wellenlänge verlangt ist, auf eine neuerliche Herleitung verzichtet; es werden jeweils die Ergebnisse dieser Aufgabe verwendet.
3. Warnung vor einem leider sehr häufig auftretenden Fehler!
   Die Beziehung

   $$E = \frac{h \cdot c}{\lambda}$$ (wobei E die relativistische Gesamtenergie bezeichnet)

   ist **für Photonen immer richtig** und **für Materieteilchen immer falsch!!!**

Mit dem Ergebnis

$$\lambda = \frac{h}{\frac{\sqrt{2 \cdot E_0 \cdot E_k + E_k^2}}{c}}$$

aus Teilaufgabe 11 b ergibt sich nämlich durch formale rechnerische Umformung:

$$\lambda = \frac{h \cdot c}{\sqrt{2 \cdot E_0 \cdot E_k + E_k^2}} = \frac{h \cdot c}{\sqrt{E_0^2 + 2 \cdot E_0 \cdot E_k + E_k^2 - E_0^2}} =$$

$$= \frac{h \cdot c}{\sqrt{(E_0 + E_k)^2 - E_0^2}} = \frac{h \cdot c}{\sqrt{E^2 - E_0^2}} \Rightarrow$$

$$\Rightarrow \frac{h \cdot c}{\lambda} = \sqrt{E^2 - E_0^2}$$

Der Quotient $\frac{h \cdot c}{\lambda}$ stimmt also nicht einmal mit der kinetischen Energie $E_k = E - E_0$ des Materieteilchens überein!!

12. Versuchskonzept für den Nachweis der Wellennatur von Teilchen

a) Aufgabe 11 a:

$$\lambda = \frac{h}{\sqrt{2 \cdot e \cdot m \cdot U}} = \frac{6{,}63 \cdot 10^{-34}\ \mathrm{J \cdot s}}{\sqrt{2 \cdot 1{,}6 \cdot 10^{-19}\ \mathrm{A \cdot s} \cdot 9{,}1 \cdot 10^{-31}\ \mathrm{kg} \cdot 250\ \mathrm{V}}}$$

$$= 7{,}8 \cdot 10^{-11}\ \mathrm{m}$$

b) Da Elektronen von Linsen und Prismen nicht wie Lichtstrahlen gebrochen und von Spiegeln nicht reflektiert werden, scheiden zunächst alle Interferenzversuche aus, bei denen kohärente Lichtquellen durch Brechung oder Reflexion erzeugt werden. Es verbleiben die Versuche, bei denen optische Beugungsgitter verwendet werden. (Auch der Doppelspalt kann als Beugungsgitter mit 2 Spalten aufgefaßt werden!) Da nach Aufgabe 1 b aber bei diesen Versuchen Wellenlänge λ und Gitterkonstante b größenordnungsmäßig übereinstimmen müssen und λ nach a) den Wert $\lambda = 7{,}8 \cdot 10^{-11}$ m hat, muß die Größenordnung der Gitterkonstanten b des Beugungsgitters $b = 10^{-10}$ m betragen. Diese Forderung können nur Kristallgitter erfüllen. Die Wellennatur der Strahlelektronen läßt sich von den Ihnen bisher bekannten Interferenzversuchen also nur mit dem Drehkristall-, dem Debye-Scherrer- oder dem Laue-Verfahren nachweisen.

c) Eine Erhöhung der Beschleunigungsspannung U führt wegen

$$\lambda = \frac{h}{\sqrt{2 \cdot e \cdot m \cdot U}}$$

zu einer Verringerung der Wellenlänge und erfordert somit Beugungsgitter mit noch kleineren Gitterkonstanten. Der Nachweis wird also bei höheren Beschleunigungsspannungen schwieriger.

13. Experimentelle Überprüfung der de-Broglie-Hypothese

Hinweis:

Alle Aussagen über die Interferenz von Röntgenstrahlen an Kristallen gelten in gleicher Weise auch für die Interferenz von Materiewellen an Kristallen.

a) Wie bei Aufgabe 6 b gilt: Der kleinste Ring gehört zur Interferenz 1. Ordnung.

Wie bei Aufgabe 5 gilt: $\tan 2 \cdot \alpha_1 = \frac{r_1}{L} = \frac{4{,}7 \cdot 10^{-2}\,m}{25{,}0 \cdot 10^{-2}\,m} \Rightarrow$

$\Rightarrow 2 \cdot \alpha_1 = 10{,}6° \Rightarrow \alpha_1 = 5{,}3°$

b) Wie bei Aufgabe 5 gilt: $2 \cdot d \cdot \sin \alpha_k = k \cdot \lambda \Rightarrow$

$\Rightarrow \lambda = 2 \cdot d \cdot \sin \alpha_1 = 2 \cdot 2{,}1 \cdot 10^{-10}\,m \cdot \sin 5{,}3° = 3{,}9 \cdot 10^{-11}\,m$

c) Berechnung der de-Broglie-Wellenlänge mit de Broglies Formel:
Aufgabe 11 a:

$$\lambda = \frac{h}{\sqrt{2 \cdot e \cdot m \cdot U}} = \frac{6{,}63 \cdot 10^{-34}\,J \cdot s}{\sqrt{2 \cdot 1{,}6 \cdot 10^{-19}\,A \cdot s \cdot 9{,}1 \cdot 10^{-31}\,kg \cdot 1{,}0 \cdot 10^{3}\,V}} = 3{,}9 \cdot 10^{-11}\,m$$

Die mit de Broglies Formel berechnete Materiewellenlänge der Elektronen stimmt also mit dem durch den Interferenzversuch gewonnenen Wert überein. In diesem Sinn bestätigt der Versuch de Broglies Hypothese.

d) Nähert man dem Teilchenstrahl einen Magneten, so wird bei Elektronenstrahlen eine Verzerrung oder Verschiebung der Interferenzringe, bei Röntgenstrahlen keine Veränderung des Interferenzringsystems beobachtet.

14. Das Experiment von Davisson und Germer

Konstruktive Interferenz 1. Ordnung im Unendlichen tritt auf, wenn für den Gangunterschied Δs unmittelbar benachbarter Strahlen gilt:

$$\Delta s = \lambda \qquad (*)$$

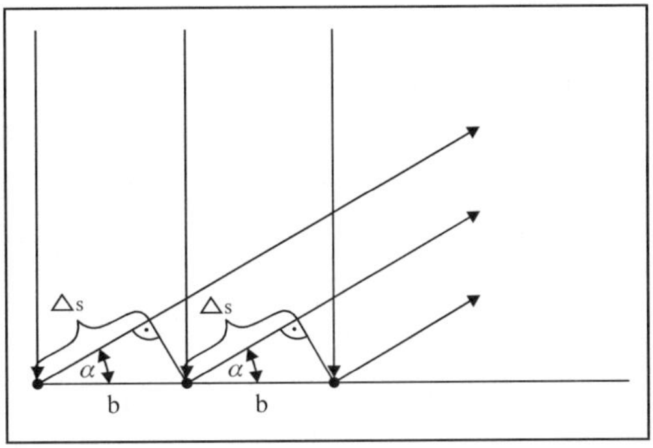

Aus der Skizze ergibt sich:

$$\cos\alpha = \frac{\Delta s}{b} \Rightarrow \Delta s = b \cdot \cos\alpha \qquad (**)$$

$$(*) \text{ und } (**): \quad b \cdot \cos\alpha = \lambda \Rightarrow \cos\alpha = \frac{\lambda}{b} \qquad (***)$$

Berechnung der de-Broglie-Wellenlänge:

Aufgabe 11: $\lambda = \frac{h}{\sqrt{2 \cdot e \cdot m \cdot U}} =$

$$= \frac{6{,}63 \cdot 10^{-34}\,\text{J} \cdot \text{s}}{\sqrt{2 \cdot 1{,}6 \cdot 10^{-19}\,\text{A} \cdot \text{s} \cdot 9{,}1 \cdot 10^{-31}\,\text{kg} \cdot 54\,\text{V}}} = 1{,}7 \cdot 10^{-10}\,\text{m}$$

λ und b in (***) eingesetzt:

$$\cos\alpha = \frac{1{,}7 \cdot 10^{-10}\,\text{m}}{2{,}15 \cdot 10^{-10}\,\text{m}} = 0{,}79 \;\Rightarrow\; \alpha = 37{,}7°$$

Hinweis:
DAVISSON und GERMER wiesen tatsächlich unter diesem Winkel ein Interferenzmaximum 1. Ordnung nach und bestätigten damit erstmals de Broglies Hypothese experimentell.

15. Der Möllenstedt-Versuch

Elektronen treten aus einer nahezu punktförmigen Elektronenquelle E aus und werden im Feld zwischen dem positiv geladenen Faden F und den geerdeten Leitern L so abgelenkt, daß sich die links und rechts an F vorbeilaufenden Teilchenbündel hinter dem Draht überlagern. Im Überlagerungsgebiet entsteht ein ausgeprägtes Interferenzmuster.

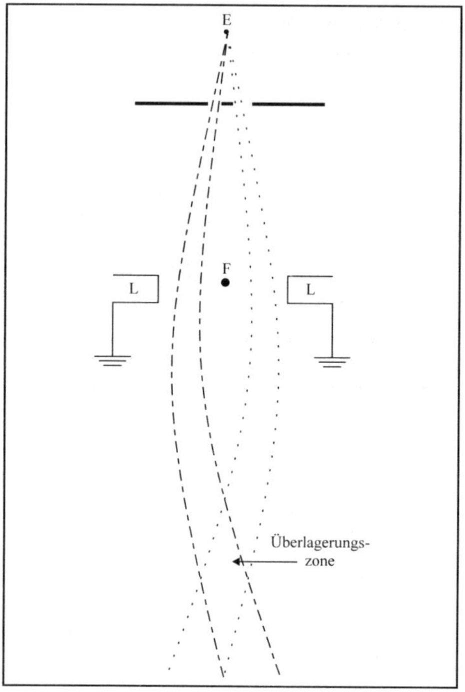

Hinweis:

Mit diesem Versuch läßt sich der Einwand widerlegen, daß die Elektroneninterferenzen bei Verwendung von Kristallen durch unbekannte Einflüsse der Kristallpartikel auf die Elektronen zustande kommen könnten.

16. Zur Geschwindigkeitsabhängigkeit der elektrischen Ladung

a) Experiment 1:

de Broglie: $\lambda = \frac{h}{m \cdot v} = \frac{h}{p_1} \Rightarrow p_1 = \frac{h}{\lambda}$

Experiment 2:

Kräftebilanz: $F_{Lorentz} = F_{zentral}$

$$B \cdot e \cdot v = \frac{m \cdot v^2}{r} \Rightarrow B \cdot e = \frac{m \cdot v}{r} = \frac{p_2}{r} \Rightarrow p_2 = B \cdot e \cdot r$$

b) Da bei beiden Experimenten derselbe Elektronenstrahl verwendet wird, gilt:

$$p_1 = p_2$$

$$\overset{a}{\Rightarrow} \quad \frac{h}{\lambda} = B \cdot e \cdot r \Rightarrow e = \frac{h}{B \cdot \lambda \cdot r}$$

c) Da h als Naturkonstante und $B \cdot \lambda \cdot r$ aufgrund der experimentellen Befunde geschwindigkeitsunabhängig sind, ist auch die Elektronenladung e wegen

$$e = \frac{h}{B \cdot \lambda \cdot r}$$

geschwindigkeitsunabhängig!

Hinweis:
Beim Nachweis der relativistischen Massenformel durch den Bucherer-Versuch (vgl. Band 1, Titel 94321, Aufgabe 59) gingen wir stillschweigend von der relativistischen Invarianz der Elementarladung aus. Durch das Ergebnis von Aufgabe 16 wird diese Annahme nachträglich gerechtfertigt.

17. Zur Wellennatur von Makrokörpern

Berechnung der de-Broglie-Wellenlänge des Tennisballs:

$$\lambda = \frac{h}{m \cdot v} = \frac{6{,}63 \cdot 10^{-34}\ \mathrm{J \cdot s}}{57{,}5 \cdot 10^{-3}\ \mathrm{kg} \cdot \frac{108}{3{,}6}\ \frac{\mathrm{m}}{\mathrm{s}}} = 3{,}8 \cdot 10^{-34}\ \mathrm{m}$$

Der Beugungswinkel α_1 zum intensivsten Interferenzmaximum 1. Ordnung erfüllt nach der Gitterformel die Bedingung: $b \cdot \sin \alpha_1 = \lambda$

$$\Rightarrow \quad \sin \alpha_1 = \frac{\lambda}{b} = \frac{3{,}8 \cdot 10^{-34}\ \mathrm{m}}{0{,}5\ \mathrm{m}} = 7{,}6 \cdot 10^{-34} \Rightarrow \alpha_1 = 4{,}4 \cdot 10^{-32\,\circ}$$

Solche kleine Ablenkungen sind bei Mikrokörpern und erst recht bei Makrokörpern nicht mehr feststellbar!

18. Zum Versuch von Jönsson

a) Gitterformel FS. S. 49 / 2.1.3:

$$b \cdot \sin \alpha_k = k \cdot \lambda \Rightarrow \sin \alpha_k = \frac{k \cdot \lambda}{b}$$

Nur wenn λ groß und b klein ist, ist der Quotient $\frac{k \cdot \lambda}{b}$ und damit der Winkel α_k groß. Nur dann liegen die Maxima unterschiedlicher Interferenzordnung deutlich getrennt auf dem Beobachtungsschirm.

b) Wegen $\lambda = \frac{h}{\sqrt{2 \cdot e \cdot m \cdot U}}$ (vgl. Aufgabe 11 a) ist λ groß, wenn U klein ist.

c) Berechnung der de-Broglie-Wellenlänge:

Aufgabe 11 a: $\lambda = \frac{h}{\sqrt{2 \cdot e \cdot m \cdot U}} =$

$$= \frac{6{,}63 \cdot 10^{-34}\ \mathrm{J \cdot s}}{\sqrt{2 \cdot 1{,}6 \cdot 10^{-19}\ \mathrm{A \cdot s} \cdot 9{,}1 \cdot 10^{-31}\ \mathrm{kg} \cdot 30\ \mathrm{V}}} =$$

$$= 2{,}2 \cdot 10^{-10}\ \mathrm{m}$$

Berechnung des Abstandes Δx:

Gitterformel FS. S. 49/2.1.3: $b \cdot \sin \alpha_k = k \cdot \lambda$

$$\Rightarrow \sin \alpha_1 = \frac{\lambda}{b} = \frac{2{,}2 \cdot 10^{-10}\mathrm{m}}{2 \cdot 10^{-6}\mathrm{m}} = 1{,}1 \cdot 10^{-4} \Rightarrow \alpha_1 = 6{,}3 \cdot 10^{-3\circ}$$

$$\Rightarrow \sin \alpha_2 = \frac{2 \cdot \lambda}{b} = \frac{2 \cdot 2{,}2 \cdot 10^{-10}\mathrm{m}}{2 \cdot 10^{-6}\mathrm{m}} = 2{,}2 \cdot 10^{-4} \Rightarrow \alpha_2 = 12{,}6 \cdot 10^{-3\circ}$$

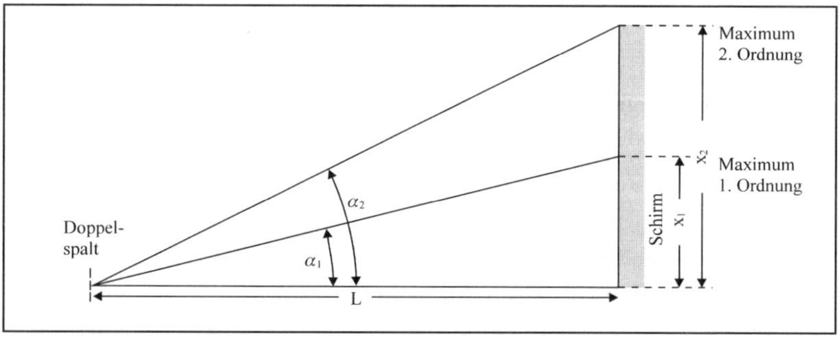

$$\tan \alpha_1 = \frac{x_1}{L} \Rightarrow x_1 = L \cdot \tan \alpha_1 = 0{,}2\mathrm{m} \cdot \tan 6{,}3 \cdot 10^{-3\circ} = 2{,}2 \cdot 10^{-5}\ \mathrm{m}$$

$$\tan \alpha_2 = \frac{x_2}{L} \Rightarrow x_2 = L \cdot \tan \alpha_2 = 0{,}2\mathrm{m} \cdot \tan 12{,}6 \cdot 10^{-3\circ} = 4{,}4 \cdot 10^{-5}\ \mathrm{m}$$

$$\Rightarrow \Delta x = 2{,}2 \cdot 10^{-5}\mathrm{m}$$

d) Trotz optimaler Voraussetzungen (kleine Beschleunigungsspannung und kleiner Spaltabstand) liegen die Maxima 1. und 2. Ordnung nur zwei Hundertstel Millimeter voneinander getrennt!

19. Dualismus

a) Eine Reihe von Erscheinungen des Lichts lassen sich nur mit Hilfe des Wellenmodells beschreiben (z. B. Interferenz-, Beugungs-, Polarisationsphänomene ...), während andere nur mit dem Photonenmodell beschrieben werden können (z. B. Fotoeffekt, Gravitationsblauverschiebung; vgl. Band 1, Titel 94321, Aufgaben 163 und 176).
Die Tatsache, daß zur vollständigen Beschreibung des Phänomens "Licht" beide Modelle, das Wellen- *und* das Korpuskelmodell, erforderlich sind, bezeichnet man als den Dualismus Welle – Teilchen.

b) Elementarteilchen, wie z. B. Elektronen, benehmen sich in gewissen Experimenten wie Massenpunkte (z. B. bei Ablenkversuchen in elektrischen und magnetischen Feldern), in anderen aber wie ein Wellenvorgang (z. B. Interferenz nach Durchtritt durch geeignete Kristalle).
Zur vollständigen Beschreibung des Verhaltens von Mikroteilchen sind also wiederum Korpuskel- *und* Wellenmodell erforderlich. Diesen Sachverhalt bezeichnet man als Dualismus Teilchen – Welle.

Hinweis:
Die Reihenfolge Welle – Teilchen oder Teilchen – Welle berücksichtigt, daß Licht historisch zunächst als Wellenvorgang und erst später auch als Teilchenvorgang erkannt wurde. Bei den Elementarteilchen war es gerade umgekehrt.

20. Vermittlung zwischen Teilchen- und Wellenmodell
Mittels der dem Wellenmodell entnommenen Größe Frequenz f läßt sich die Energie E der Korpuskel zu $E = h \cdot f$ ausdrücken.
Bezeichnet $\Psi(x_0)$ die Amplitude des zu einer Korpuskel gehörenden Wellenvorgangs zu einem bestimmten Zeitpunkt an einem bestimmten Ort x_0, so ist $|\Psi(x_0)|^2 \cdot \Delta x$ die Wahrscheinlichkeit dafür, die Korpuskel zu diesem Zeitpunkt innerhalb des Ortsintervalls $[x_0; x_0 + \Delta x]$ anzutreffen.
Bezeichnet Ψ die Amplitude eines aus mehreren Korpuskeln bestehenden Wellenvorgangs zu einem bestimmten Zeitpunkt in einem Raumpunkt P, so ist das Amplitudenquadrat $|\Psi|^2$ direkt proportional zur Korpuskeldichte zu diesem Zeitpunkt in einem infinitesimal kleinen Raumelement um P.

21. Taylorexperiment

a) (1) sehr kurze Belichtung: an vereinzelten Stellen des Schirms findet man Schwärzungspunkte;

(2) etwas längere Belichtung: die Schwärzungspunkte sind statistisch, aber nicht gleichmäßig, sondern nach einer Wahrscheinlichkeitsverteilung über den Schirm verteilt;

(3) sehr lange Belichtung: das Schwärzungsbild entspricht der Intensitätsverteilung nach der klassischen Wellentheorie.

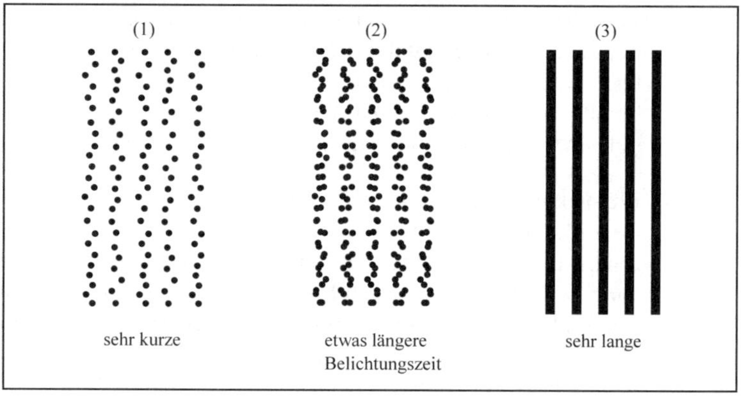

b) Aus (1) folgt: Die Korpuskeln existieren auch hinter dem Doppelspalt als ganze Korpuskeln weiter und verteilen ihre Energie nicht (wie nach dem Wellenmodell) jeweils über den ganzen Schirm.
Aus (2) folgt: Der Auftreffpunkt einer einzelnen Korpuskel kann nicht vorhergesagt werden.
Aus (3) folgt: Die Wahrscheinlichkeitsverteilung, der eine Korpuskel hinter dem Doppelspalt gehorcht, entspricht der Intensitätsverteilung, die die klassische Wellentheorie vorhersagt.

Hinweis:

Die Idee zu diesem Versuch stammt von MAX BORN (1926). G. J. TAYLOR führte ein ähnliches Experiment bereits 1909 nur mit Photonen und nicht mit Elektronen durch. Auch nahm er bei seinem Versuch, bei dem er die Beugung von Licht an einem Draht untersuchte, nicht Bilder der Art (1) und (2) auf, sondern zeigte nur, daß sich bei äußerst geringer Intensität, aber sehr langer Belichtungszeit, das gleiche Schwärzungsbild wie bei hoher Intensität und kurzer Belichtungszeit ergibt;
JÖNSSON zeigte später, daß sich Elektronen am Doppelspalt ebenso wie Photonen verhalten.

22. Phasen- und Gruppengeschwindigkeit

a) Unter der Phasengeschwindigkeit c_{Phase} versteht man die Geschwindigkeit, mit der sich vom Wellenvorgang erfaßte Gebiete gleicher Phase (z. B. die Wellenfronten) ausbreiten. Für eine Welle der Frequenz f und der Wellenlänge λ gilt:

$$c_{Phase} = \lambda \cdot f$$

Die Gruppengeschwindigkeit c_{Gruppe} gibt an, mit welcher Geschwindigkeit sich die Energie der Welle ausbreitet.

b) Bezeichnet c die Vakuumlichtgeschwindigkeit, so gilt für eine monochromatische, elektromagnetische Welle im Vakuum:

$$c_{Phase} = c_{Gruppe} = c$$

c) Nach Definition: $c_{Phase} = \lambda \cdot f$

FS. S. 55/4.1.1: $f = \frac{m \cdot c^2}{h}$

FS. S. 55/4.1.2: $\lambda = \frac{h}{m \cdot v}$

$$\Rightarrow c_{Phase} = \frac{h}{m \cdot v} \cdot \frac{m \cdot c^2}{h} = \frac{c^2}{v}$$

d) c_{Gruppe} = Geschwindigkeit des Teilchens = v

Hinweise:

1. Bei Materiewellen gilt also $c_{Phase} = \frac{c^2}{v} > c$. Dies ist kein Widerspruch zur speziellen Relativitätstheorie, da diese nur fordert, daß sich **Signale** nicht schneller als mit Lichtgeschwindigkeit ausbreiten können.
2. Ein Vergleich von Phasen- und Gruppengeschwindigkeit von Licht- und Materiewellen zeigt, daß Materiewellen keine elektromagnetischen Wellen sein können.

23. Charakter einer Strahlung

a) Da die Energie eines Photons wegen $E = h \cdot f$ mit steigender Frequenz wächst, erscheint der Korpuskel-Charakter einer elektromagnetischen Strahlung um so deutlicher, je größer die Strahlungsfrequenz f ist.

b) Das Elektron ist das Teilchen mit der kleinsten Ruheenergie, die nach FS. T 18 gerade $E_0 = 0{,}511$ MeV beträgt. Die Behauptung ergibt sich somit aus $E = E_0 + E_{kin}$.

c) Wegen $h \cdot f = E \Rightarrow f = \frac{E}{h} = \frac{0{,}511 \cdot 10^{6} \cdot 1{,}6 \cdot 10^{-19}\,J}{6{,}63 \cdot 10^{-34}\,J \cdot s} = 1{,}2 \cdot 10^{20}\,Hz$

handelt es sich um sehr harte Röntgenstrahlung. Bei dieser sehr hochfrequenten elektromagnetischen Strahlung steht der Teilchencharakter deutlich im Vordergrund.

d) Photon:

$$E = \frac{h \cdot c}{\lambda} \Rightarrow \lambda = \frac{h \cdot c}{E} = \frac{6{,}63 \cdot 10^{-34}\,J \cdot s \cdot 3 \cdot 10^{8}\,\frac{m}{s}}{0{,}512 \cdot 10^{6} \cdot 1{,}6 \cdot 10^{-19}\,J} = 2{,}4 \cdot 10^{-12}\,m$$

Elektron:

$$\lambda = \frac{h \cdot c}{\sqrt{E^{2} - E_{0}^{2}}}$$
$$= \frac{6{,}63 \cdot 10^{-34}\,J \cdot s \cdot 3 \cdot 10^{8}\,\frac{m}{s}}{\sqrt{(0{,}512 \cdot 10^{6} \cdot 1{,}6 \cdot 10^{-19}\,J)^{2} - (0{,}511 \cdot 10^{6} \cdot 1{,}6 \cdot 10^{-19}\,J)^{2}}}$$
$$= 3{,}9 \cdot 10^{-11}\,m$$

Obwohl beiden Teilchen nach de Broglie wegen der gleichen relativistischen Energie die gleiche Frequenz zuzuordnen ist, würde man wegen der kleineren Wellenlänge dem Photon wohl einen stärkeren Teilchencharakter zuweisen als dem Elektron. Je kleiner nämlich die Wellenlänge ist, um so undeutlicher treten bei einem Interferenzversuch die Interferenzmaxima – und damit die Wellennatur – in Erscheinung.

24. Heisenbergs Unschärferelation

a) Unter der Heisenbergschen Unschärferelation versteht man die Ungleichung

$$\Delta x \cdot \Delta p_x \geq \frac{h}{2 \cdot \pi}$$

Dabei bezeichnet Δx die Unsicherheit in der Angabe des Ortes x und Δp_x die *gleichzeitig* vorhandene Unsicherheit in der Angabe des Impulses p_x eines Mikroteilchens.

b) Da nach obiger Ungleichung das Produkt $\Delta x \cdot \Delta p_x$ niemals Null werden kann, sind Ort x und Impuls p_x eines Mikroteilchens nie gleichzeitig absolut genau bestimmt. Je genauer der Ort eines Teilchens angegeben werden kann, über einen desto weiteren Bereich können sich die Impulswerte des Teilchens erstrecken und umgekehrt.

Hinweise:

1. Δx und Δp_x haben nichts mit Meßfehlern zu tun, die bei der Bestimmung des Teilchenorts bzw. -impulses auftreten!
   Gäbe es eine ideale Apparatur, die nach der klassischen Physik vollkommen exakte Messungen erlaubte, so ließen sich trotzdem die Orts- und die Impulskoordinate eines Teilchens zum selben Zeitpunkt nicht mit größerer Genauigkeit ermitteln, als es die Heisenbergsche Unschärferelation zuläßt. Man kann für ein einzelnes Teilchen nur Wertebereiche angeben, innerhalb derer zu einem bestimmten Zeitpunkt seine Orts- und seine Impulskoordinaten zu erwarten sind, und diese Wertebereiche beschreiben Δx und Δp_x.

2. Für jede der beiden anderen Raumkoordinaten gibt es analoge Unschärferelationen. Es gilt also:

$$\Delta x \cdot \Delta p_x \geq \frac{h}{2 \cdot \pi}$$

$$\Delta y \cdot \Delta p_y \geq \frac{h}{2 \cdot \pi}$$

$$\Delta z \cdot \Delta p_z \geq \frac{h}{2 \cdot \pi}$$

25. Mikroteilchen sind keine kleinen Billardkugeln.

Versuch 1:
Beide Spalten sind von 0 bis T geöffnet.
Auf dem Beobachtungsschirm entsteht das bekannte Interferenzbild des Doppelspaltversuchs (vgl. Bild (3) bei Lösung von Aufgabe 21)

Versuch 2:
Linker Spalt ist von 0 bis T geöffnet, der rechte Spalt ist geschlossen.
Linker Spalt von T bis $2 \cdot T$ geschlossen, der rechte Spalt ist geöffnet.
Auf dem Beobachtungsschirm entstehen zwei getrennte Bilder des linken und des rechten Spalts, die mit der Interferenzfigur aus Versuch 1 keinerlei Gemeinsamkeiten aufweisen.

Besäße nun das Elektron zu jedem Zeitpunkt eine bestimmte Orts- und Impulskoordinate, die nach der Heisenbergschen Unschärferelation nicht genau bekannt wären, so müßte sich das Elektron auf einer, wenn auch nicht genau bekannten Bahn bewegen. Es ginge also ganz sicher durch einen der beiden Spalte, ein zweiter Spalt hätte keinen Einfluß auf seinen Flug. Es müßte also bei beiden Versuchen das gleiche Bild auf dem Schirm zu beobachten sein.

26. Strahlaufweitung

a) FS. S. 53 / 1.3.2:

$$v_y = \sqrt{2 \cdot \frac{e}{m} \cdot U} = \sqrt{2 \cdot 1{,}76 \cdot 10^{11}\,\frac{A \cdot s}{kg} \cdot 250\,V} = 9{,}4 \cdot 10^{6}\,\frac{m}{s}$$

$$p_y = m \cdot v_y = 9{,}1 \cdot 10^{-31}\,kg \cdot 9{,}4 \cdot 10^{6}\,\frac{m}{s} = 8{,}5 \cdot 10^{-24}\,N \cdot s$$

b) Ortsunschärfe laut Aufgabenstellung: $\Delta x = d$
Heisenbergsche Unschärferelation: $\Delta x \cdot \Delta p_x \geq \frac{h}{2 \cdot \pi}$ $\Big\} \Rightarrow$

$$\Rightarrow \Delta p_x \geq \frac{h}{2 \cdot \pi \cdot d} = \frac{6{,}63 \cdot 10^{-34}\,J \cdot s}{2 \cdot \pi \cdot 1{,}0 \cdot 10^{-3}\,m} = 1{,}1 \cdot 10^{-31}\,N \cdot s$$

c) $\tan\alpha = \frac{\Delta p_x}{p_y} = \frac{1{,}1 \cdot 10^{-31}\,N \cdot s}{8{,}5 \cdot 10^{-24}\,N \cdot s} = 1{,}3 \cdot 10^{-8}$

$\Rightarrow \alpha = \left(7{,}4 \cdot 10^{-7}\right)^{\circ}$

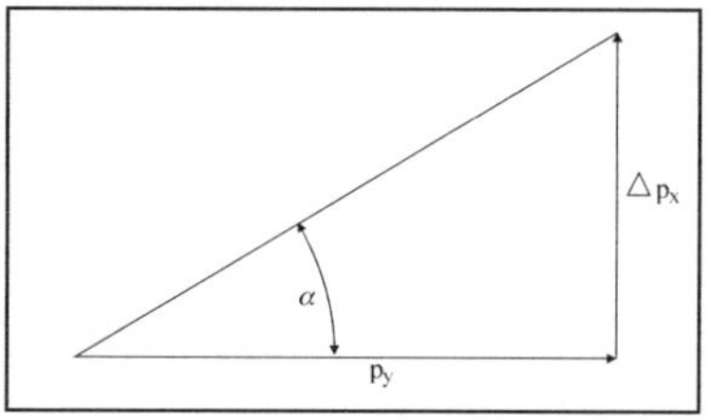

d) $\tan\alpha = \frac{\Delta s}{L} \Rightarrow \Delta s = L \cdot \tan\alpha$

$\Rightarrow \Delta s = 0{,}5\,m \cdot \tan 7{,}4 \cdot 10^{-7}\,{}^{\circ} =$
$= 6{,}5 \cdot 10^{-9}\,m$

Der Fleck würde also nur um
$2 \cdot 6{,}5 \cdot 10^{-9}\,m = 1{,}3 \cdot 10^{-8}\,m$
breiter als der Lochdurchmesser.
Ein völlig zu vernachlässigender Effekt!

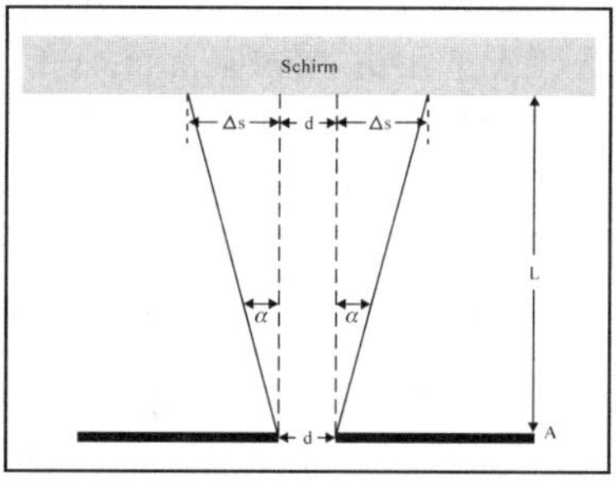

e) Teilaufgabe c: $\tan\alpha = \frac{\Delta p_x}{p_y}$

$\Rightarrow \Delta p_x = p_y \cdot \tan\alpha = 8{,}5 \cdot 10^{-24}\,N \cdot s \cdot \tan 5^{\circ} = 7{,}4 \cdot 10^{-25}\,N \cdot s$
Unschärferelation: $\Delta x \cdot \Delta p_x \geq \frac{h}{2 \cdot \pi} \Rightarrow \Delta x \approx \frac{h}{2 \cdot \pi \cdot \Delta p_x}$ $\Big\} \Rightarrow$

$$\Rightarrow \Delta x \approx \frac{6{,}63 \cdot 10^{-34}\,J \cdot s}{2 \cdot \pi \cdot 7{,}4 \cdot 10^{-25}\,N \cdot s} = 1{,}43 \cdot 10^{-10}\,m$$

Der Lochdurchmesser müßte also ca. $1{,}4 \cdot 10^{-10}$ m betragen!

f) Aufgabe 11: $\lambda = \frac{h}{\sqrt{2 \cdot e \cdot m \cdot U}}$

$$= \frac{6{,}63 \cdot 10^{-34}\ \text{J} \cdot \text{s}}{\sqrt{2 \cdot 1{,}6 \cdot 10^{-19}\ \text{A} \cdot \text{s} \cdot 9{,}1 \cdot 10^{-31}\ \text{kg} \cdot 250\ \text{V}}}$$

$$= 7{,}8 \cdot 10^{-11}\ \text{m}$$

Lochdurchmesser und Wellenlänge haben dann die gleiche Größenordnung!

27. Nullpunktsenergie

a) Wäre zu einem beliebigen Zeitpunkt $v_x = 0$, so wäre in diesem Moment p_x und damit $\Delta p_x = 0$. Nach der Heisenbergschen Unschärferelation ginge dann aber die Ortsunschärfe Δx gegen Unendlich, was wegen $\Delta x = a$ unzulässig ist.

b) Heisenbergsche Unschärferelation: $\Delta x \cdot \Delta p_x \geq \frac{h}{2 \cdot \pi}$
Aufgabenstellung: $\Delta x = a$ $\Big\} \Rightarrow$

$$\left.\begin{aligned} &\Rightarrow \Delta p_x \geq \frac{h}{2 \cdot \pi \cdot a} \\ &\Delta p_x = \Delta(m \cdot v_x) = m \cdot \Delta v_x \end{aligned}\right\} \Rightarrow m \cdot \Delta v_x \geq \frac{h}{2 \cdot \pi \cdot a} \Rightarrow$$

$$\left.\begin{aligned} &\Rightarrow \Delta v_x \geq \frac{h}{2 \cdot \pi \cdot a \cdot m} \\ &\Delta v_x = v_{max} - v_{min} \approx v_{max} \end{aligned}\right\} \Rightarrow v_{max} \geq \frac{h}{2 \cdot \pi \cdot a \cdot m}$$

c) $E_{kin,max} = \frac{1}{2} \cdot m \cdot v_{max}^2 \geq \frac{1}{2} \cdot m \cdot \left(\frac{h}{2 \cdot \pi \cdot a \cdot m}\right)^2 = \frac{h^2}{8 \cdot \pi^2 \cdot a^2 \cdot m}$

Die kinetische Energie beträgt zeitweise also mindestens $\frac{h^2}{8 \cdot \pi^2 \cdot a^2 \cdot m}$!

d) Elektron:

$$E_{kin,max} = \frac{(6{,}63 \cdot 10^{-34}\ \text{J} \cdot \text{s})^2}{8 \cdot \pi^2 \cdot (10^{-10}\ \text{m})^2 \cdot 9{,}1 \cdot 10^{-31}\ \text{kg}} = 6{,}1 \cdot 10^{-19}\ \text{J} = 3{,}8\ \text{eV}$$

Proton:

$$E_{kin,max} = \frac{(6{,}63 \cdot 10^{-34}\ \text{J} \cdot \text{s})^2}{8 \cdot \pi^2 \cdot (10^{-14}\ \text{m})^2 \cdot 1{,}67 \cdot 10^{-27}\ \text{kg}} = 3{,}3 \cdot 10^{-14}\ \text{J} = 2{,}1 \cdot 10^5\ \text{eV}$$

Hinweise:

1. Wie die Atom- bzw. Kernphysik zeigt, besitzen der Atom- bzw. Kernradius die jeweils für a angegebenen Größenordnungen. Aufgabenteil d zeigt also durch eine größenordnungsmäßige Abschätzung, daß die Teilchen im Atomkern gegenüber den Hüllenelektronen des Atoms im wesentlichen wegen ihrer jeweiligen räumlichen Beschränktheit 100 000mal mehr Energie besitzen!

2. Den kleinstmöglichen Energiewert, den ein gebundenes Teilchen annehmen kann – nach Aufgabe 27a kann dieser nicht Null sein –, bezeichnet man als Nullpunktsenergie. In Aufgabe 75 werden die Nullpunktsenergien im Rahmen des Modells des linearen, eindimensionalen Potentialtopfs berechnet.

28. Warum spielt die Heisenbergsche Unschärferelation für Makrokörper keine Rolle?

a) Heisenbergsche Unschärferelation: $\Delta x \cdot \Delta p_x \geq \frac{h}{2 \cdot \pi}$

Aufgabenstellung: $\Delta x = \lambda$ $\Rightarrow$

$$\Rightarrow \lambda \cdot \Delta p_x \geq \frac{h}{2\cdot\pi} \Rightarrow \Delta p_x \geq \frac{h}{2\cdot\pi\cdot\lambda}$$

$$\Delta p_x = \Delta(m \cdot v_x) = m \cdot \Delta v_x$$

$$\Rightarrow \Delta v_x \geq \frac{h}{2\cdot\pi\cdot\lambda\cdot m} \qquad (*)$$

$$\lambda = \frac{c}{f} = \frac{3\cdot 10^8 \, \frac{m}{s}}{4{,}7\cdot 10^{14} \, \frac{1}{s}} = 6{,}4 \cdot 10^{-7} \text{ m} \quad \text{in } (*) \text{ eingesetzt:}$$

$$\Delta v_x \geq \frac{6{,}63\cdot 10^{-34} \text{ J}\cdot\text{s}}{2\cdot\pi\cdot 6{,}4\cdot 10^{-7} \text{ m}\cdot 1\cdot 10^{-6} \text{ kg}} = 1{,}7 \cdot 10^{-22} \, \frac{m}{s}$$

b) Die genaue Lokalisation bedingt also entsprechend der Heisenbergschen Unschärferelation eine Geschwindigkeitsunschärfe, die sich aber frühestens an der 22. Stelle hinter dem Komma im Geschwindigkeitswert bemerkbar macht. Da dies auch mit der ausgeklügelsten Meßtechnik nicht mehr nachweisbar ist, ist die Geschwindigkeitsunschärfe selbst bei diesem sehr kleinen Makrokörper meßtechnisch völlig bedeutungslos.

Hinweis:

Die Bedeutungslosigkeit der Heisenbergschen Unschärferelation für Makrokörper ist letztendlich im winzigen Wert des Planckschen Wirkungsquantums h begründet.

29. Änderung der Ortsunschärfe aufgrund der Ortsunschärfe

a) Heisenbergsche Unschärferelation: $\left.\begin{array}{l}\Delta x \cdot \Delta p_x \geq \frac{h}{2 \cdot \pi} \\ \Delta p_x = \Delta(m \cdot v_x) = m \cdot \Delta v_x\end{array}\right\} \Rightarrow$

$$\left.\begin{array}{l}\Rightarrow \Delta v_x \geq \frac{h}{2 \cdot \pi \cdot m \cdot \Delta x} \\ \Delta x' = v_{max}(0s) \cdot t_1 - v_{min}(0s) \cdot t_1 = (v_{max}(0s) - v_{min}(0s)) \cdot t_1 = \Delta v_x \cdot t_1\end{array}\right\} \Rightarrow$$

$$\Rightarrow \Delta x' \geq \frac{h \cdot t_1}{2 \cdot \pi \cdot m \cdot \Delta x}$$

b) Elektron: $\Delta x' \geq \frac{6{,}63 \cdot 10^{-34}\,\text{J} \cdot \text{s} \cdot 1\,\text{s}}{2 \cdot \pi \cdot 9{,}1 \cdot 10^{-31}\,\text{kg} \cdot 1 \cdot 10^{-10}\,\text{m}} = 1{,}2 \cdot 10^6\,\text{m} \approx 1200\,\text{km}$!!!

Staubkorn: $\Delta x' \geq \frac{6{,}63 \cdot 10^{-34}\,\text{J} \cdot \text{s} \cdot 1\,\text{s}}{2 \cdot \pi \cdot 1 \cdot 10^{-9}\,\text{kg} \cdot 10^{-5}\,\text{m}} = 1{,}1 \cdot 10^{-20}\,\text{m}$

Interpretation:
Während das Staubkorn als Makrokörper unbeeinflußt von der Heisenbergschen Unschärferelation nach einer Sekunde noch am selben "Platz" anzutreffen ist, findet man das Elektron nach einer Sekunde – aufgrund der Heisenbergschen Unschärferelation – mit großer Wahrscheinlichkeit nicht mehr am alten "Platz".

30. Verallgemeinerung der Heisenbergschen Unschärferelation

Unschärferelation für Größenpaar (Energie / Zeit): $\Delta E \cdot \Delta t \geq \frac{h}{2 \cdot \pi}$

Unschärferelation für Größenpaar (Frequenz / Zeit): $\Delta f \cdot \Delta t \geq \frac{1}{2 \cdot \pi}$, denn

$$\Delta E \cdot \Delta t \geq \frac{h}{2 \cdot \pi} \Rightarrow \Delta(h \cdot f) \cdot \Delta t \geq \frac{h}{2 \cdot \pi} \Rightarrow h \cdot \Delta f \cdot \Delta t \geq \frac{h}{2 \cdot \pi} \Rightarrow \Delta f \cdot \Delta t \geq \frac{1}{2 \cdot \pi}$$

31. Anwendung der modifizierten Unschärferelation:

a) Nach Aufgabe 30 gilt: $\Delta f \cdot \Delta t \geq \frac{1}{2 \cdot \pi} \Rightarrow$

$$\Rightarrow \Delta f \geq \frac{1}{2 \cdot \pi \cdot \Delta t} = \frac{1}{2 \cdot \pi \cdot 10^{-8}\,\text{s}} = 1{,}6 \cdot 10^7\,\frac{1}{\text{s}}$$

Für die Unschärfe Δf gilt also: $\Delta f \approx 1{,}6 \cdot 10^7\,\frac{1}{\text{s}}$.

b) FS. S. 79 / T11:

$$\lambda_{H_\alpha} = 656{,}5 \cdot 10^{-9}\ \mathrm{m} \Rightarrow f_{H_\alpha} = \frac{3 \cdot 10^8\ \frac{\mathrm{m}}{\mathrm{s}}}{656{,}5 \cdot 10^{-9}\ \mathrm{m}} = 4{,}57 \cdot 10^{14}\ \frac{1}{\mathrm{s}}$$

Damit berechnet sich der relative Fehler $\frac{\Delta f}{f}$ zu:

$$\frac{\Delta f}{f} = \frac{1{,}6 \cdot 10^7\ \frac{1}{\mathrm{s}}}{4{,}57 \cdot 10^{14}\ \frac{1}{\mathrm{s}}} = 3{,}5 \cdot 10^{-8}$$

Die Unschärfe liegt also in der Größenordnung eines millionstel Prozents. Solche Frequenzunterschiede können bei sichtbarem Licht nicht mehr gemessen werden.

32. Die Daltonsche Atomhypothese

Jedes Element besteht aus unzerstörbaren kleinsten Teilchen, den Atomen. Die Atome eines bestimmten chemischen Elements sind untereinander in Masse und Größe gleich. Die Atome verschiedener chemischer Elemente können sich zu Verbindungen zusammenlagern.

Hinweis:
Mit dieser 1803 entwickelten Vorstellung konnte Dalton das Gesetz von der Massenerhaltung, das Gesetz der konstanten und das Gesetz der multiplen Proportionen erklären.

Zur Erinnerung an den Chemieunterricht:
Gesetz von der Erhaltung der Masse: Bei einem chemischen Vorgang bleibt die Gesamtmasse der beteiligten Stoffmengen konstant.
Gesetz der konstanten Proportionen: Beim Zerlegen einer chemischen Verbindung erhält man die Elemente, aus denen sie besteht, immer in ganz bestimmten, für die Verbindung charakteristischen Massenverhältnissen. Umgekehrt treten bei der Synthese der Verbindung die Elemente stets in diesem Massenverhältnis zusammen.
Gesetz der multiplen Proportionen: Können zwei Elemente verschiedenartige chemische Verbindungen eingehen, so verbindet sich dabei 1 g des einen Elements mit solchen Massen des anderen, die sich exakt wie natürliche Zahlen verhalten.

33. Die Atomvorstellung der kinetischen Gastheorie

(1) Das Volumen der Atome ist im Vergleich zu ihren gegenseitigen Abständen verschwindend klein. Die Atome haben Kugelform.

(2) Die Atome üben außer im Augenblick des Zusammenstoßes untereinander oder mit der Gefäßwand keine Kräfte aufeinander aus. Zwischen zwei Stößen bewegen sie sich geradlinig gleichförmig.

(3) Die Teilchenstöße untereinander und mit der Gefäßwand sind vollkommen elastisch.

(4) Die Teilchen befinden sich hinsichtlich Betrag und Richtung ihrer Geschwindigkeit in "idealer Unordnung". Das heißt keine Richtung im Raum wird bevorzugt. Zu jedem Geschwindigkeitsvektor gibt es in jedem Augenblick einen betragsgleichen antiparallelen.

Hinweis:

Die kinetische Gastheorie wurde Mitte des 19. Jahrhunderts entwickelt.
Mit ihr konnte man unter anderem die aus dem Physikunterricht der Mittelstufe bekannte Zustandsgleichung idealer Gase

$$\frac{p \cdot V}{T} = \text{const.}$$

mathematisch herleiten und eine kinetische Deutung für die Temperatur T geben!

34. Brownsche Bewegung

a) Als Brownsche Bewegung bezeichnet man die untergeordnete, regellose, hin und her zitternde Bewegung kleiner, nur unter einem Mikroskop zu beobachtender Teilchen, die in einer Flüssigkeit oder einem Gas schweben.

b) Die unter dem Mikroskop noch sichtbaren Teilchen werden von den unter dem Mikroskop nicht mehr sichtbaren Atomen oder Molekülen der Flüssigkeit bzw. des Gases infolge derer chaotischen Wärmebewegung gestoßen.

c) Nach der Erklärung aus Teilaufgabe b ist die Brownsche Bewegung ein indirekter Hinweis auf die Existenz von Atomen oder Molekülen.

Hinweis:

Die Brownsche Bewegung wurde 1827 von ROBERT BROWN, einem englischen Botaniker, entdeckt.

35. Der Ölfleckversuch

a) Aus einer feinen Tropfpipette wird ein Tropfen von einer unmittelbar vor dem Versuch hergestellten Mischung von Ölsäure und Leichtbenzin auf eine hinreichend große, fettfreie und mit Bärlappsamen bestreute Wasseroberfläche fallengelassen. Das auf der Wasseroberfläche sich ausbreitende Öl schiebt den Bärlappsamen vor sich her. So entsteht, wenn das Leichtbenzin vollständig verdunstet ist, eine deutlich sichtbare kreisförmige Fläche. Den dünnen Ölfilm selbst sieht man wegen seiner geringen Dicke nicht. Man mißt den Radius dieses Flecks und das Volumen der aufgetropften Ölsäure. Hieraus läßt sich der Durchmesser d eines Ölsäuremoleküls berechnen, da d genau mit der Dicke der Ölsäureschicht übereinstimmt, wenn diese Schicht monomolekular ist.

b) Läßt man anstelle eines Tropfens 2 bzw. 3 bzw. ... Tropfen auf die Wasseroberfläche fallen, so stellt man fest, daß sich ein Ölfleck mit der zwei- bzw. drei bzw. ... -fachen Fläche ausbildet. Dieser experimentelle Befund stützt die Annahme, daß sich nur monomolekulare Ölschichten ausbilden.

c) Ölvolumen $V_{Öl}$ in einem Tropfen:

$$V_{Öl} = \frac{10\,cm^3}{621} : 2000 = 8{,}1 \cdot 10^{-6}\,cm^3$$

Da der Ölfleck ein Zylinder mit Radius r und Höhe d ist, gilt für sein Volumen $V_{Fleck} = r^2 \cdot \pi \cdot d$.

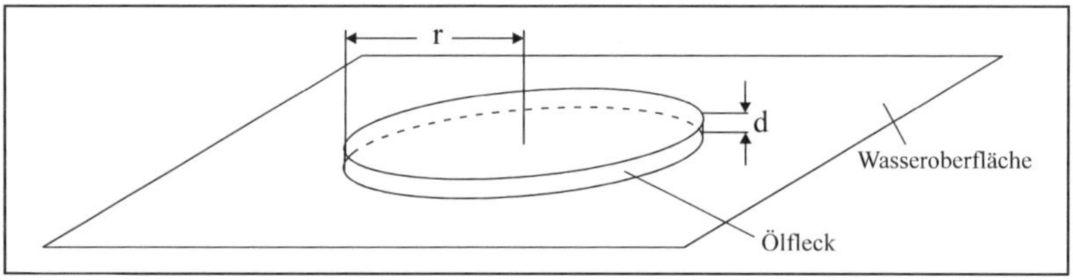

Andererseits gilt aber: $V_{Fleck} = V_{Öl} \Rightarrow$

$$\Rightarrow r^2 \cdot \pi \cdot d = V_{Öl} \Rightarrow d = \frac{V_{Öl}}{r^2 \cdot \pi} = \frac{8{,}1 \cdot 10^{-6}\,cm^3}{(5{,}7\,cm)^2 \cdot \pi} = 7{,}9 \cdot 10^{-8}\,cm$$

Der Ölsäuremoleküldurchmesser beträgt also $d = 7{,}9 \cdot 10^{-10}$ m.

d) Da das Ölsäuremolekül aus 54 Atomen besteht, gilt:

$$54 \cdot a^3 = d^3 \Rightarrow a = \frac{d}{\sqrt[3]{54}} = \frac{7{,}9 \cdot 10^{-10}\,\text{m}}{\sqrt[3]{54}} = 2{,}1 \cdot 10^{-10}\,\text{m}$$

e) $N = \frac{V_{Öl}}{d^3} = \frac{8{,}1 \cdot 10^{-6}\,\text{cm}^3}{(7{,}9 \cdot 10^{-8}\,\text{cm})^3} = 1{,}6 \cdot 10^{16}$

f) Bezeichnet M die Masse eines Mols Ölsäure, N_A die Lohschmidtzahl, $m_{Öl}$ die Masse des Ölflecks und N, wie in Teilaufgabe e, die Anzahl der Moleküle in dem Ölfleck, so läßt sich die Masse eines Ölsäuremoleküls sowohl als $\frac{M}{N_A}$ als auch als $\frac{m_{Öl}}{N}$ schreiben; es gilt also:

$$\left.\begin{array}{l} \frac{M}{N_A} = \frac{m_{Öl}}{N} \Rightarrow N_A = \frac{M \cdot N}{m_{Öl}} \\ N = 1{,}6 \cdot 10^{16} \text{ nach Teilaufgabe e} \\ m_{Öl} = \rho_{Öl} \cdot V_{Öl} = 0{,}89\,\frac{\text{g}}{\text{cm}^3} \cdot 8{,}1 \cdot 10^{-6}\,\text{cm}^3 = 7{,}2 \cdot 10^{-6}\,\text{g} \\ M = 17 \cdot 12\,\text{g} + 33 \cdot 1\,\text{g} + 1 \cdot 12\,\text{g} + 1 \cdot 16\,\text{g} + 1 \cdot 16\,\text{g} + 1 \cdot 1\,\text{g} \mathrel{\hat{=}} 282\,\frac{\text{g}}{\text{mol}} \\ \text{(wegen } C_{17}H_{33}COOH\text{)} \end{array}\right\} \Rightarrow$$

$$\Rightarrow N_A = \frac{282\,\frac{\text{g}}{\text{mol}} \cdot 1{,}6 \cdot 10^{16}}{7{,}2 \cdot 10^{-6}\,\text{g}} = 6{,}3 \cdot 10^{23}\,\frac{1}{\text{mol}}$$

Hinweis:
Der in Teilaufgabe f ermittelte Wert weicht vom Tabellenwert für N_A ab (Tabelle: $N_A = 6{,}0220 \cdot 10^{23}\,\frac{1}{\text{mol}}$).

Dieser Fehler von ca. 5 % ist aber in Anbetracht der Unzulänglichkeiten des Ölfleck-Versuchs sehr klein! Entweder hat der Aufgabensteller die Daten entsprechend manipuliert oder es war ein glücklicher Zufall bei der Messung im Spiel! Man kann zufrieden sein, wenn es beim Ölfleckversuch gelingt, die Größenordnung 10^{23} für N_A nachzuweisen.

36. Atome enthalten geladene Bestandteile.

(1) Der radioaktive α-, β^-- oder β^+-Zerfall zeigt, daß von Atomen sowohl positiv als auch negativ geladene Teilchen ausgesandt werden.

(2) Elektrisch neutrale Atome können durch Stöße untereinander oder mit Elektronen oder durch Wechselwirkung mit Photonen ionisiert werden.

(3) Emission von Elektronen aus Metallen kann z. B. durch starke elektrische Felder, hohe Temperaturen oder durch Bestrahlung mit Licht geeigneter Frequenz erreicht werden.

(4) Bei der Elektrolyse erfolgt der Materietransport durch Ionenwanderung.

37. Thomsonsches Atommodell

Nach J. J. THOMSON besteht das Atom aus einer homogen verteilten, positiv geladenen Masse in Kugelform. In diese Masse sind an einigen Stellen sehr viel kleinere Kugeln mit negativer Ladung, die Elektronen, eingebettet und durch elektrostatische Kräfte an bestimmte Ruhelagen gebunden.

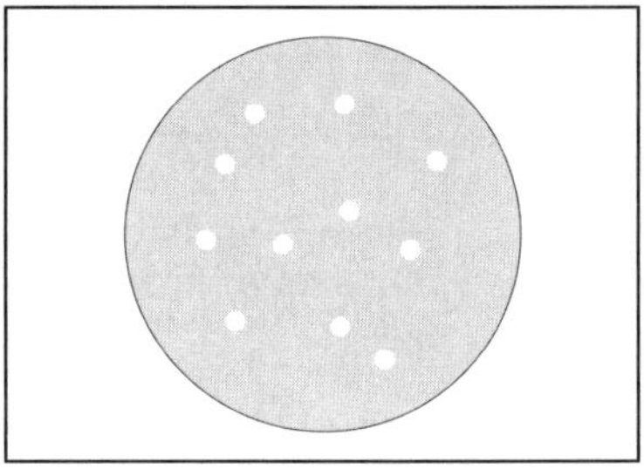

Die Anzahl der Elektronen ist so groß, daß ihre gesamte negative Ladung der positiven des übrigen Atoms gleich ist.

Hinweis:
Thomsons Atommodell wird etwas flapsig auch als "Rosinenkuchenmodell" bezeichnet.

38. Lenards Elektronen-Streuversuch

a) Versuchsaufbau:

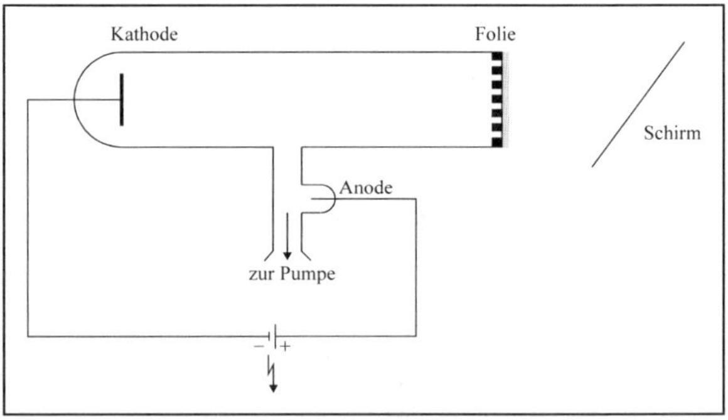

Bei sehr geringem Gasdruck in der Röhre und hoher Spannung (ca. 40 kV) werden durch Ionenbombardement aus der Kathode Elektronen ausgelöst (vgl. Hinweis) und zur Anode hin beschleunigt. Ein Teil davon trifft auf eine durchlöcherte Wand, auf die von außen (so wird ein vakuumdichter Abschluß des Rohrs erreicht) eine 2 µm dünne Metallfolie aufgeklebt ist. Beim Betrieb der Röhre konnte mit Hilfe eines fluoreszierenden Schirms die Existenz schneller Elektronen außerhalb des Rohrs nachgewiesen werden.

b) Da der Durchmesser eines Atoms größenordnungsmäßig 10^{-10} m beträgt, müssen die nachgewiesenen Elektronen bei ihrem Durchtritt durch die Folie

$$\frac{2 \cdot 10^{-6}\,\mathrm{m}}{10^{-10}\,\mathrm{m}} = 20\,000$$

Atomschichten durchsetzt haben. Dies ist unmöglich, wenn die kugelförmig gedachten Atome – wie im Thomsonschen Modell – homogen mit Masse gefüllt sind.

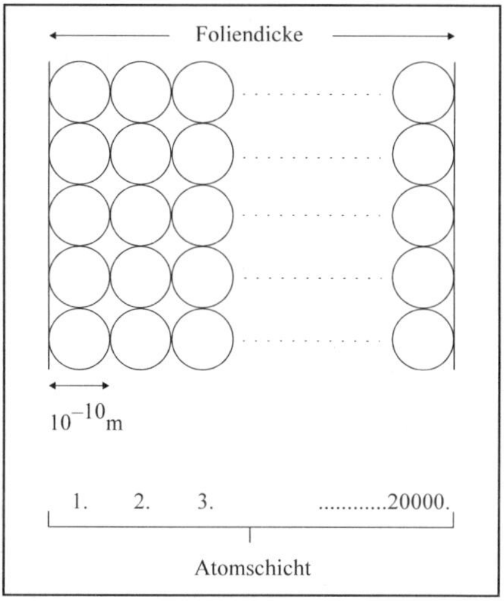

Hinweis:

Zum Mechanismus der Elektronenerzeugung in Lenards Röhre:
In jedem Gas ist durch spontane Ionisation eine verschwindend geringe Anzahl von Gasionen und Elektronen vorhanden. Sie erhalten aufgrund der hohen Betriebsspannung zwischen zwei Zusammenstößen mit anderen Gasmolekülen eine so hohe Geschwindigkeit, daß sie zur Stoßionisation neutraler Gasmoleküle in der Lage sind. Die dabei gebildeten negativen Ladungsträger bestehen aus Elektronen und bewegen sich zur Anode hin. Die positiven Ladungsträger sind Gasionen, die sich auf die Kathode zu bewegen. Dort lösen sie beim Aufprall infolge ihrer hohen kinetischen Energie aus dem Kathodenmaterial Elektronen aus, die durch die hohe Spannung wiederum stark beschleunigt werden und die Ionenbildung lawinenartig anwachsen lassen.
Auf diese Weise entsteht aus einer unmeßbar kleinen, durch spontane Ionisation vorhandenen Zahl von Gasionen und Elektronen innerhalb sehr kurzer Zeit eine große Zahl von Elektronen und Gasionen.

39. α-Teilchen als Kerngeschoße

a) α-Teilchen sind $^4_2$ Helium-Kerne, mit der positiven Ladung $2 \cdot e$ und der Masse $m_\alpha = 7360 \cdot m_e$ (m_e = Elektronenruhemasse)

b) Langsame Elektronen werden infolge ihrer geringen Trägheit bereits durch die Kraftwirkung der Atomelektronen merklich abgelenkt. Aufschlüsse über den Sitz der positiven Ladung und damit über die Massenverteilung im Atom sind daher bei Verwendung von langsamen Elektronen als Geschoße nicht zu erwarten. α-Teilchen dagegen werden durch Elektronen der Atomhülle aufgrund ihrer 7360mal größeren Masse praktisch nicht abgelenkt. Wenn eine Ablenkung der α-Teilchen erfolgt, so muß sie durch die positive Ladung eines Atomkerns bewirkt worden sein.

Hinweis:
Beachten Sie, daß sich hochenergetische Elektronen durchaus als Kerngeschosse eignen. Vergleichen Sie mit Aufgabe 86!

40. Rutherfords Streuversuch

a) Von der Strahlung eines α-Präparats trifft ein Parallelbündel definierter Richtung senkrecht auf eine dünne Goldfolie. Die Richtungsverteilung nach dem Durchgang durch die Folie wird mit Hilfe von Szintillationsschirm und Mikroskop untersucht. (Auf dem Szintillationsschirm auftreffende α-Teilchen rufen Lichtblitze hervor, die mit einem Mikroskop beobachtet werden können.)

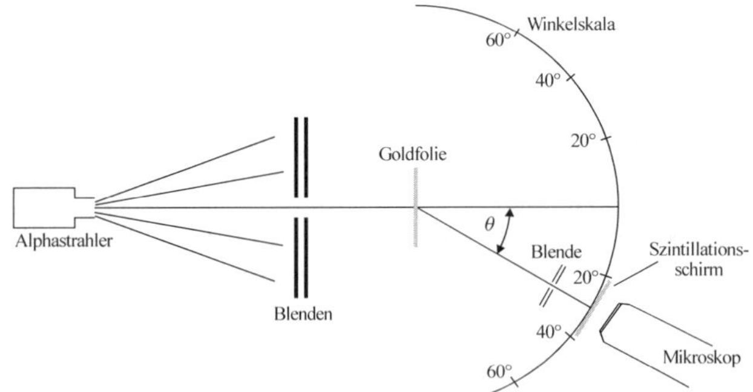

Die gesamte Anordnung befindet sich im Vakuum.

b) Ergebnisse des Rutherfordschen Streuversuches:
(1) Fast alle α-Teilchen gehen unabgelenkt durch die Folie hindurch.
(2) Kleine Ablenkwinkel θ kommen häufiger vor, große außerordentlich selten; gelegentlich ist auch eine Rückwärtsstreuung unter 180° zu beobachten.
(3) Große Ablenkwinkel kommen nicht durch viele kleinere Ablenkungen gleicher Richtung zustande.
(4) Die gestreuten α-Teilchen weisen einen nur unmerklichen Energieverlust auf.

c) Folgerungen aus den Versuchsergebnissen:
(1) Der größte Teil des Atoms ist leer. (Versuchsergebnis 1)
(2) Es gibt einen Atomkern. (Wegen $m_e \ll m_\alpha$, Versuchsergebnis 3 und Folgerung 1 kommen die großen Ablenkwinkel nicht durch Wechselwirkung des α-Teilchens mit Elektronen sondern mit einem räumlich sehr begrenzten Streuzentrum, dem Atomkern zustande.)
(3) Der Kern vereinigt fast die gesamte Masse des Atoms in sich. (Da die kinetische Energie der α-Teilchen bei der Wechselwirkung mit den Atomkernen nur unmerklich kleiner wird, muß die Masse des Streuzentrums sehr groß sein.)
(4) Der Kern ist positiv geladen. (Die Rückwärtsstreuung von α-Teilchen um 180° ist nur bei gleichnamiger Ladung von α-Teilchen und Kern erklärbar!)

41. Das Rutherfordsche Atommodell

Die Struktur des Atoms ist nach Rutherford durch einen Atomkern und eine Atomhülle bestimmt. *Atomkern:* Die gesamte positive Ladung und nahezu die gesamte Masse des Atoms sind im Kern konzentriert. Der Kernradius ist kleiner als 10^{-14} m. *Atomhülle:* Die den Kern umgebende Atomhülle besteht aus Elektronen. Sie umkreisen den Kern wie Planeten die Sonne. Für die Kreisbahnen gilt die Kräftebilanz:

$$\vec{F}_{Coulomb} = \vec{F}_{Zentripetal}$$

Die Elektronen neutralisieren die positive Ladung des Kerns, so daß das Atom nach außen hin elektrisch neutral erscheint. Die Hülle bestimmt den Durchmesser des Atoms (ca. 10^{-10} m) und bildet einen festen Abschluß des Atoms nach außen.

Hinweis:
Wiederholen Sie das Coulomb-Gesetz: Band 1, Titel 94321, Aufgabe 14.

42. Unzulänglichkeiten des Rutherfordschen Atommodells

Die wesentlichen Mängel des Rutherfordschen Atommodells sind:

(1) *Instabilität des Atoms:*
Die kreisenden Elektronen stellen beschleunigte Ladungen dar, müßten somit nach der klassischen Physik elektromagnetische Energie abstrahlen und aufgrund dieses Energieverlustes spiralig in den Kern stürzen.

(2) *Bahnbegriff unzulässig:*
Der Begriff Bahn setzt eine genaue Kenntnis des Ortes und gleichzeitig eine genaue Kenntnis der Geschwindigkeit und damit des Impulses voraus. Dies ist aber nach der Heisenbergschen Unschärferelation nicht möglich.

(3) *Linienspektren der Atome sind nicht erklärbar:*
Da für den Bahnradius des Elektrons beliebige Werte zulässig sind, kann das Atom beliebige Energiewerte annehmen.

(4) *Unterschiedliche Größen der Atome eines chemischen Elements sind möglich:*
Daß für den Bahnradius des Elektrons beliebige Werte zulässig sind, widerspricht auch der Erfahrungstatsache, daß alle Atome eines chemischen Elements gleichen Hüllenradius besitzen.

43. Gerader, zentraler Stoß eines α-Teilchens mit einem Atomkern

a) Das α-Teilchen muß die Voraussetzungen für einen geraden zentralen Stoß mit dem Kern erfüllen; d. h. die Mittelpunkte des α-Teilchens und des Kerns müssen sich auf der gleichen Geraden bewegen.

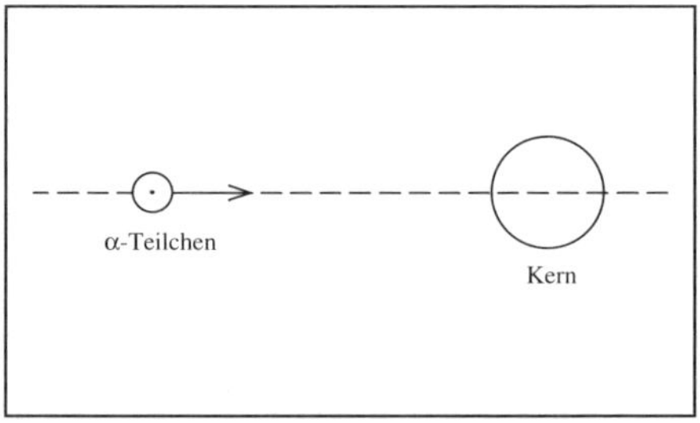

b) In sehr großer Entfernung vom Kern besitzt das α-Teilchen nur kinetische Energie $E_{kin} = \frac{1}{2} \cdot m_\alpha \cdot v_0^2$, die es befähigt gegen die abstoßende Coulombkraft des Kerns anzulaufen.

Beim Anlaufen verrichtet das α-Teilchen gegen die Coulombkräfte die Arbeit W (vgl. Hinweis):

$$W = \int_{\infty}^{r_{min}} F(r)\,dr = \int_{\infty}^{r_{min}} -\frac{2\cdot e\cdot Z\cdot e}{4\cdot\pi\cdot\varepsilon_0\cdot r^2}\,dr = \frac{Z\cdot e^2}{2\cdot\pi\cdot\varepsilon_0}\cdot\int_{\infty}^{r_{min}} -\frac{dr}{r^2}$$

$$= \left[\frac{Z\cdot e^2}{2\cdot\pi\cdot\varepsilon_0}\cdot\frac{1}{r}\right]_{\infty}^{r_{min}} = \frac{Z\cdot e^2}{2\cdot\pi\cdot\varepsilon_0\cdot r_{min}}$$

Energieerhaltungssatz: $E_{kin} = W \Rightarrow \frac{1}{2}\cdot m_\alpha\cdot v_0^2 = \frac{Z\cdot e^2}{2\cdot\pi\cdot\varepsilon_0\cdot r_{min}} \Rightarrow$

$$\Rightarrow r_{min} = \frac{Z\cdot e^2}{\pi\cdot\varepsilon_0\cdot m_\alpha\cdot v_0^2}$$

c) Atomkernradius r_K für Gold FS S. 59 / 7.4 (vgl. Hinweis)

$$r_K = r_0\cdot\sqrt[3]{A} = 1{,}4\cdot 10^{-15}\cdot\sqrt[3]{197}\,m = 8{,}1\cdot 10^{-15}\,m$$

$$E_{kin} \stackrel{b}{=} \frac{Z\cdot e^2}{2\cdot\pi\cdot\varepsilon_0}\cdot\frac{1}{r_K} = \frac{79\cdot(1{,}6\cdot 10^{-19}\,A\cdot s)^2}{2\cdot\pi\cdot 8{,}85\cdot 10^{-12}\,\frac{A\cdot s}{V\cdot m}}\cdot\frac{1}{8{,}1\cdot 10^{-15}\,m}$$

$$= 4{,}5\cdot 10^{-12}\,J = 28\,MeV$$

d) Da α-Teilchen die Ladung 2 · e tragen, gilt:

$$2\cdot e\cdot U = 28\,MeV \Rightarrow U = 14\,MV$$

Hinweise:

1. Haben Sie Schwierigkeiten mit dem Ansatz zur Berechnung der Arbeit W im Coulombfeld des Kerns? Dann lesen Sie im Band 1, Titel 94321 unter Aufgabe 17 nach!
2. Vergleichen Sie hinsichtlich der Formel für den Kernradius mit Aufgabe 84.

44. Experimentelle Bestimmung des Goldkernradius

a) Rutherford ging bei der Herleitung seiner Streuformel davon aus, daß die Wechselwirkung des α-Teilchens mit dem Atomkern ausschließlich mittels des Coulombgesetzes beschrieben werden kann. Treten Abweichungen von der Streuformel auf, so ist dies ein Hinweis darauf, daß andere Kräfte mit berücksichtigt werden müssen. Da bei größeren Energien einige α-Teilchen sehr nahe an den Kern herankommen, werden die Abweichungen durch den Einfluß der Kernkräfte auf die α-Teilchen erklärt.

b) Abschätzung des Goldkernradius: Da der Radius des α-Teilchens gegen den Radius des Goldkerns klein ist, wird er in folgender Rechnung vernachlässigt.
Da die Energie W = 28 MeV gerade ausreicht, das α-Teilchen gegen die Coulombabstoßung in den Bereich der Kernkräfte zu bringen, gilt wie in Aufgabe 43 b:

$$W = \frac{Z \cdot e^2}{2 \cdot \pi \cdot \varepsilon_0} \cdot \frac{1}{r_K}$$

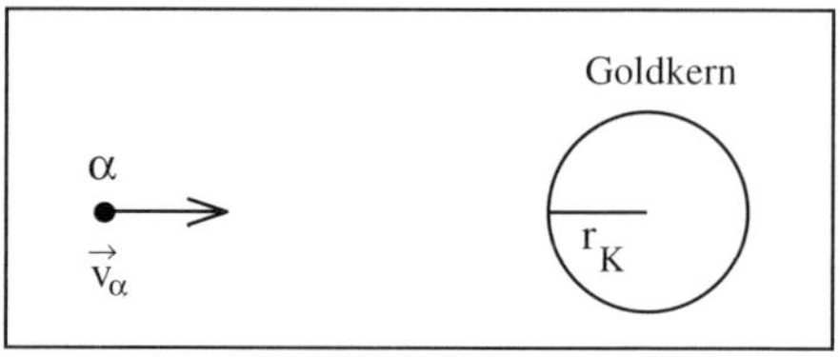

$$\Rightarrow \quad r_K = \frac{Z \cdot e^2}{2 \cdot \pi \cdot \varepsilon_0 \cdot W} = \frac{79 \cdot (1{,}6 \cdot 10^{-19}\,A \cdot s)^2}{2 \cdot \pi \cdot 8{,}85 \cdot 10^{-12}\,\frac{A \cdot s}{V \cdot m} \cdot 28 \cdot 10^6 \cdot 1{,}6 \cdot 10^{-19}\,J}$$

$$= 8{,}1 \cdot 10^{-15}\,m$$

Der experimentell bestimmte Radius des Goldatomkerns beträgt
$8{,}1 \cdot 10^{-15}$ m.

45. Einfache Rechnungen im Rahmen des Rutherfordschen Atommodells

a) Kräftebilanz:

$$F_{Zentral} = F_{Coulomb}$$

$$\frac{m \cdot v^2}{r} = \frac{1}{4 \cdot \pi \cdot \varepsilon_0} \cdot \frac{e \cdot e}{r^2}$$

$$\Rightarrow \quad v = \sqrt{\frac{e^2}{4 \cdot \pi \cdot \varepsilon_0 \cdot m \cdot r}}$$

b)

$$T = \frac{2 \cdot r \cdot \pi}{v} \overset{a}{=} \frac{2 \cdot r \cdot \pi}{\sqrt{\frac{e^2}{4 \cdot \pi \cdot \varepsilon_0 \cdot m \cdot r}}}$$

$$= \sqrt{\frac{4 \cdot r^2 \cdot \pi^2 \cdot 4 \cdot \pi \cdot \varepsilon_0 \cdot m \cdot r}{e^2}}$$

$$= \sqrt{\frac{16 \cdot r^3 \cdot \pi^3 \cdot \varepsilon_0 \cdot m}{e^2}}$$

c) Bezeichnen r_1 bzw. r_2 die Radien und T_1 bzw. T_2 die zugehörigen Umlaufszeiten des Elektrons im H-Atom, so gilt:

$$\frac{T_1^2}{T_2^2} \overset{b}{=} \frac{\frac{16 \cdot r_1^3 \cdot \pi^3 \cdot \varepsilon_0 \cdot m}{e^2}}{\frac{16 \cdot r_2^3 \cdot \pi^3 \cdot \varepsilon_0 \cdot m}{e^2}} = \frac{r_1^3}{r_2^3} \qquad (1)$$

Nach dem 3. Keplerschen Gesetz (vgl. FS. S. 17 / 7.3) verhalten sich die Quadrate der Umlaufszeiten T_1 bzw. T_2 zweier Planeten wie die dritten Potenzen der großen Halbachsen a_1 bzw. a_2, also:

$$\frac{T_1^2}{T_2^2} = \frac{a_1^3}{a_2^3} \qquad (2)$$

Ersetzt man im 3. Keplerschen Gesetz "Planet" durch "Elektron" und "große Halbachse" durch "Radius", so ergibt sich Übereinstimmung zwischen (1) und (2).

46. Energie des Elektrons im Rutherfordschen Atommodell

Für die Gesamtenergie des Elektrons im Wasserstoffatom auf einer Bahn mit Radius r gilt:

$$\left.\begin{array}{l} E_{ges} = E_{pot} + E_{kin} = -\frac{e^2}{4 \cdot \pi \cdot \varepsilon_0 \cdot r} + \frac{1}{2} \cdot m \cdot v^2 \\ \text{Kräftebilanz:} \quad F_{Coulomb} = F_{Zentral} \\ \qquad \frac{1}{4 \cdot \pi \cdot \varepsilon_0} \cdot \frac{e^2}{r^2} = \frac{m \cdot v^2}{r} \Rightarrow m \cdot v^2 = \frac{e^2}{4 \cdot \pi \cdot \varepsilon_0 \cdot r} \end{array}\right\} \Rightarrow$$

$$\Rightarrow E_{ges} = -\frac{e^2}{4 \cdot \pi \cdot \varepsilon_0 \cdot r} + \frac{1}{2} \cdot \frac{e^2}{4 \cdot \pi \cdot \varepsilon_0 \cdot r} = -\frac{1}{2} \cdot \frac{e^2}{4 \cdot \pi \cdot \varepsilon_0 \cdot r} =$$

$$= -\frac{e^2}{8 \cdot \pi \cdot \varepsilon_0} \cdot \frac{1}{r}$$

$$\Rightarrow E_{ges} \sim -\frac{1}{r} \quad \Rightarrow \text{Behauptung!}$$

Hinweis:
Wenn Sie Schwierigkeiten mit der Beziehung

$$E_{pot} = -\frac{e^2}{4 \cdot \pi \cdot \varepsilon_0 \cdot r}$$

haben, lesen Sie im Band 1, Titel 94321, bei Aufgabe 17 nach!

Dort finden Sie, daß das elektrische Feld einer Punktladung Q bei der Verschiebung einer Ladung q vom Punkt P_1 (Abstand von Q: r_1) zum Punkt P_2 (Abstand von Q: r_2) die Arbeit W

$$W = \frac{q \cdot Q}{4 \cdot \pi \cdot \varepsilon_0} \cdot \left(\frac{1}{r_1} - \frac{1}{r_2} \right)$$

verrichtet.

Verschiebt das Feld des Protons (Q = + e) ein Elektron (q = – e) von $r_1 = +\infty$ zum Punkt $r_2 = r$, so verrichtet es selbst demnach die Arbeit

$$W = \frac{(-e)(+e)}{4 \cdot \pi \cdot \varepsilon_0} \cdot \left(\frac{1}{\infty} - \frac{1}{r} \right) = \frac{e^2}{4 \cdot \pi \cdot \varepsilon_0} \cdot \frac{1}{r}$$

Von außen muß am Elektron für den Transport von ∞ nach r also die Arbeit

$$-\frac{e^2}{4 \cdot \pi \cdot \varepsilon_0} \cdot \frac{1}{r}$$

verrichtet werden. Diese Arbeit ist im System H-Atom als potentielle elektrische Energie gespeichert, also

$$E_{pot} = -\frac{e^2}{4 \cdot \pi \cdot \varepsilon_0} \cdot \frac{1}{r}$$

47. Anregung

a) Unter "Anregung eines Atoms" versteht man die Zufuhr von Energie an ein Atom, welche dieses vom Grundzustand in einen höheren Energiezustand, auf ein höheres Energieniveau, überführt, ohne jedoch ein Elektron vollständig abzulösen. Ein Atom in einem höheren Energiezustand heißt angeregt.

b) Die wichtigsten Möglichkeiten zur Anregung von Atomen sind:

(1) Thermische Anregung:
Aufgrund der Wärmebewegung besitzen die Atome eines Gases kinetische Energie. Durch den Stoß anderer Atome kann ein Atom angeregt werden.

(2) Elektronenstoß:
Elektronen genügend großer kinetischer Energie können Atome durch inelastische Stöße anregen (z. B. Franck-Hertz-Versuch)

(3) Bestrahlung mit Photonen:
Das Atom nimmt hier Energie durch Absorption eines Photons geeigneter Energie auf (z. B. Umkehrung der Na-D-Linie).

c) Unterschiede zwischen den einzelnen Anregungsmöglichkeiten:
Bei der thermischen Anregung und der Anregung durch Elektronenstoß kann die Energie des stoßenden Teilchens auch höher sein als die Anregungsenergie; der Rest verbleibt dann dem stoßenden Teilchen als kinetische Energie.
Bei der Bestrahlung mit Photonen kommt es nur dann zu einer Anregung von Atomen, wenn die Energie der Photonen gleich der Anregungsenergie des betreffenden Energieniveaus des Atoms ist. Ist die Energie der Photonen größer oder kleiner so ist eine Anregung nicht möglich. Photonen können also nicht wie Elektronen und Atome nur einen Teil ihrer Energie dem Atom übertragen. (Alles-oder-Nichts-Prinzip!)

Hinweis:
Durch Bestrahlung mit einer monochromatischen Wellenstrahlung passender Frequenz kann bei allen Atomen nur ein bestimmtes Energieniveau angeregt werden. Durch Bestrahlung mit einer monoenergetischen Elektronenstrahlung werden dagegen im allgemeinen verschiedene Niveaus angeregt. Reicht die Energie der Elektronen nur zur Anregung der niedrigsten Anregungsstufe aus, dann wird nur diese angeregt.

48. Thermische Anregung

a) Die in der kinetischen Gastheorie üblichen Temperaturen betragen einige Hundert Kelvin. Bei diesen Temperaturen besitzt praktisch kein Atom des Gases so große kinetische Energie, daß es zur Stroßanregung anderer Atome in der Lage wäre. Daher sind nur elastische Stöße möglich.

b) Um Licht mit Wellenlängen der Balmerserie (Lymanserie) absorbieren zu können, muß sich ein H-Atom im ersten angeregten (Grund-) Zustand befinden. Da sich bei Zimmertemperatur fast ausnahmslos alle Wasserstoffatome im Grundzustand und nur ein unmerklicher Anteil im ersten angeregten Zustand befindet, kann hier nur Licht der Lymanserie absorbiert werden.
Bei sehr hohen Temperaturen von einigen Tausend Kelvin (z. B. an der Oberfläche von Fixsternen) befindet sich ein nennenswerter Prozentsatz der Wasserstoffatome im ersten angeregten Zustand, so daß jetzt auch Licht mit Wellenlängen der Balmerserie absorbiert werden kann.

49. Photonenselektion

a) In der Bunsenflamme befindet sich eine relativ große Zahl von Natriumatomen. Diese sind aufgrund der hohen Flammentemperatur durch Dissoziation der NaCl-Moleküle entstanden. Ein Teil dieser Atome besitzt infolge seiner Wärmebewegung eine so große kinetische Energie, daß er durch Stoß anderen Na-Atomen Energie zuführen kann (thermische Anregung). Diese gelangen durch die Energiezufuhr vom Grundzustand in ein höheres Energieniveau. Da die angeregten Zustände eines Atoms nur eine sehr kurze Lebensdauer haben (10^{-8} s), fallen die angeregten Na-Atome sehr rasch wieder in den Grundzustand zurück. Die Energiedifferenz zwischen dem angeregten und dem Grundzustand wird in Form eines Photons der Energie $\frac{h \cdot c}{\lambda}$ mit $\lambda = 589$ nm abgeführt.

b) *Beobachtung:*
Die Natriumdampflampe entwirft von der Bunsenflamme auf dem Schirm einen intensiven Schatten.

Begründung:
In der Bunsenflamme befindet sich eine große Anzahl von Na-Atomen im Grundzustand. Die von der Natriumdampflampe emittierten Photonen haben alle genau die Energie, die zur Anregung der Na-Atome notwendig ist, können also von den im Grundzustand befindlichen Natriumatomen in der Flamme absorbiert werden und gelangen somit nicht mehr zum Schirm. Die angeregten Natriumatome geben zwar die aufgenommene Energie sofort durch Photonenemission wieder ab; diese Photonen werden jedoch allseitig abgestrahlt, so daß nur noch eine geringe Zahl zum Schirm gelangt.

c) *Beobachtung:*
Die Glühlampe entwirft keinen Schatten von der Bunsenflamme – lediglich Schlierenbildung ist zu beobachten.

Begründung:
Von den Photonen im kontinuierlichen Spektrum der Bogenlampe besitzt nur ein verschwindend kleiner Teil die zur Anregung der Natriumatome geeignete Energie. Alle anderen Photonen haben entweder zu große oder zu kleine Energien und können somit von den Natriumatomen nicht absorbiert werden (Alles-oder-Nichts-Prinzip). Der Ausfall der geringen Zahl zur Anregung fähiger Photonen reicht zur Schatten-

bildung nicht aus, da der überwiegend größte Teil der Photonen durch die Flamme zum Schirm gelangen kann. Die Schlierenbildung ist auf Schwankungen der Brechzahl in der Flamme zurückzuführen.

50. Resonanzfluoreszenz von Natriumdampf

a) *Beobachtung:*
Man beobachtet eine gelbliche Trübung, die sich über das ganze vom Licht erfaßte Gefäßvolumen erstreckt.

Begründung:
Bei einer Temperatur von 180 °C ist hinreichend viel gasförmiges Natrium im Grundzustand im Glaskolben vorhanden. So stehen innerhalb des Glaskolbens zahlreiche Natriumatome im Strahlengang des Natriumdampflampenlichts zur Verfügung, die die eingestrahlten Photonen absorbieren und anschließend allseitig wieder emittieren. Dadurch gelangt ein merklicher Anteil von Photonen zu dem unter 90° gegen die Einfallsrichtung stehenden Beobachter.

b) *Beobachtung:*
Die gelbliche Trübung tritt stärker auf, aber nur an der der Natriumdampflampe zugewandten Seite des Glaskolbens.

Begründung:
Durch die höhere Temperatur befinden sich mehr Natriumatome des Grundzustandes im gasförmigen Zustand. Dadurch werden gleich nach ihrem Eintritt in den Glaskolben auch mehr Photonen absorbiert, so daß das Licht der Natriumlampe nur mehr wenige cm weit in die Natriumatmosphäre des Kolbens eindringen kann.

c) *Beobachtung:*
Der Glaskolben ist unabhängig von der Temperatur stets durchsichtig.

Begründung:
Der Anteil der Photonen im kontinuierlichen Spektrum der Bogenlampe, der zur Anregung der Natriumatome im Glaskolben in der Lage ist, ist zu gering um die in a und b beschriebenen Erscheinungen merklich hervorrufen zu können. Der überwiegend größte Anteil der Photonen des Bogenlampenlichtes kann von den Natriumatomen nicht absorbiert werden und 'fliegt' daher 'ungestört' durch den Glaskolben, ohne ins Auge des Beobachters zu gelangen.

Hinweis:
Fluoreszenz nennt man die von einem Körper emittierte Lichtstrahlung, die durch den Übergang angeregter Atome, Moleküle oder Ionen in den Grundzustand hervorgerufen wird und sofort nach Beendigung der die Anregung hervorrufenden Einwirkung aufhört. Bei den unter a und b beschriebenen Erscheinungen stimmt die Frequenz des anregenden Lichts und des von den angeregten Atomen emittierten Lichts überein. Man spricht daher von "Resonanzfluoreszenz".

51. Umkehrung der Natrium-D-Linie

a)

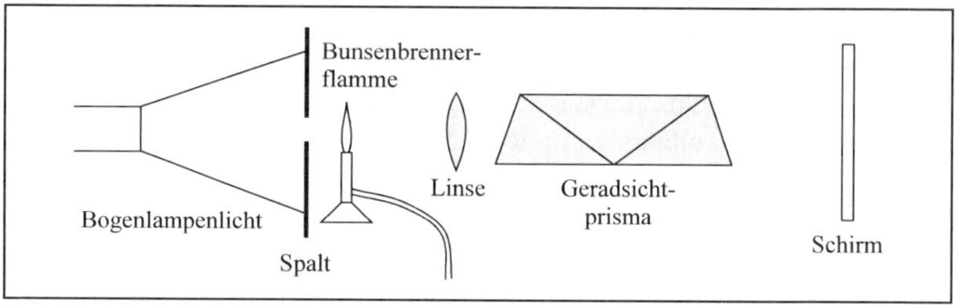

Das weiße Licht einer Bogenlampe fällt zunächst auf einen engen Spalt, der mit Hilfe einer Linse L auf einen Schirm abgebildet wird. Ein hinter der Linse angebrachtes Geradsichtprisma erzeugt dann nicht ein einziges Spaltbild, sondern so viele gegeneinander verschobene Spaltbilder, wie das Licht verschiedene Wellenlängen enthält. So entsteht ein helles kontinuierliches Spektrum auf dem Schirm. Bringt man nun in die Flamme des Bunsenbrenners NaCl, so erscheint im gelben Bereich des Spektrums eine scharfe schwarze Linie.

b) *Erklärung:*
Im weißen Licht der Bogenlampe befinden sich auch Photonen, die zur Anregung der in der Bunsenflamme im Grundzustand befindlichen Natriumatome fähig sind. Die angeregten Natriumatome geben die aufgenommene Energie zwar sofort wieder durch Photonenemission ab; diese Photonenemission erfolgt jedoch nach allen Seiten, so daß im Vergleich zur Zahl der ursprünglich eingestrahlten, anregungsfähigen Photonen nur noch eine geringe Zahl anregungsfähiger Photonen zum Schirm gelangt. Alle anderen Photonen des Bogenlampenlichts, die nicht zur Anregung der Natriumatome in der Lage sind, gelangen zum Schirm. Dadurch entsteht im Spektrum an der Stelle, an der die anregungsfähigen Photonen hätten eintreffen müssen ein dunkler Strich (Umkehrung der Na-D-Linie).

Hinweise:

1. Im Versuch zur Umkehrung der Natrium-D-Linie lernen Sie alles Wesentliche für die Aufnahme eines Absorptionsspektrums mit sichtbarem Licht kennen: Kontinuierliches Licht trifft auf ein Gas aus Atomen, deren Absorptionsspektrum aufgenommen werden soll, und wird hinter dem Gas spektral (z. B. mit einem Prisma oder einem Gitter) zerlegt. Im kontinuierlichen Spektrum fehlen dann genau die Wellenlängen, deren zugehörige Photonen von den Gasatomen absorbiert werden können.
   Zur Erzeugung eines Emissionsspektrums werden die Atome, deren Spektrum aufgenommen werden soll, als Gase oder Dämpfe z. B. in einer Gasentladung oder in Gasflammen durch Stöße zum Leuchten angeregt. Nur das hierbei emittierte Licht wird spektral zerlegt. Auf einem Schirm erhält man so ein diskretes Linienspektrum.
   An den Stellen des Schirms, an denen im Emissionsspektrum einer Substanz farbige Linien auftreten, findet man im Absorptionsspektrum der gleichen Substanz dunkle Linien. Dort, wo im Absorptionsspektrum am Schirm kontinuierliches Licht beobachtet werden kann, herrscht im Emissionsspektrum Dunkelheit. (Umkehrung!)
   Die im jeweiligen Spektrum beobachtbaren Linien sind Bilder des Abbildungsspalts (beim Prismenspektrograph) bzw. des Kohärenzspalts (beim Gitterspektrograph).
2. Wiederholen Sie in Band 1, Titel 94321, in Aufgabe 157 die Aufnahme des sichtbaren Wasserstoffemissionsspektrums und in Aufgabe 158 die Unterschiede zwischen einem Gitter- und einem Prismenspektrum!

52. Fraunhofersche Linien

Läßt man Sonnenlicht auf den Spalt eines Spektroskops fallen, so erhält man ein kontinuierliches Spektralband mit der Farbenfolge violett-blau-grün-gelb-rot. Parallel zum Spalt des Spektroskops ist es von einer großen Zahl dunkler Linien, den 'Fraunhoferschen Linien' durchsetzt. Es handelt sich hierbei um Absorptionslinien, die durch Absorption der kontinuierlichen Sonnenstrahlung in der Sonnenatmosphäre entstehen.

Hinweise:

1. Eine kleine Anzahl der Absorptionslinien entsteht nicht auf der Sonne, sondern in der Erdatmosphäre; diese Linien erkennt man daran, daß sich ihre Intensität mit der Höhe der Sonne über dem Horizont ändert und daß sie keine Dopplerverschiebung infolge der Sonnenrotation aufweisen.
2. Moderne Zusammenstellungen verzeichnen 22000 Fraunhoferlinien.

53. Franck-Hertz-Versuche

a) Versuchsaufbau

Eine sonst gut evakuierte Glasröhre mit einem Tropfen Quecksilber wird in einem Ofen auf ca. 170 °C erhitzt. Der Druck des dadurch entstehenden Quecksilberdampfes beträgt einige Torr.

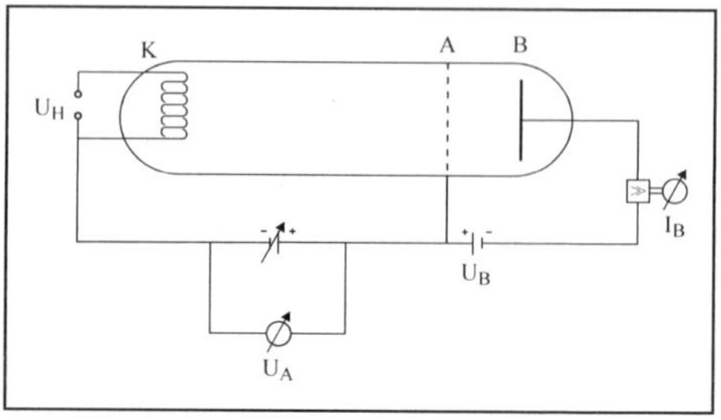

In der Glasröhre befinden sich 3 Elektroden: die Glühkathode K, die gitterförmige Anode A und die Auffängerelektrode B.
Aus K treten durch Glühemission ($U_H \approx 6$ V) Elektronen aus und werden durch das elektrische Feld zwischen K und A beschleunigt. U_A ist zwischen 0 V und 50 V variabel. Die konstante Gegenspannung U_B zwischen A und B beträgt ca. 1 V. Der in B eintreffende Elektronenstrom I_B wird über einen stromempfindlichen Meßverstärker angezeigt.

Versuchsdurchführung
Bei konstanter Gegenspannung U_B wird die Beschleunigungsspannung U_A kontinuierlich, bei 0 V beginnend, erhöht und der jeweils zugehörige Auffängerstrom I_B gemessen. I_B wird also in Abhängigkeit von der Betriebsspannung U_A bestimmt.

b) Versuchsergebnis

Man beobachtet periodisch wiederkehrende Strommaxima und -minima. Der Abstand benachbarter Maxima beträgt 4,9 V.

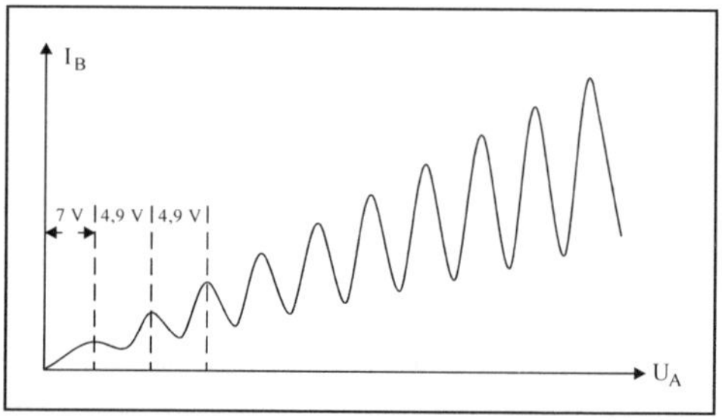

c) Erklärung des Versuchsergebnisses

Mit wachsender Beschleunigungsspannung werden pro Zeiteinheit immer mehr Glühelektronen zur Anode gezogen. Auf ihrem Weg von K nach A stoßen sie mit den Quecksilberatomen elastisch, die Quecksilberatome nehmen von den Elektronen keine Energie auf (Masse des Hg-Atoms ist 370000mal größer als die Masse eines Elektrons; die Stöße lassen sich daher mit dem Wurf eines Balles gegen eine Wand vergleichen).Die Elektronen durchfliegen das Gitter und können erfolgreich gegen die Bremsspannung anlaufen. Der Auffängerstrom steigt an. Bei Erreichen eines bestimmten Wertes von U_A ist die Energie der Elektronen kurz vor dem Gitter so groß geworden, daß sie der niedrigsten Anregungsenergie der Quecksilberatome gleich ist. Jetzt erfolgt der Stoß zwischen Elektronen und Hg-Atomen unmittelbar vor dem Gitter inelastisch. Die Elektronen verlieren ihre gesamte kinetische Energie durch Anregung der Hg-Atome an die Hg-Atome und sind somit nicht mehr in der Lage gegen die Bremsspannung anzulaufen, sie gelangen nicht mehr zum Auffänger B, der Auffängerstom I_B sinkt. Wird U_A weiter gesteigert, so erreichen die Elektronen die notwendige Energie für einen inelastischen Stoß mit den Hg-Atomen bereits weiter vor dem Gitter. Der Ort der Energieübertragung wandert also mehr zur Mitte des Rohres hin. Die Elektronen, die ihre kinetische Energie bei inelastischen Stößen verloren haben, gewinnen auf der Reststrecke bis A erneut kinetische Energie und können wieder erfolgreich gegen die Bremsspannung anlaufen. Erreichen sie jedoch bei weiterer Steigerung von U_A kurz vor dem Gitter zum zweiten Mal die kinetische Energie, die sie zur Anregung der Hg-Atome befähigt, so wiederholt sich der Abfall von I_B. Durch weitere Erhöhung der Beschleunigungsspannung U_A ergeben sich analog weitere Strommaxima und -minima.

Hinweis zum Versuchsaufbau:
Der Abstand Gitter – Auffänger, also A – B, ist sehr gering, damit in diesem Bereich möglichst wenig Zusammenstöße von Elektronen mit Hg-Atomen stattfinden.

54. Die "Ideale Franck-Hertz-Kurve"

(1) Daß der Strom zwischen zwei Maxima bei der realen Franck-Hertz-Kurve nicht auf Null zurückgeht hat hauptsächlich folgenden Grund: Die Elektronen erhalten die volle Energie aus dem Beschleunigungsfeld erst unmittelbar vor dem Gitter. Somit finden die letzten inelastischen Stöße nur in diesem sehr kleinen Raumbereich statt. Daher 'finden' nicht alle Elektronen, die dazu energetisch in der Lage sind, auch Hg-Atome für inelastische Stöße, und gelangen so zur Auffängerelektrode.

Durch die Forderung, daß alle Elektronen mit ausreichender Energie einen inelastischen Stoß erleiden sollen, erreicht man, daß der Strom zwischen 2 Maxima auf Null zurückgeht.

(2) Daß die Maxima und Minima der realen Franck-Hertz-Kurve abgerundet sind hat folgenden Grund:
Wegen der nicht einheitlichen Geschwindigkeit (vgl. Hinweis!) der Elektronen haben die schnelleren (langsameren) bereits bei kleineren (erst bei größeren) Spannungen aus dem Beschleunigungsfeld genügend Energie gesammelt um inelastisch mit den Hg-Atomen zu stoßen und nicht mehr zum Auffänger zu gelangen. Durch die Forderung, stets monoenergetische Elektronen in der Röhre vorzufinden erreicht man, daß die Strommaxima und -minima scharf werden.

Die "Ideale Franck-Hertz-Kurve" hat also folgenden Verlauf:

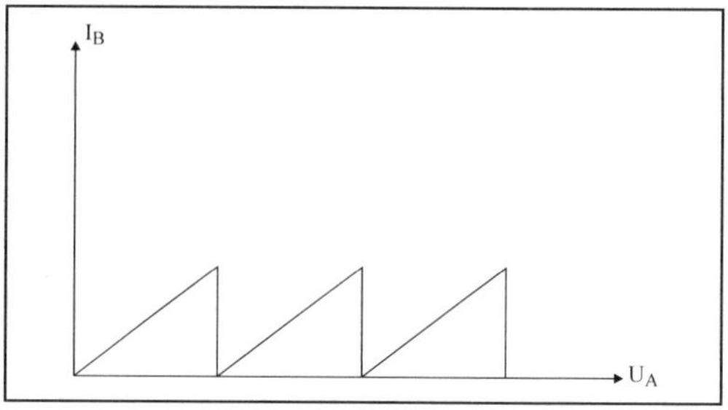

Hinweis:

Die Elektronen in der Franck-Hertz-Röhre besitzen aus zwei Gründen keine einheitlichen Geschwindigkeiten.

1. Beim Austritt aus der Glühkathode besitzen die Elektronen nach Betrag und Richtung unterschiedliche Anfangsgeschwindigkeiten.
2. Durch elastische Stöße der Elektronen mit den Hg-Atomen ändert sich zwar nicht der Betrag der Elektronengeschwindigkeit, aber die Richtung. Daher ist insbesondere die Komponente $\vec{v}_s$ des Geschwindigkeitsvektors $\vec{v}$, die senkrecht zum Anodengitter gerichtet ist, laufend betragsmäßigen Änderungen unterworfen.

55. Bestimmung der Ionisierungsenergie

a) Da die Bremsspannung U_B betragsmäßig deutlich über der maximalen Beschleunigungsspannung U_A liegt, und die Auffängerelektrode B negativ gepolt ist, können zwischen K und A beschleunigte Elektronen **nie**

den Auffänger B erreichen. Der angezeigte Auffängerstrom kann nur durch positive Ladungsträger hervorgerufen worden sein.

Erklärung der Entstehung von positiven Ladungsträgern:
Nicht alle zwischen K und A beschleunigten Elektronen stoßen bei Erreichen der Anregungsenergie inelastisch mit Hg-Atomen. Daher erreichen einige, bei genügend hoher Beschleunigungsspannung U_A die zur Stoßionisation der Hg-Atome ausreichende kinetische Energie von 10,38 eV. Die durch Elektronenstoß gebildeten positiven Hg-Ionen gelangen durch das Gitter und werden von der negativ gepolten Auffängerelektrode angezogen.

b) Die Temperaturen sollten bei diesem Versuch aus zwei Gründen unter 100 °C liegen:

1. Grund:
Bei höheren Temperaturen nimmt die Zahl der Hg-Atome, die ein Elektron auf seinem Weg von K nach A 'sieht' zu. Dadurch können weniger Elektronen die zur Stoßionisation nötige Energie von 10,38 eV erreichen, da sie vorher schon durch Anregung der Hg-Atome Energie verloren haben.

2. Grund:
Der bei höheren Temperaturen höhere Gasdruck führt dazu, daß die Hg-Ionen zu schnell rekombinieren. Dies erschwert eine genaue Festlegung des Einsatzpunktes des Ionenstroms.

56. Bestimmung des Planckschen Wirkungsquantums mit dem Franck-Hertz-Rohr

a) Die durch Elektronenstoß angeregten Kaliumatome emittieren bei der Rückkehr in den Grundzustand Photonen der Energie

$$\frac{h \cdot c}{\lambda} \text{ mit } \lambda = 760{,}6 \text{ nm.}$$

b) $$\frac{h \cdot c}{\lambda} = e \cdot U \Rightarrow \quad h = \frac{e \cdot U \cdot \lambda}{c} = \frac{1{,}6 \cdot 10^{-19}\ \text{A} \cdot \text{s} \cdot 1{,}63\ \text{V} \cdot 760{,}6 \cdot 10^{-9}\ \text{m}}{3 \cdot 10^{8}\ \frac{\text{m}}{\text{s}}} =$$

$$= 6{,}61 \cdot 10^{-34}\ \text{J} \cdot \text{s}$$

Hinweise:

1. Bei Verwendung von Hg-Dampf tritt ebenfalls elektromagnetische Strahlung mit der Photonenenergie 4,9 eV auf; sie liegt jedoch im UV-Bereich und wird daher vom Glas der Franck-Hertz-Röhre absorbiert, ist also von außen nicht nachzuweisen.
2. Damit kennen Sie drei Möglichkeiten, den numerischen Wert des Planckschen Wirkungsquantums experimentell zu bestimmen:
   a) mit Hilfe der Gegenfeldmethode (vgl. Band 1, Titel 94321, Aufgabe 168 a)
   b) mit Hilfe der kurzwelligen Grenze des Röntgenbremsspektrums (vgl. Band 1, Titel 94321, Aufgabe 173)
   c) mit Hilfe des Franck-Hertz-Rohrs wie in dieser Aufgabe.

57. Das Wasserstoffemissionsspektrum – Grundbegriffe

a) Die *Wellenzahl* ist der Kehrwert $\frac{1}{\lambda}$ der Wellenlänge λ. Die Wellenzahl gibt an, wie viele ganze Wellen auf eine Längeneinheit passen.

Spektralterm:

Ein Term der Form $T_n = -\frac{R}{n^2}$, R = Rydbergkonstante, $n \in N$, heißt Spektralterm des Wasserstoffatoms.

Zusammenhang zwischen Wellenzahl und Spektralterm:

Die Wellenzahlen der Linien des Wasserstoffatomspektrums lassen sich stets als Differenz zweier Spektralterme darstellen:

$$\frac{1}{\lambda} = T_{n_2} - T_{n_1} = R \cdot \left(\frac{1}{n_1^2} - \frac{1}{n_2^2} \right)$$

$$[n_1 = 1, 2, 3, ...; n_2 = n_1 + 1, n_1 + 2, n_1 + 3 ...]$$

Spektralserie:

Die einzelnen Spektrallinien des Wasserstoffatomspektrums lassen sich in Spektralserien zusammenfassen. Jede Serie besteht aus den Linien, die einen gemeinsamen festen Endterm T_{n_1} haben; T_{n_2} ist der Laufterm. Die Linien der Serie mit $n_1 = 4$ lassen sich so beispielsweise aus der Beziehung

$$\frac{1}{\lambda} = R \cdot \left(\frac{1}{16} - \frac{1}{n_2^2} \right) \quad n_2 = 5, 6, 7, ... \text{ berechnen.}$$

Seriengrenze:

Die Wellenzahlen der einzelnen Spektrallinien einer Spektralserie werden in Richtung zu kürzeren Wellenlängen hin immer dichter und konvergieren in einem Häufungspunkt, der Seriengrenze. Die der Seriengrenze $\lambda_G = \frac{n_1^2}{R}$ entsprechende Energie $E = \frac{h \cdot c}{\lambda_G}$ muß dem Wasserstoffatom zugeführt werden, um das Elektron aus der Quantenbahn mit der Quantenzahl n_1 ins Unendliche zu bringen.

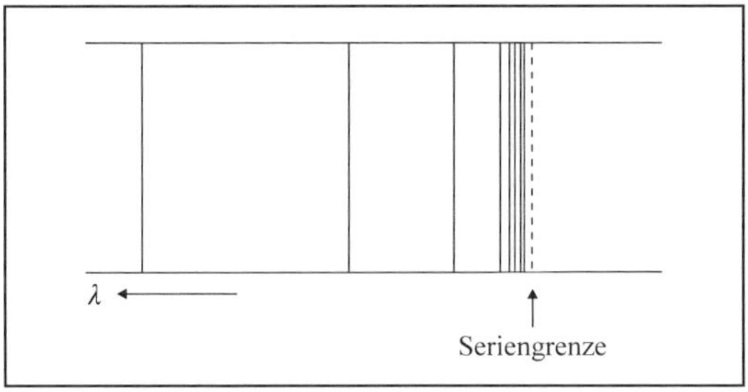

b) Lyman-Serie: $\frac{1}{\lambda} = R \cdot \left(1 - \frac{1}{n^2}\right)$ n = 2, 3, 4, ... (ganz im UV-Bereich)

Balmer-Serie: $\frac{1}{\lambda} = R \cdot \left(\frac{1}{4} - \frac{1}{n^2}\right)$ n = 3, 4, 5, ... (4 Linien im sichtbaren, die restlichen im UV-Bereich)

Paschen-Serie: $\frac{1}{\lambda} = R \cdot \left(\frac{1}{9} - \frac{1}{n^2}\right)$ n = 4, 5, 6, ... (ganz im Infrarot-Bereich)

Brackett-Serie: $\frac{1}{\lambda} = R \cdot \left(\frac{1}{16} - \frac{1}{n^2}\right)$ n = 5, 6, 7, ... (ganz im Infrarot-Bereich)

Pfund-Serie: $\frac{1}{\lambda} = R \cdot \left(\frac{1}{25} - \frac{1}{n^2}\right)$ n = 6, 7, 8, ... (ganz im Infrarot-Bereich)

58. Rechenaufgabe zur Serienformel

a) $\left.\begin{array}{l} \text{Balmer-Serie: } \frac{1}{\lambda} = R \cdot \left(\frac{1}{4} - \frac{1}{n^2}\right) \quad n = 3,4,5,\ldots \\ \text{Seriengrenze: } n \to \infty \Rightarrow \frac{1}{n^2} \to 0 \end{array}\right\} \Rightarrow$

$$\frac{1}{\lambda_G} = \frac{R}{4} \Rightarrow \lambda_G = \frac{4}{R} = \frac{4}{1{,}1 \cdot 10^7 \frac{1}{m}} \Rightarrow \lambda_G = 3{,}64 \cdot 10^{-7}\ m$$

b) Lyman-Serie: $\frac{1}{\lambda} = R \cdot \left(1 - \frac{1}{n^2}\right) \quad n = 2, 3, 4, \ldots$

$$\Rightarrow \frac{1}{\lambda_{max}} = R \cdot \left(1 - \frac{1}{2^2}\right) = \frac{3}{4} \cdot R$$

$$\Rightarrow \lambda_{max} = \frac{4}{3 \cdot R} = \frac{4}{3 \cdot 1{,}1 \cdot 10^7 \frac{1}{m}} = 1{,}21 \cdot 10^{-7}\,m$$

c) Überlappung von Lyman- mit Balmer-Serie läge dann vor, wenn die Wellenlänge λ_G der kurzwelligsten Linie, also der Seriengrenze, der Balmer-Serie kleiner als die Wellenlänge λ_{max} der langwelligsten Linie der Lyman-Serie wäre, wenn also $\lambda_G < \lambda_{max}$.
Aus a und b folgt aber:

$$\lambda_G = 3{,}64 \cdot 10^{-7}\,m > 1{,}21 \cdot 10^{-7}\,m = \lambda_{max}$$

d) Allgemeine Serienformel: $\frac{1}{\lambda} = R \cdot \left(\frac{1}{n_1^2} - \frac{1}{n_2^2}\right)$
Laufterm $= -\frac{R}{49} \Rightarrow -\frac{R}{49} = \frac{-R}{n_2^2}$
$\left.\right\} \Rightarrow \frac{1}{\lambda} = R \cdot \left(\frac{1}{n_1^2} - \frac{1}{49}\right)$

$$\Rightarrow \frac{1}{n_1^2} = \frac{1}{\lambda \cdot R} + \frac{1}{49} \Rightarrow \quad n_1 = \sqrt{\left(\frac{1}{\lambda \cdot R} + \frac{1}{49}\right)^{-1}}$$

$$= \sqrt{\left(\frac{1}{1{,}1 \cdot 10^7 \frac{1}{m} \cdot 1{,}00 \cdot 10^{-6}\,m} + \frac{1}{49}\right)^{-1}}$$

$$= 2{,}99$$

$\Rightarrow n_1 = 3$. Die Linie gehört zur Paschen-Serie.

59. Das Ritzsche Kombinationsprinzip

a) Ritzsches Kombinationsprinzip: Durch Addition oder Subtraktion der Wellenzahlen zweier Spektrallinien eines Atoms ergeben sich Zahlen, die im allgemeinen wiederum Wellenzahlen von Spektrallinien des gleichen Atoms sind.

b)

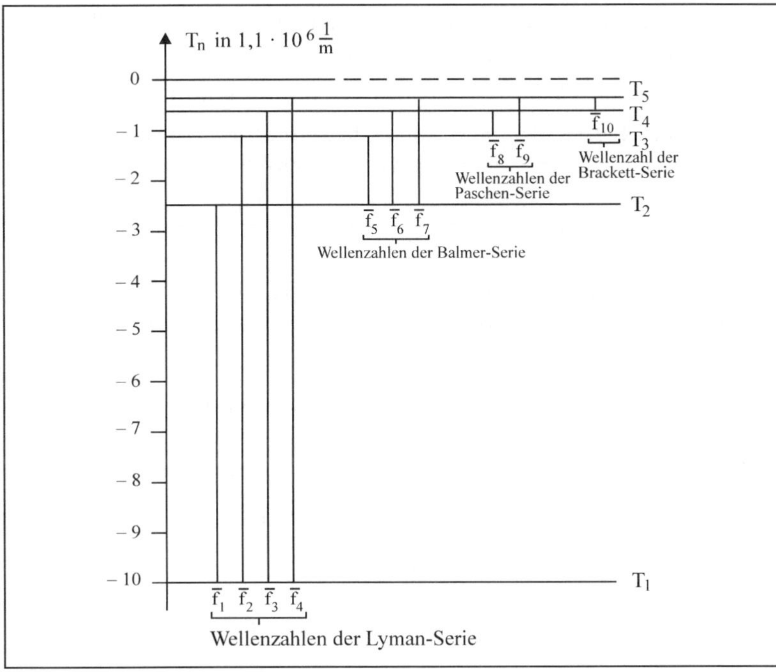

Wegen $R = 1{,}1 \cdot 10^7 \frac{1}{m} \triangleq 10$ cm und $T_n = -\frac{R}{n^2}$ gilt für die Zeichnung:

$T_1 \triangleq -10$ cm; $T_2 \triangleq 2{,}5$ cm; $T_3 \triangleq -1{,}11$ cm;

$T_4 \triangleq -0{,}63$ cm; $T_5 \triangleq 0{,}4$ cm;

Da sich wegen $\bar{f} = \frac{1}{\lambda} = R \cdot \left(\frac{1}{n^2} - \frac{1}{m^2}\right) = -\frac{R}{m^2} - \left(\frac{-R}{n^2}\right) = T_m - T_n$

jede Wellenzahl $\bar{f}$ des H-Atoms als Differenz zweier Spektralterme darstellen läßt, lassen sich die Wellenzahlen geometrisch als Abstand zweier Spektraltermwerte im Termschema deuten.

c) Erläuterung des Ritzschen Kombinationsprinzips:

Durch Addition oder Substraktion zweier Wellenzahlen kann man wiederum Wellenzahlen des gleichen Atoms erhalten:

Beispiel für Addition: $\bar{f}_1 + \bar{f}_5 = \bar{f}_2$

Beispiel für Subtraktion: $\bar{f}_4 - \bar{f}_2 = \bar{f}_9$

Aber **nicht jede** Addition oder Subtraktion zweier Wellenzahlen führt auf neue Wellenzahlen des Atoms:

Beispiel: Weder $\bar{f}_1 + \bar{f}_2$ noch $\bar{f}_1 - \bar{f}_5$ sind Wellenzahlen des H-Atoms.

Das Ritzsche Kombinationsprinzip ist also so zu verstehen: Alle durch Addition oder Subtraktion von Wellenzahlen gebildeten Zahlen können – müssen aber nicht – Wellenzahlen sein.

Hinweis:

Durch geeignete Subtraktion der Wellenzahlen *allein der Lymanserie* des Wasserstoffatoms lassen sich die Wellenzahlen aller anderen Serien des Wasserstoffatoms berechnen.

Beweis:

Eine beliebige nicht zur Lymanserie gehörige Wellenzahl $\bar{f}$ läßt sich nach der allgemeinen Serienformel des Wasserstoffatoms darstellen als:

$$\bar{f} = R \cdot \left(\frac{1}{n^2} - \frac{1}{m^2}\right) \text{ mit } n \geq 2,\ m = n+1, n+2, \ldots$$

$\bar{f}_1 = R \cdot \left(1 - \frac{1}{n^2}\right)$ und $\bar{f}_2 = R \cdot \left(1 - \frac{1}{m^2}\right)$ sind Wellenzahlen der Lymanserie.

$$\text{Aus } \bar{f}_2 - \bar{f}_1 = R \cdot \left(1 - \frac{1}{m^2}\right) - R \cdot \left(1 - \frac{1}{n^2}\right) = R - R \cdot \frac{1}{m^2} - R + R \cdot \frac{1}{n^2}$$

$$= R \cdot \left(\frac{1}{n^2} - \frac{1}{m^2}\right) = \bar{f} \text{ folgt die Behauptung.}$$

60. Schluß vom Absorptions- aufs Emissionsspektrum

Durch die drei Absorptionsprozesse sind über dem Grundzustand mit der Energie E_0 drei Energieniveaus mit den Energien E_1, E_2, E_3 festgelegt. Daher treten im Emissionsspektrum außer den Linien mit den Wellenlängen λ_1, λ_2, λ_3 noch drei weitere mit den Wellenlängen λ_4, λ_5, λ_6 auf.

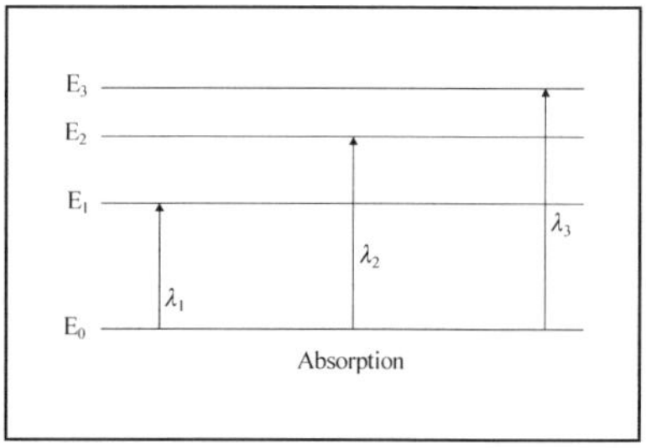

Berechnung von λ_4, λ_5, λ_6:

$$\frac{h \cdot c}{\lambda_4} = E_2 - E_1 = \frac{h \cdot c}{\lambda_2} - \frac{h \cdot c}{\lambda_1} \quad \Rightarrow \quad \frac{1}{\lambda_4} = \frac{1}{\lambda_2} - \frac{1}{\lambda_1} \Rightarrow$$

$$\Rightarrow \frac{1}{\lambda_4} = \frac{1}{25{,}6\ \text{nm}} - \frac{1}{30{,}4\ \text{nm}} \quad \Rightarrow \quad \lambda_4 = 162{,}1\ \text{nm}$$

$$\frac{h \cdot c}{\lambda_5} = E_3 - E_1 = \frac{h \cdot c}{\lambda_3} - \frac{h \cdot c}{\lambda_1} \Rightarrow \frac{1}{\lambda_5} = \frac{1}{\lambda_3} - \frac{1}{\lambda_1} \Rightarrow$$

$$\Rightarrow \frac{1}{\lambda_5} = \frac{1}{24{,}3\ \text{nm}} - \frac{1}{30{,}4\ \text{nm}} \Rightarrow \lambda_5 = 121{,}1\ \text{nm}$$

$$\frac{h \cdot c}{\lambda_6} = E_3 - E_2 = \frac{h \cdot c}{\lambda_3} - \frac{h \cdot c}{\lambda_2} \Rightarrow \frac{1}{\lambda_6} = \frac{1}{\lambda_3} - \frac{1}{\lambda_2} \Rightarrow$$

$$\Rightarrow \frac{1}{\lambda_6} = \frac{1}{24{,}3\ \text{nm}} - \frac{1}{25{,}6\ \text{nm}} \Rightarrow \lambda_6 = 478{,}5\ \text{nm}$$

Im Emissionsspektrum sind also 6 Linien mit den Wellenlängen 30,4 nm, 25,6 nm, 24,3 nm, 162,1 nm, 121,1 nm und 478,5 nm zu erwarten.

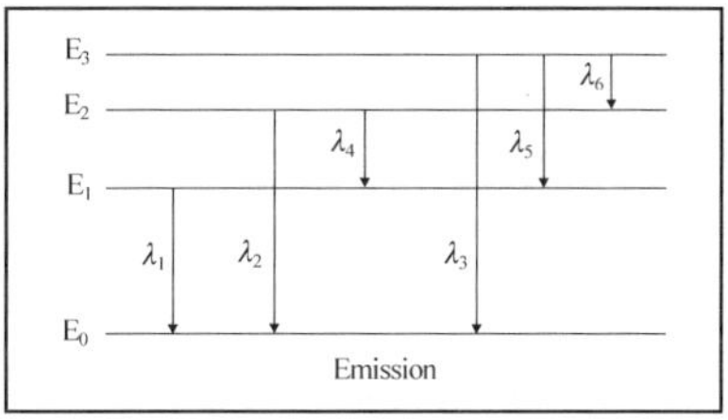

61. Die Bohrschen Annahmen

Erstes Bohrsches Postulat:

Das Elektron kann nur auf ganz bestimmten Bahnen strahlungsfrei um den Kern kreisen. Die Energie eines Atoms kann somit nur bestimmte diskrete Werte E_i annehmen.

Zweites Bohrsches Postulat:

Die Energieabgabe bzw. -aufnahme eines Atoms erfolgt durch den Übergang eines Elektrons von einer der erlaubten Bahnen auf eine andere. Emission bzw. Absorption von Strahlung genügen der Frequenzbedingung

$$h \cdot f = | E_n - E_m |$$

Bohrsche Quantenbedingung:

Der mit der Länge $2 \cdot \pi \cdot r_n$ einer erlaubten Bahn vom Radius r_n multiplizierte Impuls $m \cdot v_n$ des Elektrons ist ein ganzzahliges Vielfaches des Planckschen Wirkungsquantums h:

$$2 \cdot \pi \cdot r_n \cdot m \cdot v_n = n \cdot h, \quad n = 1, 2, 3, ...$$

Hinweis:
In der Formelsammlung finden Sie die beiden Bohrschen Postulate und die Bohrsche Quantenbedingung auf Seite 57 / 6.2

62. Energiestufen des Elektrons im Wasserstoffatom

a) Kräftebilanz: $F_{Coulomb} = F_{Zentral}$

$$\frac{1}{4\cdot\pi\cdot\varepsilon_0}\cdot\frac{e^2}{r_n^{\,2}} = \frac{m\cdot v_n^{\,2}}{r_n} \qquad (1)$$

Quantenbedingung: $2\cdot\pi\cdot r_n\cdot m\cdot v_n = n\cdot h \quad (2)$

$$\left.\begin{aligned}(1)\rightarrow(1)':&\quad v_n^{\,2} = \frac{1}{4\cdot\pi\cdot\varepsilon_0}\cdot\frac{e^2}{m\cdot r_n}\\ (2)^2\rightarrow(2)':&\quad 4\cdot\pi^2\cdot r_n^{\,2}\cdot m^2\cdot v_n^{\,2} = n^2\cdot h^2\end{aligned}\right\}\xRightarrow{(1)'\text{ in }(2)'}$$

$$\Rightarrow \frac{4\cdot\pi^2\cdot r_n^{\,2}\cdot m^2\cdot e^2}{4\cdot\pi\cdot\varepsilon_0\cdot m\cdot r_n} = n^2\cdot h^2 \Rightarrow$$

$$\Rightarrow r_n = \frac{\varepsilon_0\cdot h^2\cdot n^2}{m\cdot e^2\cdot\pi} \qquad (3)$$

$$(3)\text{ in }(2):\quad \frac{2\cdot\pi\cdot\varepsilon_0\cdot h^2\cdot n^2\cdot m\cdot v_n}{m\cdot e^2\cdot\pi} = n\cdot h \Rightarrow$$

$$\Rightarrow v_n = \frac{e^2}{2\cdot\varepsilon_0\cdot h\cdot n} \qquad (4)$$

b) (1) $$E_{kin,n} = \frac{1}{2}\cdot m\cdot v_n^{\,2} \overset{(4)}{=}$$

$$= \frac{1}{2}\cdot m\cdot\frac{e^4}{4\cdot\varepsilon_0^{\,2}\cdot h^2\cdot n^2} =$$

$$= \frac{e^4\cdot m}{8\cdot\varepsilon_0^{\,2}\cdot h^2\cdot n^2} \qquad (5)$$

(2) $$E_{pot,n} = -\frac{e^2}{4\cdot\pi\cdot\varepsilon_0\cdot r_n} \overset{(3)}{=}$$ (vgl. Hinweis zu Aufgabe 46)

$$= -\frac{e^2\cdot m\cdot e^2\cdot\pi}{4\cdot\pi\cdot\varepsilon_0\cdot\varepsilon_0\cdot h^2\cdot n^2} =$$

$$= -\frac{e^4\cdot m}{4\cdot\varepsilon_0^{\,2}\cdot h^2\cdot n^2} \qquad (6)$$

c) $$E_n = E_{kin,n} + E_{pot,n} \overset{(5),(6)}{=}$$

$$= \frac{e^4\cdot m}{8\cdot\varepsilon_0^{\,2}\cdot h^2\cdot n^2} - \frac{e^4\cdot m}{4\cdot\varepsilon_0^{\,2}\cdot h^2\cdot n^2} =$$

$$= -\frac{e^4\cdot m}{8\cdot\varepsilon_0^{\,2}\cdot h^2\cdot n^2} \qquad (7)$$

d) (1) $$E_{kin,n} + \frac{1}{2} \cdot E_{pot,n} \overset{(5),(6)}{=} \frac{e^4 \cdot m}{8 \cdot \varepsilon_0^2 \cdot h^2 \cdot n^2} - \frac{1}{2} \cdot \frac{e^4 \cdot m}{4 \cdot \varepsilon_0^2 \cdot h^2 \cdot n^2} = 0$$

$$\Rightarrow E_{kin,n} = -\frac{1}{2} \cdot E_{pot,n}$$

(2) $$E_{kin,n} \overset{(5)}{=} \frac{e^4 \cdot m}{8 \cdot \varepsilon_0^2 \cdot h^2 \cdot n^2} \overset{(7)}{=} -E_n$$

63. Herleitung der allgemeinen Serienformel fürs Wasserstoffatom

a) 2. Bohrsches Postulat für Emission:

$$\frac{h \cdot c}{\lambda} = E_{n_2} - E_{n_1} \quad (n_2 > n_1) \Rightarrow$$

$$\Rightarrow \frac{h \cdot c}{\lambda} = -\frac{e^4 \cdot m}{8 \cdot \varepsilon_0^2 \cdot h^2 \cdot n_2^2} + \frac{e^4 \cdot m}{8 \cdot \varepsilon_0^2 \cdot h^2 \cdot n_1^2} =$$

$$= \frac{e^4 \cdot m}{8 \cdot \varepsilon_0^2 \cdot h^2} \cdot \left(\frac{1}{n_1^2} - \frac{1}{n_2^2} \right) \Rightarrow$$

$$\Rightarrow \frac{1}{\lambda} = \frac{e^4 \cdot m}{8 \cdot \varepsilon_0^2 \cdot h^3 \cdot c} \cdot \left(\frac{1}{n_1^2} - \frac{1}{n_2^2} \right) \qquad (1)$$

allgemeine Serienformel (FS. S. 57 / 6.1.2):

$$\frac{1}{\lambda} = R \cdot \left(\frac{1}{n_1^2} - \frac{1}{n_2^2} \right) \qquad (2)$$

(1) und (2) stimmen dann überein, wenn

$$R = \frac{e^4 \cdot m}{8 \cdot \varepsilon_0^2 \cdot h^3 \cdot c}$$

gilt:

$$\frac{e^4 \cdot m}{8 \cdot \varepsilon_0^2 \cdot h^3 \cdot c} = \frac{(1{,}6 \cdot 10^{-19}\ A \cdot s)^4 \cdot 9{,}1 \cdot 10^{-31}\ kg}{8 \cdot \left(8{,}85 \cdot 10^{-12}\ \frac{A \cdot s}{V \cdot m}\right)^2 \cdot (6{,}63 \cdot 10^{-34}\ J \cdot s)^3 \cdot 3 \cdot 10^8\ \frac{m}{s}} = 1{,}1 \cdot 10^7\ \frac{1}{m}$$

Experimentell bestimmter Wert für R: $R = 1{,}1 \cdot 10^7\ \frac{1}{m}$ $\Rightarrow$

$\Rightarrow$ Übereinstimmung gegeben.

b) $$\left.\begin{aligned} E_n &= -\frac{e^4 \cdot m}{8 \cdot \varepsilon_0^{\,2} \cdot h^2} \cdot \frac{1}{n^2} \\ R &= \frac{e^4 \cdot m}{8 \cdot \varepsilon_0^{\,2} \cdot h^3 \cdot c} \end{aligned}\right\} \Rightarrow E_n = -\frac{R \cdot h \cdot c}{n^2}$$

c/d) $$E_n = -\frac{R \cdot h \cdot c}{n^2} = -\frac{1{,}1 \cdot 10^7 \frac{1}{m} \cdot 6{,}63 \cdot 10^{-34}\, J \cdot s \cdot 3 \cdot 10^8 \frac{m}{s}}{n^2} = $$
$$= -\frac{2{,}19 \cdot 10^{-18}\, J}{n^2} = -13{,}7\, eV \cdot \frac{1}{n^2}$$

Damit ergeben sich für die Skizze folgende numerische Werte:
$E_1 = -13{,}7$ eV; $E_2 = -3{,}4$ eV; $E_3 = -1{,}5$ eV;
$E_4 = -0{,}86$ eV; $E_5 = -0{,}5$ eV

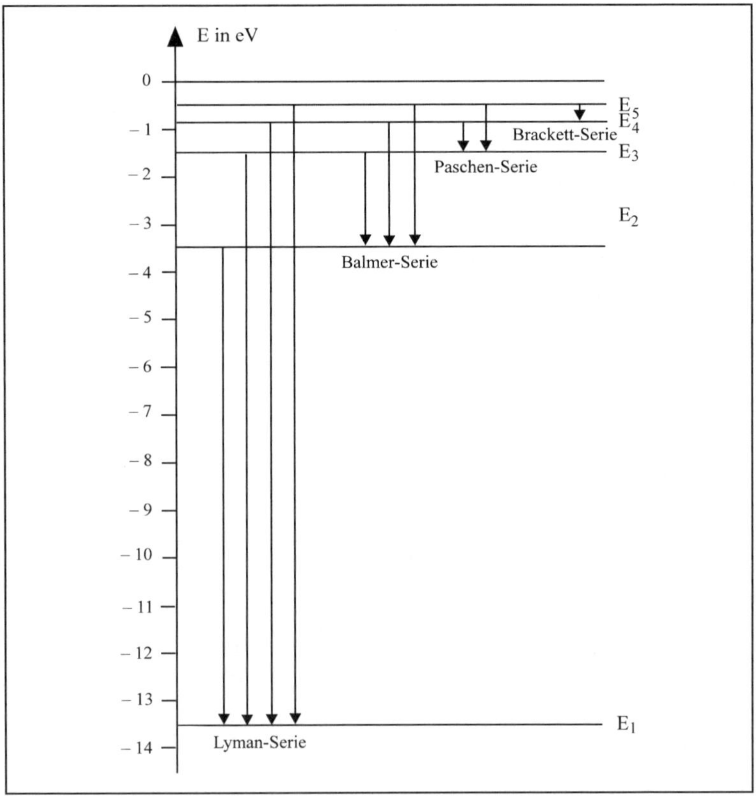

Hinweis:

Die Formel $R = \frac{e^4 \cdot m}{8 \cdot \varepsilon_0^2 \cdot h^3 \cdot c}$ für die Rydbergkonstante finden Sie in der Formelsammlung auf S. 58 / 6.4, die Beziehung $E_n = -\frac{R \cdot h \cdot c}{n^2}$ auf Seite 58 / 6.3.2.

64. Ionisierungsenergie

a) Unter der Ionisierungsenergie eines Atoms versteht man die kleinste Energie, die zur Abtrennung eines Elektrons aus der Elektronenhülle erforderlich ist.

b) Das Wasserstoffatom ist dann unter minimalem Energieaufwand ionisiert worden, wenn sich sein Elektron in unendlicher Entfernung vom Atomkern in Ruhe befindet. Die Gesamtenergie des Elektrons ist dann Null. Also gilt:

$E_{ion}(n)$ = Energie des e^- nach der Ionisierungs-Energie des e^- vor der Ionisierung

$$= 0 - E_n \overset{63b}{=} \frac{R \cdot h \cdot c}{n^2}$$

c) allgemeine Serienformel (FS. S. 57 / 6.1.2): $\frac{1}{\lambda} = R \cdot \left(\frac{1}{n_1^2} - \frac{1}{n_2^2} \right)$

Seriengrenze der Serie mit der Nummer n_1: $n_2 \to \infty$ $\Rightarrow$

$$\left.\begin{aligned} &\Rightarrow \frac{1}{\lambda_{G,n}} = \frac{R}{n^2} \\ &\text{b: } E_{ion}(n) = \frac{R \cdot h \cdot c}{n^2} \end{aligned}\right\} \Rightarrow \frac{1}{\lambda_{G,n}} = \frac{E_{ion}(n)}{h \cdot c} \Rightarrow$$

$$\Rightarrow \quad E_{ion}(n) = \frac{h \cdot c}{\lambda_{G,n}}$$

65. Überlegungen zum Sinn der Bohrschen Quantenbedingung

a) FS. S. 55 / 4.1.2): $\lambda_n = \frac{h}{m \cdot v_n}$

laut Angabe: $v_n = \frac{e^2}{2 \cdot \varepsilon_0 \cdot h} \cdot \frac{1}{n}$ $\Rightarrow$

$$\Rightarrow \lambda_n = \frac{h \cdot 2 \cdot \varepsilon_0 \cdot h \cdot n}{m \cdot e^2} = \frac{2 \cdot \varepsilon_0 \cdot h^2}{m \cdot e^2} \cdot n$$

b) $U_n = 2 \cdot \pi \cdot r_n$

laut Angabe: $r_n = \frac{\varepsilon_0 \cdot h^2 \cdot n^2}{m \cdot e^2 \cdot \pi}$ $\Rightarrow$

$$\Rightarrow U_n = \frac{2 \cdot \pi \cdot \varepsilon_0 \cdot h^2 \cdot n^2}{m \cdot e^2 \cdot \pi} = \frac{2 \cdot \varepsilon_0 \cdot h^2 \cdot n^2}{m \cdot e^2}$$

Teilaufgabe a: $\lambda_n = \frac{2 \cdot \varepsilon_0 \cdot h^2 \cdot n}{m \cdot e^2}$

$$\Rightarrow U_n = \lambda_n \cdot n$$

c)

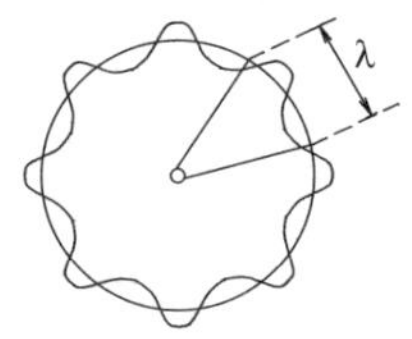

auf Dauer existenzfähige stehende Materiewelle

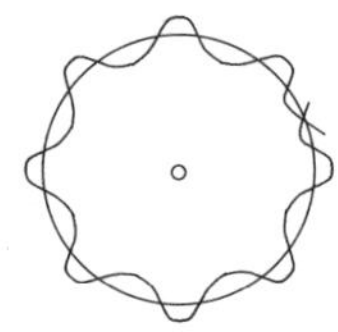

laufende Materiewelle, die sich durch Interferenz selbst auslöscht

Geht man davon aus, daß sich die zum Elektron gehörige Materiewelle längs der Quantenbahn ausbreitet, so ist sie auf Dauer nur dann existenzfähig, wenn sie sich nicht durch Interferenz selbst auslöscht. Die Materiewelle muß sich also als stehende Welle ausbilden, was nur dann möglich ist, wenn die Wellenlänge ganzzahlig im Kreisumfang enthalten ist; wenn also $U_n = n \cdot \lambda_n$ gilt.

d) $U_n = n \cdot \lambda_n$, $U_n = 2 \cdot \pi \cdot r_n$ $\Rightarrow 2 \cdot \pi \cdot r_n = n \cdot \lambda_n$; $\lambda_n = \frac{h}{m \cdot v_n}$ $\Rightarrow$

$$\Rightarrow 2 \cdot \pi \cdot r_n = \frac{n \cdot h}{m \cdot v_n} \quad \Rightarrow 2 \cdot \pi \cdot r_n \cdot m \cdot v_n = n \cdot h$$

(Bohrsche Quantenbedingung)

66. Anregung von Wasserstoffgas durch Elektronenstoß

a) FS. S. 58 / 6.3.2 Energie des Elektrons im H-Atom auf der n-ten Bahn:

$$E_n = -\frac{R \cdot h \cdot c}{n^2} = -\frac{1{,}1 \cdot 10^7 \frac{1}{m} \cdot 6{,}63 \cdot 10^{-34}\,J \cdot s \cdot 3 \cdot 10^8 \frac{m}{s}}{n^2} = -\frac{13{,}7\,eV}{n^2}$$

$$\Rightarrow \quad E_1 = -\frac{13{,}7\,\text{eV}}{1^2} = -13{,}7\,\text{eV}$$

$$E_2 = -\frac{13{,}7\,\text{eV}}{2^2} = -3{,}4\,\text{eV}$$

$$E_3 = -\frac{13{,}7\,\text{eV}}{3^2} = -1{,}5\,\text{eV}$$

$$E_4 = -\frac{13{,}7\,\text{eV}}{4^2} = -0{,}9\,\text{eV}$$

$$E_5 = -\frac{13{,}7\,\text{eV}}{5^2} = -0{,}6\,\text{eV}$$

$$E_6 = -\frac{13{,}7\,\text{eV}}{6^2} = -0{,}4\,\text{eV}$$

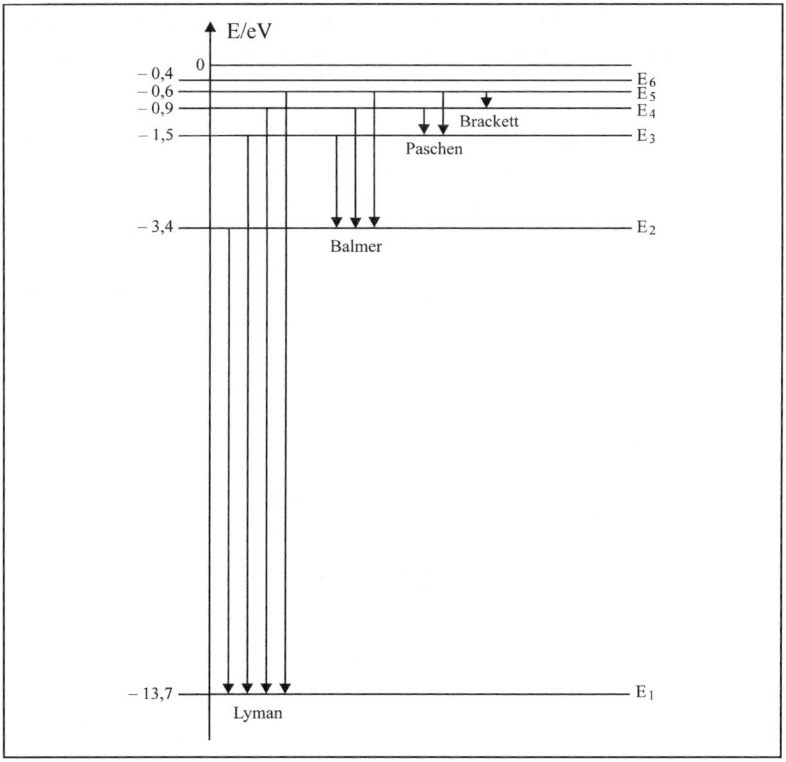

b) Durch die Beschleunigung mit der Spannung U = 13,2 V treffen die Elektronen mit der kinetischen Energie E_{kin} = 13,2 eV auf die Wasserstoffatome.

Anregung von / nach	kinetische Restenergie des Elektrons
$E_1 \longrightarrow E_2$	$13{,}2\ eV - (13{,}7\ eV - 3{,}4\ eV) = 2{,}9\ eV$
$E_1 \longrightarrow E_3$	$13{,}2\ eV - (13{,}7\ eV - 1{,}5\ eV) = 1{,}0\ eV$
$E_1 \longrightarrow E_4$	$13{,}2\ eV - (13{,}7\ eV - 0{,}9\ eV) = 0{,}4\ eV$
$E_1 \longrightarrow E_5$	$13{,}2\ eV - (13{,}7\ eV - 0{,}6\ eV) = 0{,}1\ eV$

Wegen $E_6 - E_1 = 13{,}7\ eV - 0{,}4\ eV = 13{,}3\ eV > 13{,}2\ eV$ ist Anregung nur bis zum Energieniveau E_5 möglich. Für die kinetischen Energien der Elektronen nach Verlassen des Gases sind also folgende Werte möglich: 2,9 eV; 1,0 eV; 0,4 eV; 0,1 eV; je nachdem, ob das Elektron ein H-Atom in das Energieniveau mit n = 2, 3, 4, 5 gehoben hat. Außerdem können die Elektronen noch die kinetische Energie 13,2 eV besitzen, wenn sie mit den H-Atomen keine bzw. keine unelastischen Stöße ausgeführt haben.

c) Kehrt ein angeregtes H-Atom aus einem angeregten Zustand in einen niederen Energie- oder in den Grundzustand zurück, so wird die Energiedifferenz zwischen den beiden Zuständen nach dem 2. Bohrschen Postulat in Form elektromagnetischer Strahlung emittiert.

d) Mit Hilfe des Energieniveauschemas findet man 10 Emissionslinien. 4 der Lyman-, 3 der Balmer-, 2 der Paschen- und eine der Pfund-Brackett-Serie.
Vom Wasserstoffspektrum weiß man, daß nur die vier energieärmsten Linien der Balmer-Serie sichtbar sind. (Vgl. FS. S. 79 T11)
Demnach liegen hier 3 Linien im Sichtbaren.

e) Kurzwelligste Linie: $\frac{h \cdot c}{\lambda_{min}} = \Delta E_{max} = E_5 - E_1 \Rightarrow$

$$\Rightarrow \lambda_{min} = \frac{h \cdot c}{E_5 - E_1} = \frac{6{,}63 \cdot 10^{-34}\,J \cdot s \cdot 3 \cdot 10^8 \frac{m}{s}}{(13{,}7 - 0{,}6) \cdot 1{,}6 \cdot 10^{-19}\,J} = 94{,}9\ nm$$

Langwelligste Linie: $\frac{h \cdot c}{\lambda_{max}} = \Delta E_{min} = E_5 - E_4 \Rightarrow$

$$\Rightarrow \lambda_{max} = \frac{h \cdot c}{E_5 - E_4} = \frac{6{,}63 \cdot 10^{-34}\,J \cdot s \cdot 3 \cdot 10^8 \frac{m}{s}}{(0{,}9 - 0{,}6) \cdot 1{,}6 \cdot 10^{-19}\,J} = 4{,}1\ \mu m$$

f) Photonen können Atome nur dann anregen, wenn ihre Energie exakt der Differenz zweier Energieniveaus des Atoms entspricht. Da dies für die Photonen mit E = 13,2 eV nach Teilaufgabe a nicht zutrifft, passieren die Photonen das Gas, ohne H-Atome anzuregen. Man beobachtet nichts.

67. Anregung von Wasserstoff mit Photonen

a) Da die H_β-Linie die 2. Linie der Balmer-Serie ist, regt die auftreffende Strahlung bis zum Energieniveau mit n = 4 an.

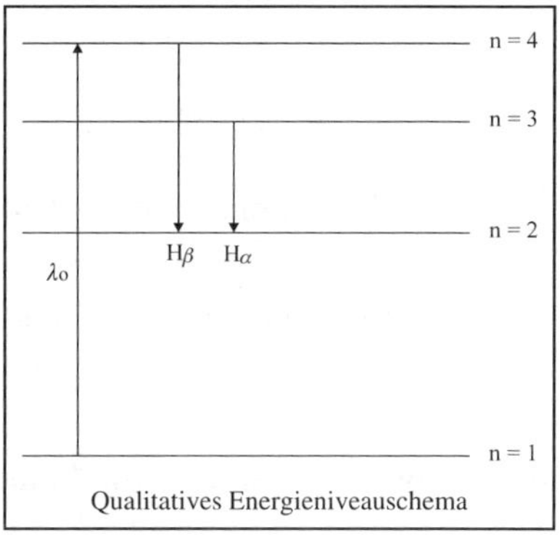

Qualitatives Energieniveauschema

$$\left.\begin{array}{l} \text{FS. S.58/6.3.2:} E_n = -\frac{R \cdot h \cdot c}{n^2} \\ \frac{h \cdot c}{\lambda_0} = E_4 - E_1 \end{array}\right\} \Rightarrow$$

$$\Rightarrow \frac{h \cdot c}{\lambda_0} = \frac{R \cdot h \cdot c}{1^2} - \frac{R \cdot h \cdot c}{4^2} \Rightarrow$$

$$\Rightarrow \frac{1}{\lambda_0} = R - \frac{R}{16} = \frac{15 \cdot R}{16} \Rightarrow$$

$$\Rightarrow \lambda_0 = \frac{16}{15 \cdot R} = \frac{16}{15 \cdot 1{,}1 \cdot 10^7 \frac{1}{m}} = 9{,}7 \cdot 10^{-8}\,m$$

λ_0 ist die 3. Linie der Lyman-Serie.

b) Da einige H-Atome bis zum Energieniveau mit n = 4 angeregt werden, sind Emissionslinien folgender Übergänge zu beobachten:

$4 \rightarrow 1$

$4 \rightarrow 2$ / $2 \rightarrow 1$

$4 \rightarrow 3$ / $3 \rightarrow 2$ / $3 \rightarrow 1$

Insgesamt kann man also 6 Emissionslinien beobachten.

Zum energieärmsten Übergang $4 \rightarrow 3$ gehört die langwelligste Linie mit der Wellenlänge λ_{max}:

$$\frac{h \cdot c}{\lambda_{max}} = E_4 - E_3 = \frac{R \cdot h \cdot c}{3^2} - \frac{R \cdot h \cdot c}{4^2} \Rightarrow$$

$$\Rightarrow \frac{1}{\lambda_{max}} = \frac{R}{3^2} - \frac{R}{4^2} = \frac{16 \cdot R - 9 \cdot R}{144} = \frac{7 \cdot R}{144} \Rightarrow$$

$$\Rightarrow \lambda_{max} = \frac{144}{7 \cdot R} = \frac{144}{7 \cdot 1{,}1 \cdot 10^7 \frac{1}{m}} = 1{,}9 \cdot 10^{-6}\,m$$

c) Ein Photon in der auftreffenden Strahlung besitzt dann die Grenzwellenlänge λ_G, wenn es ein Wasserstoffatom aus dem Grundzustand in den Energiezustand mit n = 5 anregen kann.

$$\frac{h \cdot c}{\lambda_G} = E_5 - E_1 = \frac{R \cdot h \cdot c}{1^2} - \frac{R \cdot h \cdot c}{5^2} \Rightarrow$$

$$\Rightarrow \frac{1}{\lambda_G} = R - \frac{R}{25} = \frac{24 \cdot R}{25} \Rightarrow$$

$$\Rightarrow \lambda_G = \frac{25}{24 \cdot R} = \frac{25}{24 \cdot 1{,}1 \cdot 10^7 \frac{1}{m}} = 9{,}5 \cdot 10^{-8}\,m$$

Alle Photonen mit Wellenlängen λ,

$$\lambda_0 = 9{,}7 \cdot 10^{-8}\,m > \lambda > \lambda_G = 9{,}5 \cdot 10^{-8}\,m,$$

ändern die Zahl der Linien im Emissionsspektrum nicht.

68. Ionisierung und Rekombination

a) (1) Die 4. Linie der Lyman-Serie gehört zum Übergang 5 → 1. Entsprechend nebenstehender Skizze läßt sich daher E_{ion} (5) berechnen.

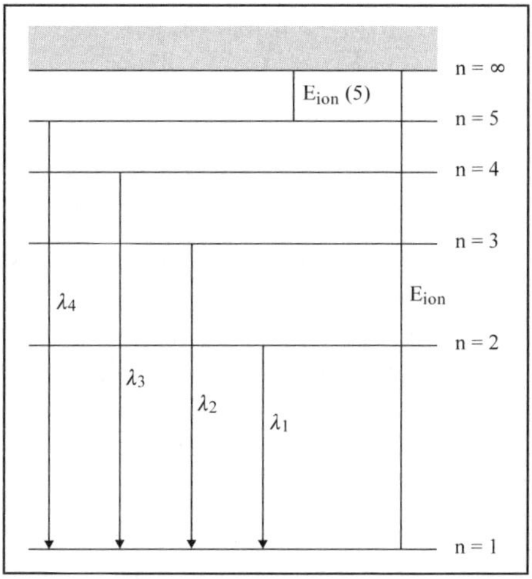

(2)
$$E_{ion}(5) = E_{ion} - E_5 =$$
$$= E_{ion} - \frac{h \cdot c}{\lambda_4} =$$
$$= 13{,}6\,eV - \frac{6{,}63 \cdot 10^{-34}\,J \cdot s \cdot 3 \cdot 10^8 \frac{m}{s}}{94{,}96 \cdot 10^{-9}\,m} =$$
$$= 13{,}6\,eV - 2{,}1 \cdot 10^{-18}\,J =$$
$$= 13{,}6\,eV - 13{,}1\,eV =$$
$$= 0{,}5\,eV$$

b) Durch den Elektroneneinfang entsteht aus dem Proton ein Wasserstoffatom, das beim Übergang von n = ∞ auf n = 1 die größtmögliche Energie E_{ion} emittiert. Es gilt daher:

$$\frac{h \cdot c}{\lambda_{min}} = E_{max} = E_{ion} + 0{,}5\ \text{eV} \Rightarrow$$

$$\Rightarrow \lambda_{min} = \frac{h \cdot c}{E_{ion} + 0{,}5\ \text{eV}} = \frac{6{,}63 \cdot 10^{-34}\ \text{J} \cdot \text{s} \cdot 3 \cdot 10^{8}\ \frac{\text{m}}{\text{s}}}{(13{,}6 + 0{,}5) \cdot 1{,}6 \cdot 10^{-19}\ \text{J}} = 8{,}8 \cdot 10^{-8}\ \text{m}$$

69. Das Bohrsche Korrespondenzprinzip

a) BOHRS Korrespondenzprinzip lautet:
Die Aussagen der Quantenphysik gehen für große Quantenzahlen in die ihnen entsprechenden (korrespondierenden) Aussagen der klassischen Physik über.

b) T_n = Umlaufszeit auf der n-ten Quantenbahn

$$T_n = \frac{2 \cdot \pi \cdot r_n}{v_n};\ r_n = \frac{\varepsilon_0 \cdot h^2 \cdot n^2}{m \cdot e^2 \cdot \pi};\ v_n = \frac{e^2}{2 \cdot \varepsilon_0 \cdot h} \cdot \frac{1}{n} \Rightarrow T_n = \frac{2 \cdot \pi \cdot \varepsilon_0 \cdot h^2 \cdot n^2 \cdot 2 \cdot \varepsilon_0 \cdot h \cdot n}{m \cdot e^2 \cdot \pi \cdot e^2}$$

$$\left.\begin{array}{l} \Rightarrow T_n = \dfrac{4 \cdot \varepsilon_0{}^2 \cdot h^3 \cdot n^3}{m \cdot e^4} \\ \text{FS. S.58/6.4}\ R = \dfrac{e^4 \cdot m}{8 \cdot \varepsilon_0{}^2 \cdot h^3 \cdot c} \end{array}\right\} \Rightarrow T_n = \frac{n^3}{2 \cdot R \cdot c} \Rightarrow f_n = \frac{1}{T_n} = \frac{2 \cdot R \cdot c}{n^3}$$

c)

$$\left.\begin{array}{ll} \text{Bohrsches Postulat:} & h \cdot f_{n+1,n} = E_{n+1} - E_n \\ \text{FS. S.58/6.3.2} & E_n = -\dfrac{R \cdot h \cdot c}{n^2} \end{array}\right\} \Rightarrow$$

$$\Rightarrow h \cdot f_{n+1,n} = -\frac{R \cdot h \cdot c}{(n+1)^2} + \frac{R \cdot h \cdot c}{n^2} \Rightarrow f_{n+1,n} = R \cdot c \cdot \left(\frac{1}{n^2} - \frac{1}{(n+1)^2}\right) =$$

$$= R \cdot c \cdot \left(\frac{(n+1)^2 - n^2}{n^2 \cdot (n+1)^2}\right) = R \cdot c \cdot \frac{2 \cdot n + 1}{n^2 \cdot (n+1)^2}$$

d) Für sehr große Quantenzahlen n gilt:

$$f_{n+1,n} \overset{c}{=} R \cdot c \cdot \frac{2 \cdot n + 1}{n^2 \cdot (n+1)^2} = R \cdot c \cdot \frac{2 + \frac{1}{n}}{n \cdot (n+1) \cdot (n+1)} \overset{\text{n sehr groß}}{\approx} R \cdot c \cdot \frac{2}{n \cdot n \cdot n} =$$

$$= \frac{2 \cdot R \cdot c}{n^3} \overset{b}{=} f_n$$

Für sehr große Werte von n gilt also $f_{n+1,n} \rightarrow f_n$, d. h. die quantenphysikalisch berechnete Strahlungsfrequenz stimmt mit der nach den Gesetzen der klassischen Physik berechneten Strahlungsfrequenz überein.

70. Mängel des Bohrschen Atommodells

Die wesentlichen Mängel des Bohrschen Atommodells sind:

(1) Die Bohrschen Postulate sind im Rahmen der klassischen Physik unverständlich und erscheinen willkürlich.

(2) Der klassische Begriff "Bahn" setzt eine genaue Kenntnis des Ortes (also $\Delta x = 0$) und eine genaue Kenntnis der Geschwindigkeit und damit des Impulses (also $\Delta p_x = 0$) zur gleichen Zeit voraus. Dies widerspricht der Heisenbergschen Unschärferelation.

(3) Die Behandlung von Mehrelektronensystemen mittels der Bohrschen Theorie führt zu Widersprüchen.

(4) Die Gestalt des Wasserstoffatoms ist im Bohrschen Modell eine Scheibe, keine Kugel.

(5) Das Bohrsche Modell kann keine Aussagen über die Intensität oder die Polarisation der vom H-Atom emittierten Strahlung machen.

(6) Das Bohrsche Modell liefert die magnetischen Eigenschaften der Atome nicht richtig.

71. Das Modell des linearen eindimensionalen Potentialtopfs

a) Ein Teilchen ist dann gebunden, wenn es sich nur innerhalb eines bestimmten Raumbereichs aufhalten kann.

b) Das Modell des linearen, eindimensionalen Potentialtopfs der Länge L mit unendlich hohen Wänden beschreibt folgenden Spezialfall eines gebundenen Teilchens:

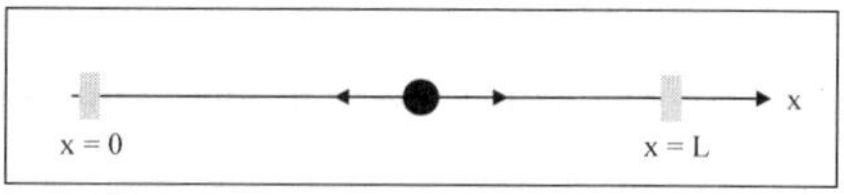

Das Teilchen kann sich nur längs einer Geraden zwischen zwei Umkehrpunkten bei $x = 0$ und $x = L$ so bewegen, daß gilt:

(1) Es hält sich nie außerhalb des Intervalls [0; L] auf, für seine x-Koordinaten gilt also stets $0 < x < L$.

(2) Zwischen den Umkehrpunkten bewegt es sich kräftefrei.

(3) Seine Stöße mit den Umkehrpunkten sind vollelastisch.

c) Die in b genannten Bedingungen sind erfüllt, wenn für die potentielle Energie E_{pot} des Teilchens gilt:

(1) Zwischen den Wänden ist E_{pot} konstant (üblicherweise setzt man $E_{pot} = 0$).

(2) An den Umkehrpunkten nimmt E_{pot} sprunghaft unendlich große Werte an.

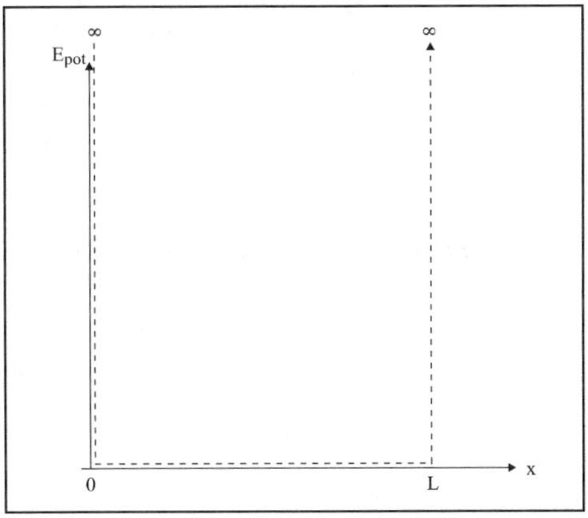

72. Aussagen der klassischen Physik und der Quantenphysik über ein Teilchen im Potentialtopf

a) *Klassische Physik:*

- elektrisch neutrales Teilchen (z. B. Neutron): Das Teilchen kann jede beliebige Bewegungsenergie besitzen. Es pendelt mit unverändertem Geschwindigkeitsbetrag zwischen den Wänden hin und her. Zwischen den Wänden bewegt es sich geradlinig gleichförmig. Die Wahrscheinlichkeit, das Teilchen in einem Ortsintervall Δx anzutreffen ist für alle x, $0 < x < L$ gleich groß.
- elektrisch geladenes Teilchen (z. B. Elektron): Das Teilchen kann zunächst jede beliebige Bewegungsenergie besitzen. Da ein Stoß des Teilchens gegen die Wand aber mit positiven und negativen Beschleunigungen verbunden ist, führen die Stöße zur Emission einer elektromagnetischen Strahlung. (Beschleunigte Ladungen strahlen in der klassischen Physik elektromagnetische Energie ab.) Das geladene Teilchen verliert daher seine Bewegungsenergie durch Strahlung und kommt zur Ruhe.

b) Quantenmechanik: Die dem geladenen oder ungeladenen Teilchen zugeordnete Materiewelle kann zwischen den Wänden nur dann existieren, wenn sich eine stehende Welle ausbildet. Andernfalls würde sie sich durch Interferenz selbst auslöschen. Die Folgen stehender Materiewellen sind:

- Die Bewegungsenergie des Teilchens kann nie Null sein.
- Die Bewegungsenergie des Teilchens ist quantisiert. Es kann also Energie nur in bestimmten Portionen aufnehmen oder abgeben.
- Es gibt nur eine diskrete Menge sogenannter stationärer Zustände, in denen auch ein elektrisch geladenes Teilchen nicht strahlt.

73. Energiequantelung im Potentialtopf

a) Für die nicht relativistische kinetische Energie E_{kin} eines Teilchens der Masse m und der Materiewellenlänge λ gilt:

$$\left.\begin{array}{l} E_{kin} = \frac{1}{2} \cdot m \cdot v^2 = \frac{m^2 \cdot v^2}{2 \cdot m} = \frac{p^2}{2 \cdot m} \\ \text{FS. S.55/4.1.2} \quad \lambda = \frac{h}{m \cdot v} = \frac{h}{p} \Rightarrow p = \frac{h}{\lambda} \end{array}\right\} \Rightarrow E_{kin} = \frac{h^2}{2 \cdot m \cdot \lambda^2}$$

Die dem Teilchen zugeordnete Materiewelle ist eine stehende Welle mit Knoten an den Wänden. Für die Wellenlänge gilt daher:

$$n \cdot \frac{\lambda_n}{2} = L \Rightarrow \lambda_n = \frac{2 \cdot L}{n} \text{ mit } n \in \mathbb{N}.$$

Die Quantelung $\lambda_n = \frac{2 \cdot L}{n}$ der Materiewellenlängen ist also wegen der Beziehung $E_{kin} = \frac{h^2}{2 \cdot m \cdot \lambda_n^2}$ die Ursache für die Quantelung der kinetischen Energie.

$$\text{Berechnung von } E_{kin,n}\text{:} \left.\begin{array}{l} E_{kin} = \frac{h^2}{2 \cdot m \cdot \lambda_n^2} \\ \lambda_n = \frac{2 \cdot L}{n} \quad n \in \mathbb{N} \end{array}\right\} \Rightarrow$$

$$\Rightarrow E_{kin,n} = \frac{h^2 \cdot n^2}{2 \cdot m \cdot 4 \cdot L^2} = \frac{h^2}{8 \cdot m \cdot L^2} \cdot n^2$$

b)

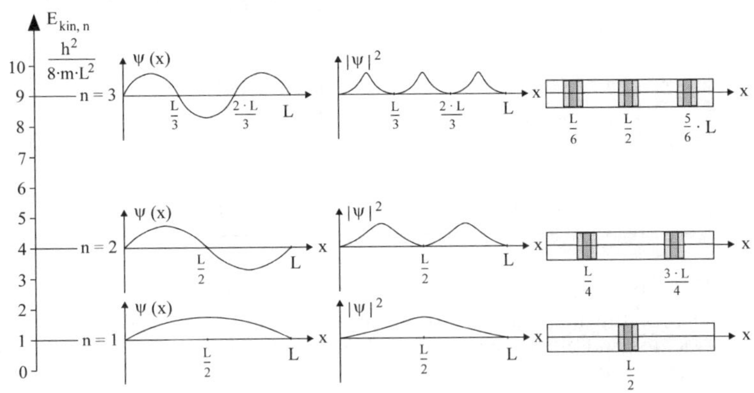

Energieniveaus

Wellenfunktion

Wahrscheinlichkeitsdichte $|\Psi(x)|^2$
Die vom Graphen und der x-Achse eingeschlossene Fläche hat jeweils Betrag 1.

Veranschaulichung der Wahrscheinlichkeitsdichte: Je dichter die Punkte in einem Intervall $[x, x + \Delta x]$ liegen, desto größer ist die Wahrscheinlichkeit, das Teilchen in diesem Intervall "anzutreffen".

c) $h \cdot f = E_{n_2} - E_{n_1} = \frac{h^2}{8 \cdot m \cdot L^2} \cdot n_2{}^2 - \frac{h^2}{8 \cdot m \cdot L^2} \cdot n_1{}^2 = \frac{h^2}{8 \cdot m \cdot L^2} \cdot (n_2{}^2 - n_1{}^2)$

$\Rightarrow f_{n_2, n_1} = \frac{h}{8 \cdot m \cdot L^2} \cdot (n_2{}^2 - n_1{}^2), \quad n_2, n_1 \in \mathbb{N}$

74. Bohrsches Korrespondenzprinzip und Potentialtopf

Nach der klassischen Physik bewegt sich ein elektrisch neutrales Teilchen zwischen den starren Wänden geradlinig gleichförmig, stets mit dem gleichen Geschwindigkeitsbetrag. Die Aufenthaltswahrscheinlichkeit des Teilchens ist somit nach der klassischen Physik für jedes Intervall $[x, x + \Delta x]$ innerhalb des Potentialtopfs gleich groß.

Je größer die Quantenzahl n ist, desto mehr Knoten und Bäuche besitzt die Wellenfunktion $\psi(x)$ und desto gleichmäßiger sind die Maxima der Aufenthaltswahrscheinlichkeitsdichte $|\psi(x)|^2$ über das Intervall $[0, L]$ verteilt. Für extrem hohe Quantenzahlen ist das Teilchen demnach in jedem Intervall $[x, x + \Delta x]$ innerhalb des Potentialtopfs gleich häufig anzutreffen.

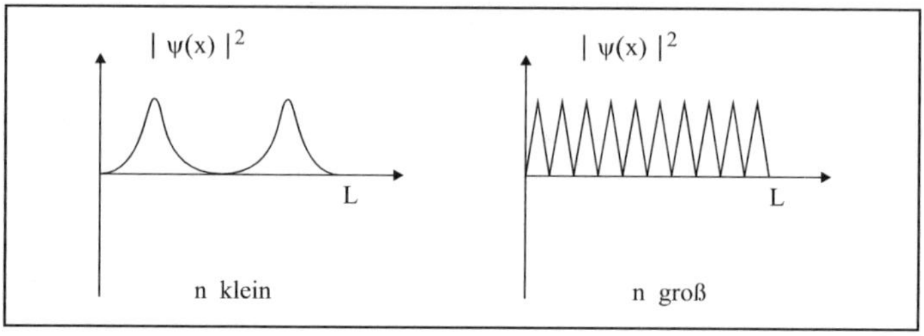

Hinweis:

Obiges Ergebnis steht im Einklang mit dem Bohrschen Korrespondenzprinzip. Nachfolgend ein weiteres Beispiel für die Gültigkeit dieses Prinzips am linearen Potentialtopf:

Für die Geschwindigkeit v des Teilchens im Topf gilt:

$$v = \frac{p}{m} = \frac{h}{m \cdot \lambda}; \quad \lambda = \frac{2 \cdot L}{n} \Rightarrow v = \frac{h \cdot n}{2 \cdot m \cdot L}$$

Für den Weg s = 2 · L braucht es die Zeit $T = \frac{s}{v} = \frac{2 \cdot L \cdot 2 \cdot m \cdot L}{h \cdot n} = \frac{4 \cdot m \cdot L^2}{h \cdot n}$.

Die Frequenz f_K der Pendelbewegung des Teilchens und damit die Frequenz der nach der klassischen Physik emittierten elektromagnetischen Strahlung beträgt:

$$f_K = \frac{1}{T} = \frac{h \cdot n}{4 \cdot m \cdot L^2}$$

Quantenmechanisch ergibt sich die Frequenz f_Q der bei einem Quantensprung von E_{n+1} auf E_n emittierten elektromagnetischen Strahlung zu:

$$\begin{aligned} h \cdot f_Q = E_{n+1} - E_n &= \frac{h^2}{8 \cdot m \cdot L^2} \cdot (n+1)^2 - \frac{h^2}{8 \cdot m \cdot L^2} \cdot n^2 = \\ &= \frac{h^2}{8 \cdot m \cdot L^2} \cdot \left((n+1)^2 - n^2\right) = \\ &= \frac{h^2}{8 \cdot m \cdot L^2} \cdot (2 \cdot n + 1) \end{aligned}$$

$$\Rightarrow f_Q = \frac{h}{8 \cdot m \cdot L^2} \cdot (2 \cdot n + 1)$$

Bei sehr großem n gilt; 2n + 1 ≈ 2n und somit $f_Q = \frac{h \cdot n}{4 \cdot m \cdot L^2}$

Für sehr große Quantenzahlen stimmt also die 'quantenmechanische Frequenz' f_Q mit der klassischen Frequenz f_K überein.

75. Der Potentialtopf als Modell für Atomhülle und Atomkern

a) Im Atom befindet sich ein Elektron in einem gebundenen Zustand. Sein Aufenthaltsbereich ist begrenzt, es wird durch das elektrische Coulombfeld des Atomkerns "eingesperrt".

Auch ein Nukleon (Proton oder Neutron) im Atomkern ist gebunden. Sein Aufenthaltsbereich wird durch die Kernkräfte begrenzt.
Im Modell des eindimensionalen, linearen Potentialtopfs wird dieser Begrenzung des Aufenthaltsbereichs eines Teilchens der Masse m Rechnung getragen.
Der Verlauf der potentiellen Energie ist in diesem Modell jedoch sehr stark vereinfacht; außerdem berücksichtigt es nicht, daß die Atomhülle bzw. der Atomkern dreidimensionale Gebilde sind.
Daher können mit diesem Modell gefundene numerische Werte höchstens größenordnungsmäßig mit experimentell gefundenen Werten übereinstimmen.

b) *Atomhülle:*
L = Atomdurchmesser ≈ 10^{-10} m
m = Ruhemasse des Elektrons = 9,1 · 10^{-31} kg

Das Elektron besitzt dann nach dem Modell des linearen eindimensionalen Potentialtopfs mindestens die Energie:

$$E_1 = \frac{h^2}{8 \cdot m \cdot L^2} \approx \frac{(6{,}63 \cdot 10^{-34}\,\text{J} \cdot \text{s})^2}{8 \cdot 9{,}1 \cdot 10^{-31}\,\text{kg} \cdot (10^{-10}\,\text{m})^2} = 6{,}0 \cdot 10^{-18}\,\text{J} = 37{,}7\ \text{eV}$$

Größenordnung: einige 10 eV

Atomkern:
L = Kerndurchmesser ≈ 10^{-14} m
m = Ruhemasse des Nukleons = 1,7 · 10^{-27} kg

Das Nukleon besitzt dann nach dem Modell des linearen eindimensionalen Potentialtopfs mindestens die Energie:

$$E_1 = \frac{h^2}{8 \cdot m \cdot L^2} \approx \frac{(6{,}63 \cdot 10^{-34}\,\text{J} \cdot \text{s})^2}{8 \cdot 1{,}7 \cdot 10^{-27}\,\text{kg} \cdot (10^{-14}\,\text{m})^2} = 3{,}2 \cdot 10^{-13}\,\text{J} = 2 \cdot 10^{6}\ \text{eV}$$

Größenordnung: einige MeV

Vergleich: Energieumsetzungen im Atomkern sind um den Faktor 100 000 größer als Energieumsetzungen in der Atomhülle.

Hinweise:

1. Beachten Sie, daß ein Teilchen im linearen, eindimensionalen Potential als niedrigste Energie nur den Wert $E_1 = \frac{h^2}{8 \cdot m \cdot L^2} \neq 0$ annehmen kann. Diesen kleinstmöglichen Energiewert bezeichnet man als Nullpunktsenergie des Teilchens.

2. Der Quotient der Nullpunktsenergien eines Elektrons in der Atomhülle bzw. eines Nukleons im Atomkern hat nach Aufgabe 75 b größenordnungsmäßig den Wert 100 000. Beachten Sie, daß dieser Wert mit Hilfe der Heisenbergschen Unschärferelation bereits in Aufgabe 27 gefunden wurde!

76. Orbitalmodell

Das an den Atomkern durch elektrostatische Kräfte gebundene Elektron durchläuft quantenmechanisch gesehen, im Gegensatz zur Bohrschen Theorie, keine Bahnen. Wie bei allen gebundenen Teilchen, ist die dem Elektron zugeordnete Materiewelle – ähnlich wie beim Teilchen im linearen, eindimensionalen Potentialtopf – eine stehende Welle, deren Amplitudenquadrat einen räumlichen Bereich in der Atomhülle festlegt, in dem das Elektron mit positiver Wahrscheinlichkeitsdichte anzutreffen ist. Diese Bereiche der Atomhülle, auf die sich die Aufenthaltswahrscheinlichkeit für das Elektron konzentriert, heißen Orbitale.

Hinweis:

Je größer im linearen Potentialtopf die Anzahl der Knoten der Wellenfunktion ist, desto kürzer ist die Wellenlänge und desto größer ist die kinetische Energie des Teilchens. Diese Aussage gilt sinngemäß auch für die dreidimensionalen Orbitale. Je mehr Knotenflächen ein Orbital aufweist, um so kleiner wird die zugehörige de-Broglie-Wellenlänge und um so größer ist die Energie des Elektrons in dem durch das Orbital festgelegten stationären Zustand.

77. Rückschlüsse auf den Schalenaufbau der Atomhülle

a) Auf der K-Schale eines Atoms können nach dem Pauliprinzip maximal 2 Elektronen Platz finden, auf der L-Schale maximal 8, auf der M-Schale maximal 18. Somit sind von den 10 Elektronen des Neons die K- und die L-Schale voll besetzt, das letzte der 11 Elektronen des Natriums findet also nur noch auf der M-Schale Platz. Dies erklärt das sprunghafte Anwachsen des Atomvolumens von Neon auf Natrium. Alle in der gegebenen Reihe dem Natrium folgenden Elemente können weitere Elektronen in die M-Schale einfüllen; mit der Auffüllung einer neuen Schale braucht nicht begonnen zu werden. Weitere sprunghafte Veränderungen des Atomvolumens sind daher in der Reihe nicht mehr zu erwarten. Infolge der wachsenden Kernladungszahl, werden die Elektronen aber stärker zum Kern gezogen, der Atomradius wird kleiner.

b) Von Neon auf Natrium fällt die Ionisationsenergie sprunghaft ab, um dann bis Ar wieder größere Werte anzunehmen.
Begründung: Da die Anziehungskraft des Kerns auf die Elektronen mit wachsendem Abstand der Elektronen vom Kern abnimmt, ist die Ionisationsenergie eines Atoms um so kleiner je größer der Atomradius ist.
Die Aussage über die Ionisationsenergien ergibt sich hiernach unmittelbar aus den Feststellungen über das Atomvolumen und damit den Atomradius aus Teilaufgabe a.

Hinweis:
Die Besetzungszahlen für die einzelnen Schalen eines beliebigen Atoms finden Sie in der Formelsammlung auf Seite 86 im Periodensystem der Elemente rot ausgedruckt.

78. Die Röntgenröhre und ihr Emissionsspektrum

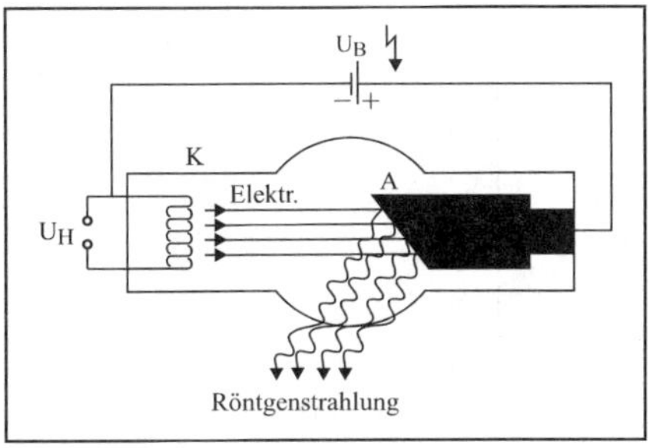

a) In einem gut evakuierten Hartglaszylinder sind eine Glühkathode K und eine massive Anode A (auch Antikathode genannt) eingeschmolzen. Die durch Glühemission bei K freigesetzten Elektronen werden durch die Hochspannung U_B (je nach Art der Röhre von 10 kV bis über 1 MV) beschleunigt.
Die Röntgenstrahlen entstehen beim Aufprall der Elektronen auf die Anode.

b)

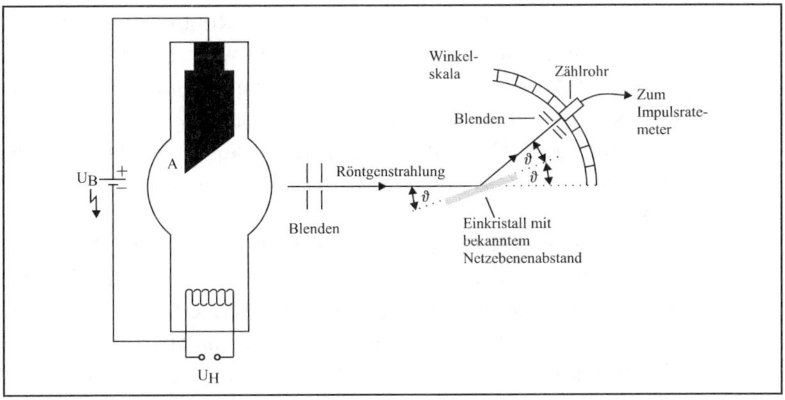

Ein Röntgenstrahl definierter Richtung wird an einem Einkristall 'bragg-reflektiert'. Die Intensität I der braggreflektierten Strahlung wird in Abhängigkeit vom Winkel ϑ mittels Zählrohr und Impulseratemeter bestimmt. Über die Bragg-Beziehung für Interferenzen 1. Ordnung $2d \cdot \sin\vartheta = \lambda$ kann aus dem bekannten Netzebenenabstand d und dem gemessenen Winkel ϑ die Wellenlänge λ der ins Zählrohr gelangten Röntgenstrahlung berechnet werden. Trägt man I gegen λ in einem rechtwinkeligen Koordinatensystem an, so erhält man das Röntgenemissionsspektrum.

c)

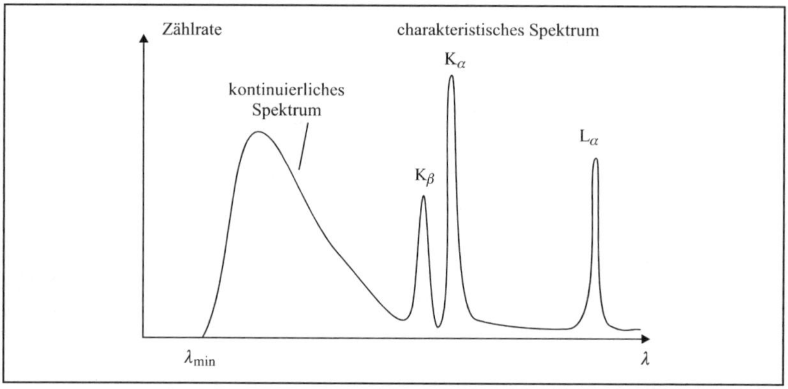

Das Emissionsspektrum einer Röntgenröhre besteht im allgemeinen aus einem kontinuierlichen Spektrum und dem charakteristischen Spektrum. Das kontinuierliche Spektrum entsteht bei der Abbremsung der Elektronen beim Aufprall auf die Antikathode. Dabei setzt sich der Verlust an kinetischer Energie der Elektronen in Röntgenquanten um. Da ein großer Teil der abgebremsten Elektronen seine Energie in mehreren, statistisch willkürlichen Bremsprozessen abgibt, ist das Röntgenbremsspektrum kontinuierlich. Die kurzwellige Grenze λ_{min} des kontinuierlichen Spektrums entsteht dann, wenn die gesamte kinetische Energie eines Elektrons in einem einzigen Bremsprozeß in Strahlungsenergie umgewandelt wird.

Das charakteristische Spektrum entsteht dadurch, daß die beschleunigten Glühelektronen aus inneren Schalen der Anodenatome Elektronen herausschlagen, oder auf höhere, noch unbesetzte Schalen, heben. Die so in der inneren Schale des Anodenatoms entstandene Lücke wird durch ein Elektron aus einer höheren Schale des gleichen Atoms aufgefüllt. Da das

Elektron auf der höheren Schale wesentlich mehr Energie besitzt als auf der inneren, wird der Energieunterschied in Form eines **Röntgen**quants abgestrahlt.

Zur K- bzw. L-Serie gehören alle Linien, die entstehen, wenn ein Elektron aus einer höheren Schale, z. B. L, M, N-Schale bzw. M, N, O-Schale, in eine Lücke der K-Schale bzw. L-Schale 'springt'.

Die $\begin{matrix}K_\alpha\\K_\beta\\L_\alpha\end{matrix}$-Linie entsteht, wenn ein Loch in der $\begin{matrix}K\\K\\L\end{matrix}$-Schale durch ein Elektron aus der $\begin{matrix}L\\M\\M\end{matrix}$-Schale aufgefüllt wird.

d) Da nur ca. 1 ‰ bis 1 % der kinetischen Energie der Glühelektronen in Röntgenstrahlung, der Rest aber durch strahlungslose Prozesse in Wärme verwandelt wird, wird die Anode erhitzt und muß gekühlt werden.

79. Details des Röntgenemissionsspektrums

a) Kupfer hat eine voll besetzte K-, L- und M-Schale und eine teilweise besetzte N-Schale. Daher sind, entsprechende Lücken vorausgesetzt, die nebenstehend gezeichneten Übergänge möglich. Man kann also die K-Serie mit 3 Linien, die L-Serie mit 2 Linien und 1 Linie der M-Serie erwarten.

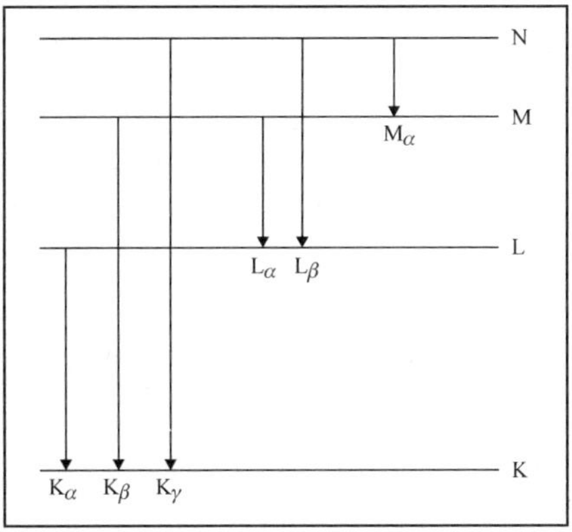

b) Zunächst tritt die Linie der M-Serie, dann treten die Linien der L- und der K-Serie auf. Für die Ionisation aus der M-Schale wird nämlich weniger Energie benötigt als für die Ionisation aus der L- oder gar der K-Schale.

c) Voraussetzung für das Auftreten von Linien z. B. der K-Serie ist eine Lücke in der K-Schale des Atoms. Reicht die Betriebsspannung der Röntgenröhre zur Erzeugung einer Lücke in der K-Schale aus, so kann diese, wenn auch mit unterschiedlichen Wahrscheinlichkeiten von einem Elektron aus einer beliebigen, höheren, besetzten Schale aufgefüllt werden. D. h. bei Erreichen der zur Erzeugung von Lücken in einer Schale nötigen Energie sind prinzipiell wenn auch mit unterschiedlichen Intensitäten alle Linien der zugehörigen Serie beobachtbar.

d) Je größer der Abstand einer besetzten Schale von der K-Schale ist, desto unwahrscheinlicher füllt ein Elektron aus dieser Schale eine Lücke in der K-Schale auf. Da die Intensität einer Linie aber durch die Anzahl der zu dieser Linie gehörenden Übergänge in den Atomen der Antikathode bestimmt wird, nimmt die Intensität der Linien der K-Serie von der K_α-Linie über die K_β-Linie zur K_γ-Linie hin ab.

e) Bei sinkender Betriebsspannung U_B wird die kurzwellige Grenze λ_{min} des kontinuierlichen Spektrums zu größeren Wellenlängen hin verschoben, die Intensitätsmaxima des charakteristischen Spektrums dagegen behalten ihre Lage unverändert bei. Die Intensitäten werden insgesamt kleiner.
Wird U_B so klein, daß eine Ionisation der Anodenatome aus der K-Schale nicht mehr möglich ist, so verschwinden alle Linien der K-Serie des charakteristischen Spektrums. Man beobachtet dann nur noch das kontinuierliche Spektrum und vom charakteristischen Spektrum nur noch die Linien der L- und M-Serie. Bei weiter sinkender Betriebsspannung verschwinden dann auch diese charakteristischen Linien.

Hinweis:
Wiederholen Sie in Aufgabe 173, Band 1, Titel-Nr. 94321, den Zusammenhang zwischen der Betriebsspannung der Röntgenröhre und der Wellenlänge der kurzwelligen Grenze des kontinuierlichen Röntgenspektrums! (Umkehrung des lichtelektrischen Effekts!)

80. Moseley-Gesetz

a) Moseley fand folgenden Zusammenhang zwischen der Kernladungszahl Z eines Atoms und der Wellenlänge der von ihm emittierten K_α-Linie:

$$\frac{1}{\lambda_{K_\alpha}} = \frac{3}{4} \cdot R \cdot (Z-1)^2$$

R bezeichnet die Rydbergkonstante.

b) Moseley: $\frac{1}{\lambda_{K_\alpha}} = \frac{3}{4} \cdot R \cdot (Z_{Zr} - 1)^2$

FS. S.88 $Z_{Zr} = 40$

$$\Rightarrow \frac{1}{\lambda_{K_\alpha}} = \frac{3}{4} \cdot 1{,}1 \cdot 10^7 \frac{1}{m} \cdot (40-1)^2 = 1{,}3 \cdot 10^{10} \frac{1}{m}$$

$$\Rightarrow \lambda_{K_\alpha} = 7{,}97 \cdot 10^{-11} \text{m}$$

c) Moseley: $\frac{1}{\lambda_{K_\alpha}} = \frac{3}{4} \cdot R \cdot (Z-1)^2 \Rightarrow$

$$\Rightarrow Z = \sqrt{\frac{4}{3 \cdot R \cdot \lambda_{K_\alpha}}} + 1 = \sqrt{\frac{4}{3 \cdot 1{,}1 \cdot 10^7 \frac{1}{m} \cdot 72{,}1 \cdot 10^{-12} m}} + 1 = 42$$

FS. S. 86

$\Rightarrow$ Die Antikathode besteht aus Molybdän.

Hinweise:

1. Moseleys Gesetz läßt sich in allgemeinerer Form im Rahmen des Bohrschen Atommodells auch theoretisch herleiten.
   Nach der Bohrschen Theorie gilt für das Spektrum eines (Z – 1)-fach ionisierten Atoms der Kernladungszahl Z, also eines Atoms, das alle seine Elektronen bis auf ein einziges verloren hat, die Serienformel:

   $$\frac{1}{\lambda} = R \cdot Z^2 \cdot \left(\frac{1}{n^2} - \frac{1}{m^2}\right); \quad n = 1, 2, 3, \ldots; \quad m = n+1, n+2, \ldots$$

   Für ein äußeres Elektron eines 'vollständigen' Atoms wird ein Teil der Kernladungen von den Elektronen tiefer liegender Schalen abgeschirmt. Das äußere Elektron "sieht" statt Z nur noch $(Z - \sigma)$ Protonen. Vernachlässigt man die Wechselwirkung des äußeren Elektrons mit den anderen Elektronen, so kann man das äußere Elektron wie das letzte Elektron eines (Z – 1)fach ionisierten Atoms mit der Kernladungszahl $Z - \sigma$ behandeln. Für die Wellenlänge der Röntgenstrahlung gilt somit nach der angegebenen Serienformel

   $$\frac{1}{\lambda} = R \cdot (Z - \sigma)^2 \cdot \left(\frac{1}{n^2} - \frac{1}{m^2}\right) \quad n = 1, 2, 3, \ldots \quad m = n+1, n+2, n+3, \ldots$$

   σ hängt von der Art der Spektrallinien, also ob K_α-Linie oder L_α-Linie, ... ab.

   Experimentell findet man

   $\sigma_{K\alpha} = 1$; $\sigma_{K\beta} = 1{,}8$; $\sigma_{L\alpha} = 7{,}4$; ...

   und erhält damit folgende "Moseley-Gesetze" für die K_α-, K_β-, L_α-Linien:

   $$\frac{1}{\lambda_{K_\alpha}} = R \cdot (Z-1)^2 \cdot \left(\frac{1}{1^2} - \frac{1}{2^2}\right) = \frac{3}{4} \cdot R \cdot (Z-1)^2$$

   $$\frac{1}{\lambda_{K_\beta}} = R \cdot (Z-1{,}8)^2 \cdot \left(\frac{1}{1^2} - \frac{1}{3^2}\right) = \frac{8}{9} \cdot R \cdot (Z-1{,}8)^2$$

   $$\frac{1}{\lambda_{L_\alpha}} = R \cdot (Z-7{,}4)^2 \cdot \left(\frac{1}{2^2} - \frac{1}{3^2}\right) = \frac{5}{36} \cdot R \cdot (Z-7{,}4)^2$$

   In der Formelsammlung ist nur das erste auf S. 58 abgedruckt.

2. Die große Bedeutung des Moseley-Gesetzes besteht darin, daß es die Bestimmung der Kernladungszahlen der chemischen Elemente durch die relativ einfache Messung der Wellenlänge ihrer K_α-Linien gestattet.

81. Materialidentifizierung

a) Für das charakteristische Röntgenemissionsspektrum sind nur die inneren Schalen eines Atoms maßgebend, während an der chemischen Bindung nur die Elektronen der äußersten Schale beteiligt sind.
Dagegen bestimmen nur die Energieverhältnisse in den äußersten Schalen das optische Emissionsspektrum. Durch die chemische Bindung werden aber tiefgreifende Veränderungen in den Energieverhältnissen der äußersten Schalen und somit im optischen Emissionsspektrum hervorgerufen.

b) Veranlaßt man eine unbekannte Substanz durch Elektronenbeschuß zur Emission von Röntgenstrahlung und mißt die Wellenlängen der K_α-Linien, so läßt sich über das Moseley-Gesetz errechnen, welche Elemente die Substanz enthält.

82. Viele Fragen in einer Aufgabe

a) Moseley-Gesetz FS. S. 58 / 6.5:

$$\frac{1}{\lambda_{K_\alpha}} = \frac{3}{4} \cdot R \cdot (Z-1)^2 \Rightarrow Z = \sqrt{\frac{4}{3 \cdot \lambda_{K_\alpha} \cdot R}} + 1 \Rightarrow$$

$$\Rightarrow Z = \sqrt{\frac{4}{3 \cdot 1{,}54 \cdot 10^{-10}\,\mathrm{m} \cdot 1{,}1 \cdot 10^{7}\,\frac{1}{\mathrm{m}}}} + 1 = 29{,}05 \approx 29$$

Die Antikathode besteht aus Kupfer.

b) Zur Ionisation aus der K-Schale ist die Energie $E_K = E_{K\alpha} + E_L$ nötig.

$$E_K = \frac{h \cdot c}{\lambda_{K_\alpha}} + E_L \Rightarrow E_K = \frac{6{,}63 \cdot 10^{-34}\,\mathrm{J \cdot s} \cdot 3 \cdot 10^{8}\,\frac{\mathrm{m}}{\mathrm{s}}}{1{,}54 \cdot 10^{-10}\,\mathrm{m}} + 0{,}936\ \mathrm{keV} =$$

$$= 8{,}072\ \mathrm{keV} + 0{,}936\ \mathrm{keV} = 9{,}01\ \mathrm{keV}$$

Die Betriebsspannung der Röhre muß mindestens 9,01 kV betragen.

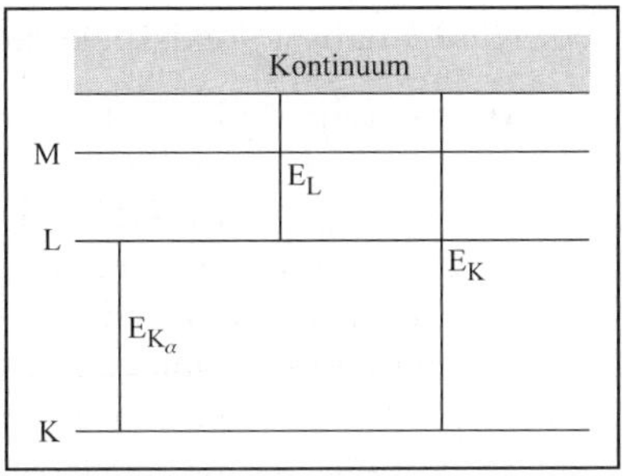

c) $\frac{h \cdot c}{\lambda_{min}} = e \cdot U \Rightarrow \lambda_{min} = \frac{h \cdot c}{e \cdot U} = \frac{6{,}63 \cdot 10^{-34}\,J \cdot s \cdot 3 \cdot 10^{8}\,\frac{m}{s}}{1{,}6 \cdot 10^{-19}\,A \cdot s \cdot 9{,}01 \cdot 10^{3}\,V} = 1{,}38 \cdot 10^{-10}\,m$

d) Nach nebenstehender Skizze gilt:

$$\frac{h \cdot c}{\lambda_{L_\alpha}} = \frac{h \cdot c}{\lambda_{K_\beta}} - \frac{h \cdot c}{\lambda_{K_\alpha}} \Rightarrow$$

$$\frac{1}{\lambda_{L_\alpha}} = \frac{1}{\lambda_{K_\beta}} - \frac{1}{\lambda_{K_\alpha}} = \frac{f_{K_\beta}}{c} - \frac{1}{\lambda_{K_\alpha}} \Rightarrow$$

$$\frac{1}{\lambda_{L_\alpha}} = \frac{2{,}16 \cdot 10^{18}\,\frac{1}{s}}{3 \cdot 10^{8}\,\frac{m}{s}} - \frac{1}{1{,}54 \cdot 10^{-10}\,m} =$$

$$= 7{,}06 \cdot 10^{8}\,\frac{1}{m}$$

$$\Rightarrow \lambda_{L_\alpha} = 1{,}42 \cdot 10^{-9}\,m.$$

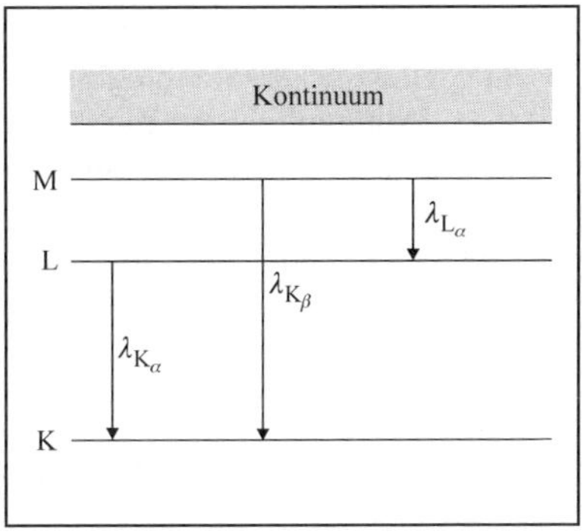

e) Nach nebenstehender Skizze gilt:

$$E_M = E_L - E_{L_\alpha} = E_L - \frac{h \cdot c}{\lambda_{L_\alpha}} =$$

$$= 0{,}936\,keV - \frac{6{,}63 \cdot 10^{-34}\,J \cdot s \cdot 3 \cdot 10^{8}\,\frac{m}{s}}{1{,}42 \cdot 10^{-9}\,m} =$$

$$= 0{,}936\,keV - 0{,}875\,keV = 61\,eV$$

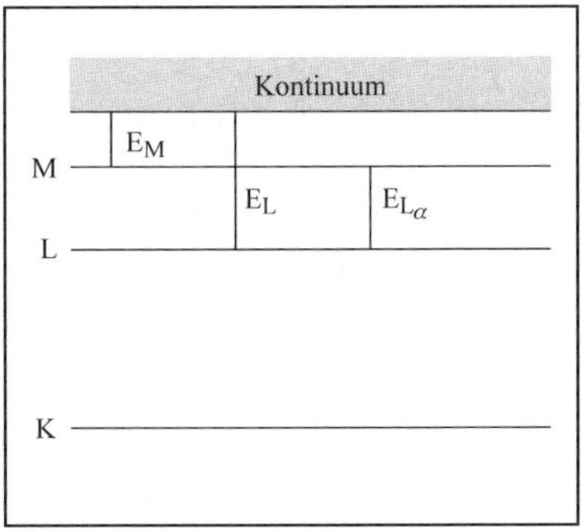

83. Röntgenabsorptionsspektrum

a) Die dargestellte Schwächung von Röntgenstrahlen kommt dadurch zustande, daß ein Elektron aus einer inneren Schale auf eine unbesetzte Schale gehoben oder völlig abionisiert wird. Da der Energieunterschied zwischen unbesetzten Schalen und der Ionisationsgrenze sehr gering ist, kann man davon ausgehen, daß ein Röntgenquant mindestens die zur Ionisation aus inneren Schalen nötige Energie besitzen muß, um absorbiert werden zu können. Es kann jedoch auch beliebig größere Energien besitzen, da der Überschuß an das abionisierte Elektron als kinetische Energie übergeben werden kann.
Das Röntgenabsorptionsspektrum ist also deswegen kein Linienspektrum, weil **alle** Röntgenphotonen genügend hoher Energie, also genügend kleiner Wellenlänge absorbiert werden können.

b) Überschreitet die Wellenlänge der Röntgenstrahlung in Richtung zunehmender Wellenlängen die Grenze λ_1 (λ_2), so reicht die Energie der Röntgenquanten nicht mehr zur Ionisation aus der K-Schale (L-Schale) eines Folienatoms aus, sie werden also nicht mehr absorbiert.

c) Nach nebenstehender Skizze gilt:
$E_{K\alpha} < E_K$:

$$E_{K\alpha} < E_K \Rightarrow \frac{h \cdot c}{\lambda_{K_\alpha}} < \frac{h \cdot c}{\lambda_1} \Rightarrow \lambda_{K_\alpha} > \lambda_1$$

$\lambda_{K\alpha}$ liegt also rechts von λ_1

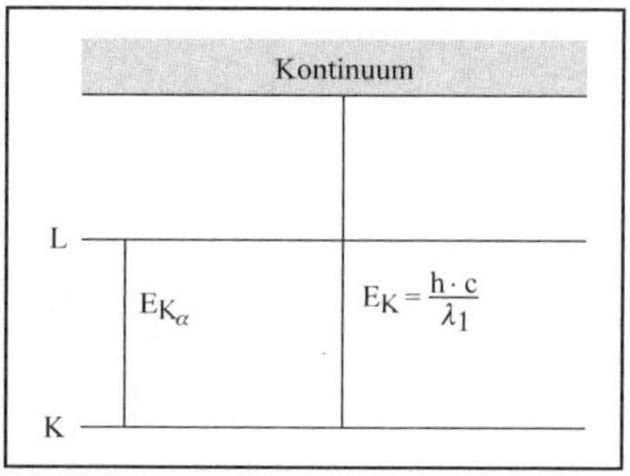

d) Nach nebenstehender Skizze gilt:
$E_{K\alpha} = E_K - E_L \Rightarrow$

$$\Rightarrow \frac{h \cdot c}{\lambda_{K_\alpha}} = \frac{h \cdot c}{\lambda_1} - \frac{h \cdot c}{\lambda_2} \Rightarrow$$

$$\Rightarrow \frac{1}{\lambda_{K_\alpha}} = \frac{1}{\lambda_1} - \frac{1}{\lambda_2}$$

$$\Rightarrow \frac{1}{\lambda_{K_\alpha}} = \frac{1}{0{,}485 \cdot 10^{-10}\,\text{m}} - \frac{1}{3{,}24 \cdot 10^{-10}\,\text{m}} = 1{,}75 \cdot 10^{10}\,\frac{1}{\text{m}}$$

$$\Rightarrow \lambda_{K_\alpha} = 5{,}70 \cdot 10^{-11}\,\text{m}$$

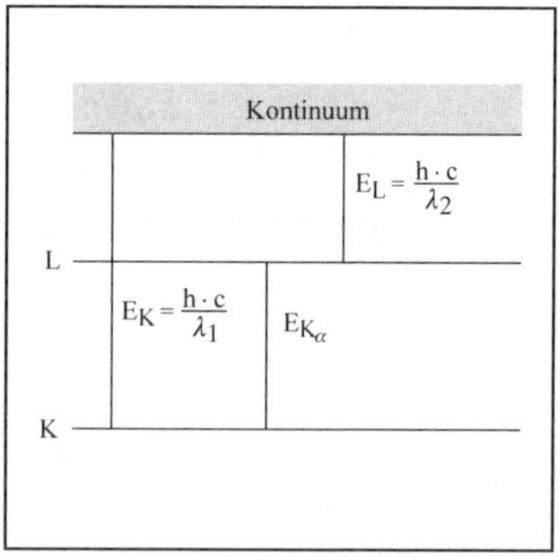

Identifizierung des Folienmaterials mittels des Moseley-Gesetzes:

$$\frac{1}{\lambda_{K_\alpha}} = (Z-1)^2 \cdot R \cdot \tfrac{3}{4} \Rightarrow Z = \sqrt{\frac{4}{3 \cdot R \cdot \lambda_{K_\alpha}}} + 1 =$$

$$= \sqrt{\frac{4}{3 \cdot 1{,}1 \cdot 10^7 \frac{1}{m} \cdot 5{,}70 \cdot 10^{-11}\,m}} + 1 = 47{,}1 \approx 47$$

Die Folie ist aus Silber.

Hinweis:
Die im Absorptionsspektrum bei λ_1 bzw. λ_2 auftretenden Absorptionskanten werden auch K- bzw. L-Kante genannt.

84. Formel für den Kernradius

a) $r_K = r_0 \cdot \sqrt[3]{A}$, wobei $r_0 = 1{,}4 \cdot 10^{-15}\,m$.

b) Nimmt man die Atomkerne als Kugeln vom Radius r_K an, so gilt für ihr Volumen V_K:

$$V_K = \tfrac{4}{3} \cdot \pi \cdot r_K^3 \overset{a)}{=} \tfrac{4}{3} \cdot \pi \cdot \left(r_0 \cdot \sqrt[3]{A}\right)^3 = \tfrac{4}{3} \cdot \pi \cdot r_0^3 \cdot A = \text{const.} \cdot A$$

$$\Rightarrow \quad V_K \sim A$$

c) Unter der Voraussetzung $m_{Proton} \approx m_{Neutron} := m_N = 1{,}67 \cdot 10^{-27}$ kg gilt:

$$\left.\begin{aligned} \rho_K &= \tfrac{m}{V} \\ m &= A \cdot m_N \\ V &= \tfrac{4}{3} \cdot \pi \cdot r_K^3 \end{aligned}\right\} \Rightarrow \rho_K = \frac{A \cdot m_N}{\frac{4}{3} \cdot \pi \cdot r_K^3} \overset{a)}{=} \frac{A \cdot m_N}{\frac{4}{3} \cdot \pi \cdot r_0^3 \cdot A} = \frac{3 \cdot m_N}{4 \cdot \pi \cdot r_0^3} \Rightarrow$$

$$\Rightarrow \quad \rho_K = \frac{3 \cdot 1{,}67 \cdot 10^{-27}\,kg}{4 \cdot \pi \cdot \left(1{,}4 \cdot 10^{-15}\,m\right)^3} = 1{,}5 \cdot 10^{17}\,\frac{kg}{m^3}$$

unabhängig von der Anzahl A der Nukleonen.

Hinweise:

1. Die Angabe eines Kernradius ist nur dann sinnvoll, wenn man genau definiert, was man darunter verstehen soll. Aufgrund der Heisenbergschen Unschärferelation gibt es nämlich keinen scharf definierten Kernrand! Die in Teilaufgabe a angegebene Beziehung läßt sich aus dem Rutherfordschen Streuversuchen erschließen (vgl. Aufgabe 44). Man bezeichnet daher den durch $r_K = r_0 \cdot \sqrt[3]{A}$ festgelegten Kernradius manchmal auch als Rutherford-Radius.

2. Die Kerndichte beträgt nach Teilaufgabe c etwa 150 Millionen Tonnen pro Kubikzentimeter!!! Die Astrophysiker glauben, daß es auch makroskopische Körper dieser unvorstellbaren Dichte gibt, nämlich die Neutronensterne.

85. Grundlagen der Hofstadter-Experimente

a) Beim Hofstadterschen Streuexperiment werden hochenergetische Elektronen auf Atomkerne geschossen. Der kugelförmige Atomkern übernimmt dabei die Rolle der kreisförmigen Blende, an der dann nicht mehr Lichtwellen, sondern die den Elektronen zugeordneten de-Broglie-Wellen gebeugt werden und anschließend interferieren.

b) $$\left.\begin{array}{l}\sin\vartheta_k = C_k\cdot\frac{\lambda}{R}\\ \sin\vartheta_k \le 1\end{array}\right\} \Rightarrow C_k\cdot\frac{\lambda}{R}\le 1 \Rightarrow \lambda \le \frac{R}{C_k}$$

Die de-Broglie-Wellenlänge der Elektronen darf also höchstens so groß wie der Kernradius $R \approx 10^{-15}$ m sein. Diese Bedingung erfüllen nur hochenergetische Elektronen.

c) $$\left.\begin{array}{l}\text{FS. S.55}\ \lambda = \frac{h}{p} = \frac{6{,}63\cdot 10^{-34}\ \text{J}\cdot\text{s}}{2{,}65\cdot 10^{-19}\ \text{N}\cdot\text{s}} = 2{,}5\cdot 10^{-15}\ \text{m}\\ \text{Bedingung für Interferenz 1. Ordnung:}\ \sin\vartheta_1 = 0{,}8\cdot\frac{\lambda}{R}\end{array}\right\} \Rightarrow$$

$$\Rightarrow R = \frac{0{,}8\cdot\lambda}{\sin\vartheta_1} = \frac{0{,}8\cdot 2{,}5\cdot 10^{-15}\ \text{m}}{\sin 15{,}9^\circ} = 7{,}3\cdot 10^{-15}\ \text{m}$$

Hinweis:
Es gibt zahlreiche Methoden, Kernradien zu definieren und experimentell zu bestimmen. Im Grundkurs begnügt man sich jedoch mit Rutherfords und Hofstadters Ansatz.

86. Ergebnisse der Hofstadterschen Streuexperimente

a) Elektronen "spüren" als Leptonen im Gegensatz zu α-Teilchen die Kernkräfte nicht; sie können mit dem Atomkern nur über die Coulombkraft wechselwirken. Da hochenergetische Elektronen die Atomhülle durchdringen, ohne von den Hüllenelektronen merklich beeinflußt zu werden, wird ihre Streuung somit nur durch die Ladungen im Atomkern hervorgerufen. Die Auswertung der Streudaten erlaubt daher Rückschlüsse auf die Ladungsverteilung im Kern.

b) – Die meisten Atomkerne haben Kugelgestalt, erst sehr schwere Kerne weichen davon ab.
– Im Kerninneren ist die Ladungsdichte konstant; in der Randzone sinkt sie stetig auf Null.
– Die Breite der Randzone nimmt mit der Massenzahl A zu.
– Die Ladungsdichte im Zentrum nimmt mit der Massenzahl A ab.

c)

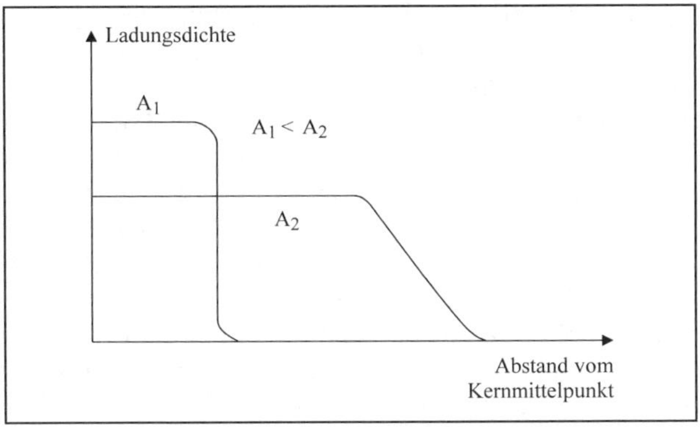

87. Zur Existenz von Kernelektronen

a) FS. S. 59 $r = r_0 \cdot \sqrt[3]{A} = 1{,}4 \cdot 10^{-15}\,m \cdot \sqrt[3]{234} = 8{,}6 \cdot 10^{-15}\,m$

b) FS. S. 55 Heisenbergsche Unschärferelation:

$$\Delta p \cdot \Delta r \geq \frac{h}{2\cdot\pi} \Rightarrow \Delta p \geq \frac{h}{2\cdot\pi\cdot\Delta r} \overset{r=\Delta r}{\Rightarrow} \Delta p \geq \frac{h}{2\cdot\pi\cdot r} = \frac{6{,}63\cdot 10^{-34}\,J\cdot s}{2\cdot\pi\cdot 8{,}6\cdot 10^{-15}\,m} =$$

$$= 1{,}2 \cdot 10^{-20}\,N \cdot s$$

c)
$$\left.\begin{array}{l} E^2 = E_0{}^2 + p^2 \cdot c^2 \\ \Delta p = p \end{array}\right\} \Rightarrow E = \sqrt{E_0{}^2 + (\Delta p)^2 \cdot c^2} \geq$$

$$\geq \sqrt{\left(0{,}511\cdot 10^6 \cdot 1{,}6\cdot 10^{-19}\,J\right)^2 + \left(1{,}2\cdot 10^{-20}\,N\cdot s\right)^2 \cdot \left(3\cdot 10^8\,\tfrac{m}{s}\right)^2} =$$

$$= 3{,}6 \cdot 10^{-12}\,J = 22{,}5\ MeV$$

d) Kernelektronen besäßen nach Teilaufgabe c mindestens die kinetische Energie $E_{kin} = E - E_0 = 22{,}5\ \text{MeV} - 0{,}511\ \text{MeV} \approx 22\ \text{MeV}$, während sie als Kernteilchen mit 9 MeV "festgehalten" würden. Elektronen können im Kern also nicht existieren.

88. Neutronen und Protonen als Kernbausteine

a) Alle Atomkerne bestehen aus Protonen und Neutronen.

- Unter **Nukleonen** versteht man die "Bausteine" der Atomkerne, also Protonen und Neutronen.
- Als **Kernladungszahl Z** wird die Anzahl der Protonen eines Kerns bezeichnet; Z deckt sich mit der Ordnungszahl des entsprechenden chemischen Elements im Periodensystem der Elemente.
- Als **Massenzahl A** bezeichnet man die Gesamtzahl der Nukleonen eines Kerns. A ist also gleich der Summe aus Protonenzahl Z und Neutronenzahl N: A = Z + N.
- Unter einem **Nuklid** versteht man die durch die Protonenzahl Z und die Neutronenzahl N eindeutig festgelegte Kernart. Kurzschreibweise: ${}^{A}_{Z}X$, X ist dabei das chemische Symbol des betreffenden Elements.

b) Nuklide mit gleicher $\left\{\begin{array}{l}\text{Kernladungszahl Z}\\ \text{Nukleonenzahl A}\\ \text{Neutronenzahl N}\end{array}\right\}$ heißen $\left\{\begin{array}{l}\text{Isotope}\\ \text{Isobare}\\ \text{Isotone}\end{array}\right\}$.

Sie stehen in der Nuklidkarte, also in einem N-Z-Diagramm auf einer

Parallelen zur $\left\{\begin{array}{l}\text{N-Achse}\\ \text{Winkelhalbierenden des 2. und 4. Quadranten}\\ \text{Z-Achse}\end{array}\right\}$

Beispiel für ein $\left\{\begin{array}{l}\text{Isotopenpaar: FS.S.83 } {}^{1}_{1}\text{H, } {}^{2}_{1}\text{D}\\ \text{Isobarenpaar: FS.S.84 } {}^{40}_{19}\text{K, } {}^{40}_{20}\text{Ca}\\ \text{Isotonenpaar: FS.S.83 } {}^{13}_{6}\text{C, } {}^{14}_{7}\text{N}\end{array}\right\}$

c) $\left.\begin{array}{r}\text{gg-}\\ \text{gu-}\\ \text{ug-}\\ \text{uu-}\end{array}\right\}$ Kerne sind Kerne mit $\left\{\begin{array}{l}\text{geradem Z und geradem N}\\ \text{geradem Z und ungeradem N}\\ \text{ungeradem Z und geradem N}\\ \text{ungeradem Z und ungeradem N}\end{array}\right.$

Diese Klassifizierung erweist sich bei Fragen nach der Stabilität eines Kerns als sinnvoll.

89. Isotopentrennung

Diffusionsverfahren:
Hierbei werden gasförmige Isotopengemische durch ein Rohr gepumpt, das eine feinporige Membran enthält. Da leichtere Atome im Mittel höhere Geschwindigkeiten besitzen als schwerere, diffundieren die leichteren Atome schneller durch die Membran als die schwereren. Hinter der Membran bildet sich so eine Konzentrationserhöhung des leichteren und vor der Membran eine des schwereren Isotops aus. Durch stufenweise Wiederholung des Verfahrens kann die Trennung verbessert werden.

Trennrohr nach Clusius:
Das gasförmige Isotopengemisch befindet sich in einem langen, vertikalen Rohr, das von außen gekühlt, während ein Draht in der Rohrachse elektrisch geheizt wird. Aufgrund des Temperaturanstieges von der Wand zum Draht kommt es zur Isotopentrennung: Die schnelleren leichteren Isotope sammeln sich in Drahtnähe, die schwereren, langsamen an der Rohrwand an. Das wärmere Gas des leichteren Isotops steigt dann am Heizdraht nach oben, während das kältere Gas des schwereren Isotops an der kalten Wand nach unten strömt.

Gaszentrifuge:
In einer rasch rotierenden Zentrifuge (ca. 700 Umdrehungen pro Sekunde) sammeln sich die leichteren Isotope eines Gases an der Achse der Zentrifuge, während die schwereren an der Wand angereichert werden.

Hinweis:
Eine vollkommene Trennung eines Isotopengemisches gestattet ein Massenspektrograph (vgl. Aufgabe 54, Band 1, Titel 94321). Die Ergiebigkeit ist jedoch sehr gering. So bräuchten übliche Massenspektrographen zur Trennung eines Mols eines Isotopengemisches rund 100 Jahre!

90. Starke Wechselwirkung

a) Diejenigen Kräfte, die die Nukleonen eines Kerns gegen die abstoßenden Coulombkräfte zusammenhalten, werden als Kernkräfte bezeichnet.

b) Kernkräfte sind
- *anziehend.* Andernfalls gäbe es wegen der Coulombabstoßung zwischen den Protonen keinen stabilen Kern.

- *ladungsunabhängig.* In sehr guter Näherung sind die Kernkräfte zwischen zwei Protonen, zwischen zwei Neutronen oder zwischen einem Proton und einem Neutron gleich groß.
- *kurzreichweitig.* Sie wirken zwischen 2 Nukleonen nur dann, wenn ihr Abstand kleiner als ca. $1{,}5 \cdot 10^{-15}$ m ist.
- *stark.* Zwischen benachbarten Protonen im Kern sind die Kernkräfte ca. 40mal stärker als die entsprechende Coulombabstoßungskraft und ca. 10^{38}mal stärker als die Gravitationskraft, mit der sich die Protonen anziehen.

Kernkräfte besitzen

- *Sättigungscharakter:* Jedes Nukleon kann nicht mit allen, sondern nur mit einer begrenzten Zahl der ihm nächststehenden Nukleonen in Wechselwirkung treten.
- *keinen zentralen Charakter:* Eine auf einen bewegten Massenpunkt wirkende Kraft heißt Zentralkraft, wenn ihre Wirkungslinie die ganze Zeit durch ein und denselben Punkt geht, der als Zentrum der Kraft bezeichnet wird.
- Kernkräfte *treten nur zwischen Nukleonen* auf, also z. B. nicht zwischen einem Nukleon und einem Elektron.

91. Stabilitätslinie

Jedes Proton im Atomkern wird von allen anderen Protonen über die Coulombkräfte abgestoßen, aber nur von den nächstgelegenen Nukleonen über die Kernkräfte im Kern festgehalten.
Bei großen Kernen mit viel Protonen droht so die Abstoßung die Überhand zu gewinnen.

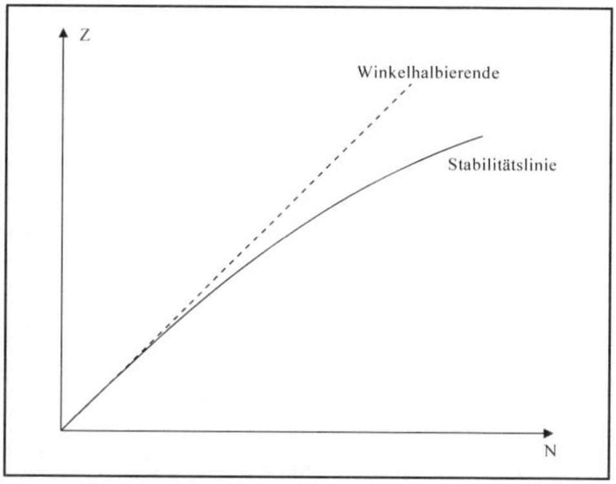

Durch den verstärkten Einbau von Neutronen wird der Abstand zwischen den Protonen vergrößert und dadurch die elektrostatische Abstoßung verringert. Daher weisen stabile Kerne mit großer Ordnungszahl mehr Neutronen auf als Protonen; die Stabilitätslinie weicht von der Winkelhalbierenden ins Neutronenüberschußgebiet ab.

92. Massendefekt

a) Die Masse eines Atomkerns ist stets kleiner als die Summe der Massen seiner Nukleonen. Die entsprechende Massendifferenz Δm bezeichnet man als Massendefekt.

b) Bezeichnen m_p, m_n und m_K die Massen eines Protons, eines Neutrons und eines Kerns ${}^{A}_{Z}X$, so gilt für den Massendefekt Δm:

$$\Delta m = Z \cdot m_p + (A - Z) \cdot m_n - m_K$$

c) Bei der Bindung der ursprünglich freien Nukleonen im Kern wird die Energie ΔE frei. Der Massendefekt Δm entspricht gemäß der Einsteinschen Äquivalenz von Energie und Masse, $E = m \cdot c^2$, gerade ΔE. Es gilt also: $\Delta E = \Delta m \cdot c^2$

93. Masseneinheiten

a) Die atomare Masseneinheit 1u ist $\frac{1}{12}$ der Masse des Atoms des Kohlenstoffisotops C12. Nach FS. S. 72 gilt demnach:

$$1\,u = 1{,}660566 \cdot 10^{-27}\ kg$$

b) $A_r = \dfrac{\text{Masse eines Atoms}}{\text{atomare Masseneinheit}} = \dfrac{m_{Atom}}{u}$

Für C12 ist wegen dieser Definition A_r (C12) = 12.
Die relativen Atommassen aller anderen Elemente sind nicht ganzzahlig.

c) Wegen $E = m \cdot c^2$ entspricht der Masse $1 \cdot u$ die Energie E_u

$$E_u = 1 \cdot u \cdot c^2 = 1{,}660566 \cdot 10^{-27}\ kg \cdot \left(2{,}99792458 \cdot 10^8\ \frac{m}{s}\right)^2 =$$

$$= 1{,}4924 \cdot 10^{-10}\ J = \frac{1{,}4924 \cdot 10^{-10}}{1{,}6022 \cdot 10^{-19}}\ eV = 931{,}5\ MeV$$

(vgl. FS. S. 72 / 3.3)

Hinweis:

1. Ein Vorteil bei der Verwendung der Einheit u besteht darin, daß die Zehnerpotenzen verschwinden und "anschauliche Atommassen" entstehen.

2. Die im Periodensystem der Elemente (FS. S. 86) angegebenen relativen Atommassen sind für die Kernphysik i. a. unbrauchbar, da dort nur die mittlere relative Atommasse eines Gemisches der in der Natur vorkommenden Isotope des betreffenden Elements aufgeführt wird.

94. Massendefekt aus Nuklid- und Atommasse

a) $(\Delta\, m)_\alpha = 2 \cdot m_p + 2 \cdot m_n - m_K =$
$= 2 \cdot 1{,}007277u + 2 \cdot 1{,}008665u - 4{,}0015064u =$
$= 0{,}0303776u$

b) Zunächst ist die Nuklidmasse m_K aus der Atommasse m_A und der Masse $Z \cdot m_e$ der Z-Hüllenelektronen entsprechend $m_K = m_A - Z \cdot m_e$ zu berechnen:

$$m_K = 4{,}0026036u - 2 \cdot 5{,}48580 \cdot 10^{-4}\,u = 4{,}0015064u$$

Dann rechnet man entsprechend Teilaufgabe a weiter.

c) Zieht man für die Berechnung der Nuklidmasse nur die Masse der Z Hüllenelektronen ab, so vernachlässigt man die Bindungsenergie dieser Elektronen.

Diese liegt je nach Schale und Kernladungszahl in der Größenordnung von eV bis keV.

Wegen 1u = 931,50 MeV entspricht

$$1\text{ eV bis }1\text{ keV} \approx \frac{1}{931{,}5 \cdot 10^6}\,u \text{ bis } \frac{10^3}{931{,}5 \cdot 10^6}\,u\text{, also } 10^{-9}\,u \text{ bis } 10^{-6}\,u$$

Die Bindungsenergie der Elektronen ginge bei Massenangaben frühestens hinter der 5. Kommastelle oder erst noch später ein und wird daher in guter Näherung vernachlässigt.

95. Bindungsenergie

a) Derjenige Energiebetrag, der einem Kern zugeführt werden muß, damit er in seine Nukleonen zerlegt werden kann, heißt Bindungsenergie eines Kerns.
Oder: Derjenige Energiebetrag, der beim Zusammenbau eines Kerns aus seinen einzelnen Nukleonen frei wird, der also seinem Massendefekt äquivalent ist, heißt Bindungsenergie des Kerns.

b) $|B| = \Delta m \cdot c^2 = \left[Z \cdot m_p + (A - Z) \cdot m_n - m_K\right] \cdot c^2$

c) Bezeichnet B die Bindungsenergie eines Kerns und A die Massenzahl des Nuklids, so versteht man unter der mittleren Bindungsenergie pro Nukleon den Quotienten $\frac{B}{A}$.

d) Bindungsenergie:

$$|B_\alpha| = (2 \cdot m_p + 2 \cdot m_n - m_\alpha) \cdot c^2 =$$
$$= (2 \cdot 1{,}007277\ u + 2 \cdot 1{,}008665\ u - 4{,}0015064\ u) \cdot c^2 =$$
$$= 0{,}0303776\ u \cdot c^2 = 0{,}0303776 \cdot 931{,}50\ MeV = 28{,}297\ MeV$$

mittlere Bindungsenergie pro Nukleon:

$$\frac{|B_\alpha|}{4} = \frac{28{,}297}{4}\ MeV = 7{,}074\ MeV$$

Hinweise:

1. Sie haben sicher bemerkt, daß bei obiger Lösung nicht eindeutig Stellung zum Vorzeichen von B bezogen wird. Man kann sich nämlich wirklich darüber streiten, ob $B > 0$ oder $B < 0$. Es kommt auf den jeweiligen Standpunkt an: Sagt man, daß B die bei der Bindung freiwerdende Energie ist, müßte man die Bindungsenergie des Kerns positiv und die Energie eines gebundenen Nukleons negativ rechnen. Faßt man B als diejenige Energie auf, die dem Kern zugeführt werden muß, um ihn in seine Bestandteile zu zerlegen, so wäre B negativ und die Energie eines gebundenen Nukleons positiv zu rechnen. Da mit dem Vorzeichen hier nie Probleme entstehen können, sollte man nicht zu spitzfindig sein. Entscheidend ist der Betrag von B!

2. $\frac{B}{A}$ ist eine "sehr theoretische" Größe. Da die Nukleonen im Atomkern – ähnlich wie die Elektronen in der Atomhülle – auf verschiedene Schalen verteilt sind, kann man mit $\frac{B}{A}$ keineswegs eine Aussage darüber machen, wie stark ein "bestimmtes" Nukleon gebunden ist (vgl. Hinweis zu Aufgabe 96!).

96. Separationsenergie

Berechnung der Bindungsenergie E_B':

$$\frac{E_B'}{c^2} = m_K\left({}^{19}_{9}F\right) + m_p - m_K\left({}^{20}_{10}Ne\right) \overset{\text{FS. S. 83}}{=}$$
$$= 18{,}9934672\ u + 1{,}0072766\ u - 19{,}9869544\ u =$$
$$= 0{,}0137894\ u \Rightarrow$$
$$\Rightarrow E_B' = 0{,}0137894 \cdot 931{,}5\ MeV = 12{,}845\ MeV$$

Berechnung der mittleren Bindungsenergie pro Nukleon:

$$\frac{\overline{E_B}}{c^2} = \frac{10 \cdot m_p + 10 \cdot m_n - m_K\left({}^{20}_{10}\mathrm{Ne}\right)}{20} =$$

$$= \frac{10 \cdot 1{,}0072766\,u + 10 \cdot 1{,}008665\,u - 19{,}9869544\,u}{20} =$$

$$= 0{,}0086231\ u$$

$$\Rightarrow \overline{E_B} = 0{,}0086231 \cdot 931{,}5\ \mathrm{MeV} = 8{,}032\ \mathrm{MeV}$$

Hinweise:

1. E'_B ist die Energie, die erforderlich ist, um ein Proton aus dem Kern des Ne20 abzutrennen. Man nennt E'_B daher auch Separationsenergie. In der Atomphysik entspricht ihr die Ionisierungsenergie.
2. Eigentlich erwartet man, daß $E'_B < \overline{E_B}$, da das zuletzt gebundene Proton nur noch auf einer höheren Kernschale einen freien Platz findet. Die beim Einbau freiwerdende E'_B müßte also kleiner sein, als der Durchschnitt E_B aller Energien, die beim Einbau der auf tieferen Kernschalen untergebrachten Protonen freigeworden ist.

97. Diskussion der A-$\left|\frac{B}{A}\right|$-Kurve

a) Mit wachsender Nukleonenzahl nimmt auch die durch die Kernkräfte bedingte Anziehung zwischen den Nukleonen zu. Die Stabilität der Kerne wächst, die mittlere Bindungsenergie pro Nukleon nimmt zu. Dies gilt etwa bis zur Nukleonenzahl A = 60. Da die Kernkräfte nur kurzreichweitig sind und Sättigungscharakter besitzen, gewinnt von da ab mit zunehmender Protonenzahl die abstoßende Coulombkraft immer mehr an Bedeutung und die Stabilität nimmt wieder ab.

b) Bei beiden Reaktionen geht ein System, nämlich eine bestimmte Anzahl von Nukleonen, nach dem Diagramm von einem weniger stabilen in einen stabileren Zustand über. Das System senkt also seine Energie ab. Dieser "Energieabsenkungsbetrag" wird vom System nach außen abgegeben. Bezeichnet ΔE den Betrag der freiwerdenden Energie, so gilt für
(R_1): $\Delta E = 240 \cdot (8{,}5\ \mathrm{MeV} - 7{,}5\ \mathrm{MeV}) = 240\ \mathrm{MeV}$
(R_2): $\Delta E = 4 \cdot (7{,}1\ \mathrm{MeV} - 2{,}8\ \mathrm{MeV}) = 17{,}2\ \mathrm{MeV}$

c) Alle Systeme, also auch der Atomkern, streben stets den Zustand größter Stabilität an. Nach dem Diagramm liegt dieser stabilste Zustand für Kerne dann vor, wenn A = 60, also etwa bei der Massenzahl für Eisen.

98. Nachweisprinzip bei radioaktiver Strahlung

Radioaktive Strahlen
- ionisieren Atome in Gasen, Flüssigkeiten und Festkörpern;
- schwärzen Photoplatten;
- rufen bei gewissen Substanzen Szintillationen (Lichtemissionen) hervor.

99. "Kennlinie" einer Ionisationskammer

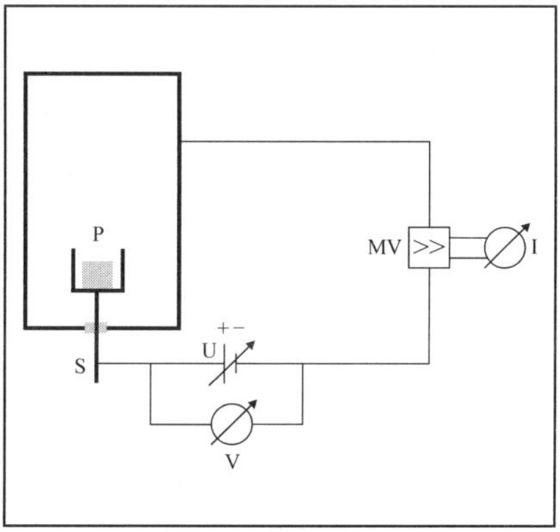

a) Die nebenstehend skizzierte Ionisationskammer besteht aus einem allseitig geschlossenen Metallzylinder (1. Elektrode), durch dessen Boden, isoliert gegen die Begrenzungsflächen ein Metallstift S (2. Elektrode) ins Zylinderinnere ragt.
Auf der Stiftspitze sitzt das radioaktive Präparat P. Die von P ausgehende radioaktive Strahlung ionisiert die im Zylinder befindliche Luft.
Von der anliegenden Spannung werden die positiven Ionen zur Zylinderwand und die Elektronen zum Stift S gezogen. Die Stärke des so entstehenden Ionisationsstroms wird nach Verstärkung durch den Meßverstärker MV vom Drehspulinstrument angezeigt.

Versuchsdurchführung:
Die zwischen S und Kammergehäuse anliegende Spannung wird bei 0V beginnend schrittweise erhöht und jeweils die zugehörige Ionisationsstromstärke abgelesen.

b) – P sollte ein ausreichendes Ionisierungsvermögen besitzen (β- und γ-Strahler sind also ungeeignet).
– Die Aktivität von P sollte während der Versuchsdauer konstant bleiben (Halbwertszeit von P also erheblich größer als Versuchsdauer).

c) Erklärung: Je größer U, desto mehr positive Ionen bzw. Elektronen werden, bevor sie wieder rekombinieren, zu den entsprechenden Elektroden gezogen.

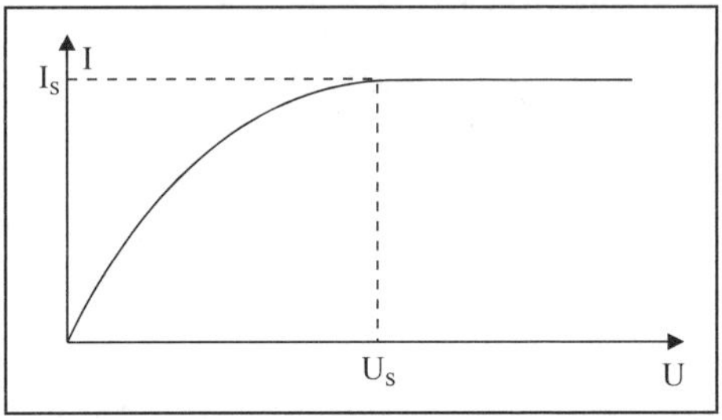

Daher steigt der Ionisationsstrom mit wachsendem U an. Ab einer bestimmten Spannung U_S werden alle von P's Strahlung im Zeitintervall Δt erzeugten Ionen-Elektronenpaare im Zeitintervall Δt zu den Elektroden gezogen, so daß ein weiterer Stromstärkeanstieg über I_S hinaus nicht mehr möglich ist (Sättigungseffekt).

d) Wird P durch ein stärker ionisierendes Präparat P' ersetzt, so werden pro Zeiteinheit Δt mehr Elektronen-Ionenpaare als vorher erzeugt und die Sättigungsstromstärke I_S steigt.

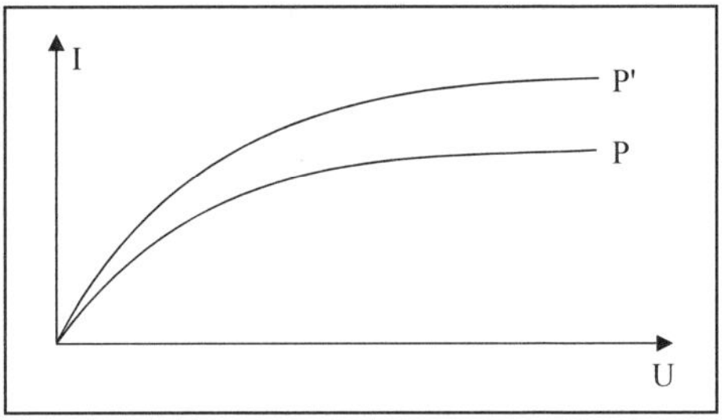

100. Aktivitätsmessung mit einer Ionisationskammer

a) Ein α-Teilchen erzeugt in der Kammer

$$Z = \frac{4{,}7 \cdot 10^6\,\text{eV}}{32{,}5\,\text{eV}} = 1{,}45 \cdot 10^5$$

Elektron-Ionen-Paare. Jedes dieser Paare trägt aufgrund der Einwertigkeit genau mit dem Ladungsbetrag e (siehe Hinweis) zum Ionisationsstrom bei.

$$\left.\begin{aligned} |\Delta Q_{ges}| &= \Delta N \cdot Z \cdot e \\ I_s &= \frac{\Delta Q_{ges}}{\Delta t} \end{aligned}\right\} \Rightarrow I_s = \frac{\Delta N \cdot Z \cdot e}{\Delta t} \Rightarrow \Delta N = \frac{I_s \cdot \Delta t}{Z \cdot e} =$$

$$= \frac{0{,}49 \cdot 10^{-9}\ A \cdot 1s}{1{,}45 \cdot 10^5 \cdot 1{,}6 \cdot 10^{-19}\ A \cdot s} = 2{,}1 \cdot 10^4$$

b) Ist das Kammervolumen zu klein, so treffen die α-Teilchen auf die Kammerwände, bevor sie ihre kinetische Energie vollständig durch die Ionisierung von Luftmolekülen verbraucht haben. Es wäre dann $Z_{real} < Z_{berechnet}$ und daher $\Delta N_{real} > \Delta N_{berechnet}$.

c) Würde die Kammer unterhalb des Sättigungsbereiches betrieben, so wäre $I_{s_{real}} > I_{s_{Rechnung}}$ und daher $\Delta N_{real} > \Delta N_{berechnet}$.

Hinweis:

1. Bei einem Ionisationsvorgang entstehe ein positives Ion mit der Ladung +e und ein Elektron mit der Ladung – e. Aufgrund der anliegenden Spannung entfernen sie sich voneinander in entgegengesetzte Richtung. Warum tragen Sie zum Ionisationsstrom nur mit dem Ladungsbetrag e bei, obwohl doch 2 · e entstehen?

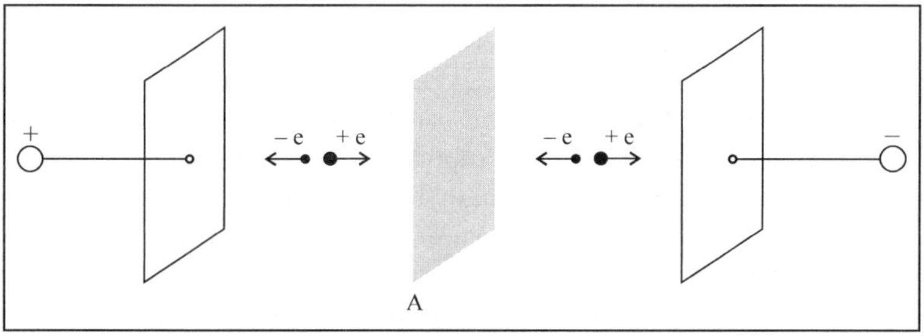

Der Betrag der Stromstärke ist gleich dem Ladungsbetrag ΔQ, der im Zeitintervall Δt die Querschnittsfläche A durchsetzt. Egal, wo sich A nun befindet und egal, wo das Elektron-Ionpaar entstanden ist, stets wird A entweder nur vom positiven Ion oder nur vom Elektron durchquert, also nur von einer Ladung vom Betrag e.

2. $\frac{\Delta N}{\Delta t}$ wird als Aktivität des Präparats bezeichnet (vgl. Aufgabe 143).

101. Zur Physik des Geiger-Müller-Zählrohrs

a) Schaltskizze

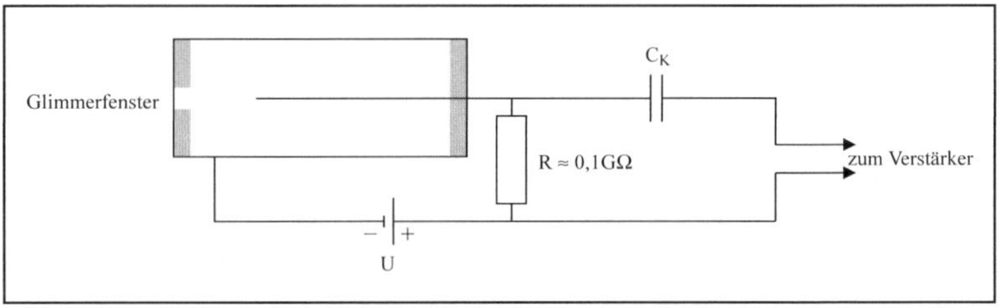

Aufbau

Ein GMZ besteht i. a. aus einem Metallzylinder (Radius ca. 1 cm, Wandstärke ca. 0,1 mm), in dessen Achse ein feiner Metalldraht über ein Isolierstück eingeführt ist. Das Innere dieses Zylinderkondensators wird evakuiert und dann z. B. mit Edelgasen (nicht-selbstlöschendes ZR) oder z. B. mit Edelgasen und zusätzlich mit mehratomigen Dämpfen wie z. B. Alkohol (selbstlöschendes ZR) gefüllt. Oft befindet sich an einer Stelle ein Glimmerfenster, durch das radioaktive Strahlung ins Zählrohrinnere gelangen kann.

Arbeitsweise

Die einfallende ionisierende Strahlung erzeugt im Inneren positive Gasionen und Elektronen (Primärelektronen). Die Elektronen werden zum Zählrohrdraht, die Gasionen zur Zählrohrwand beschleunigt. Arbeitet das GMZ im Proportionalitätsbereich, so ist die Beschleunigungsspannung so hoch, daß die Primärelektronen auf ihrem Weg zum Zähldraht durch Stoßionisation eine größere Anzahl von Sekundärelektronen erzeugen, die ihrerseits nach entsprechender Beschleunigung durch Stoßionisation weitere Elektronen hervorrufen können usw. Es kommt zur Ausbildung sogenannter Elektronenlawinen. Erzeugt das ionisierende Teilchen auf seiner Bahn z Primärelektronen, so löst jedes dieser Elektronen eine Elektronenlawine von im Mittel N Elektronen aus. Jede Elektronenlawine läuft unabhängig von den anderen ab. Die Gesamtzahl Z der von einem einfallenden Teilchen insgesamt hervorgerufenen Elektronen bzw. Ionen ist dann $Z = N \cdot z$. Der dadurch am Widerstand R hervorgerufene Spannungsstoß ist somit proportional zu z und erlaubt daher Rückschlüsse auf das Ionisierungsvermögen des einfallenden Teilchens.

Zur Polung der Betriebsspannung:
Die Zählrohrwand muß mit dem Minus-, der Zählrohrdraht mit dem Pluspol der Spannungsquelle verbunden werden.
Grund: Hauptverantwortlich für die Stoßionisation sind nicht die trägen Gasionen, sondern die praktisch trägheitslosen Elektronen. An deren Beschleunigungen ist man interessiert und bringt sie daher an jene Stellen des Zählrohrs, wo die elektrische Feldstärke besonders hoch ist, also in die Nähe des Zählrohrdrahtes (vgl. folgende Abbildung).

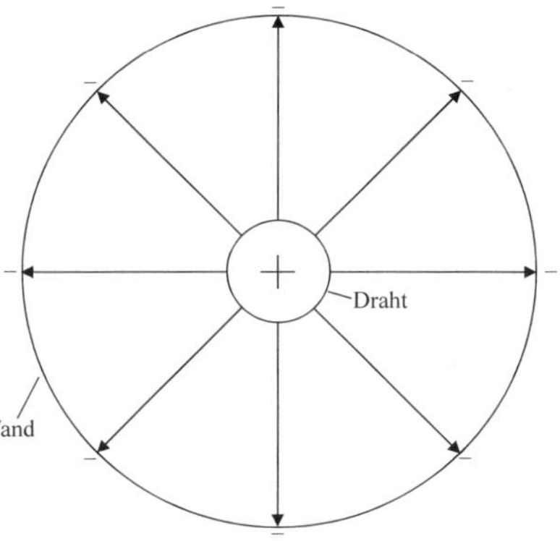

elektrisches Feld im Zählrohrinneren

Zur Aufgabe des Arbeitswiderstandes:
Das GMZ stellt einen Kondensator der Kapazität C_Z dar. Findet im GMZ keine Entladung statt, so fließt im dargestellten Kreis kein Strom; es gilt $U_Z = U$. Läuft dagegen eine Entladung im GMZ, so fließt durch R ein Strom und es gilt:

$U = U_Z + U_R = U_Z + R \cdot I \Rightarrow$
$U_Z = U - R \cdot I$

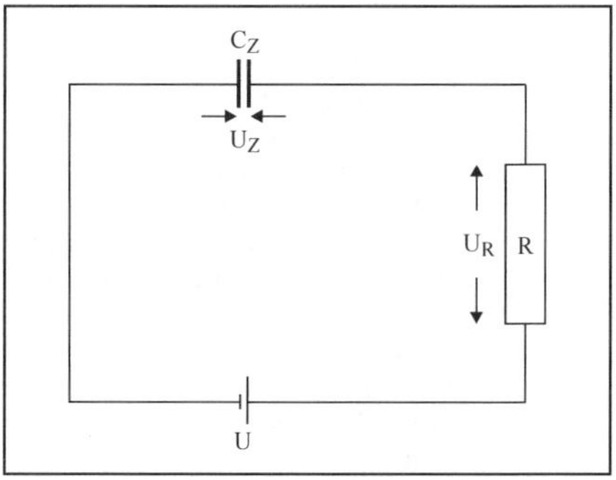

Durch geeignete Wahl von R kann U_Z so klein gemacht werden, daß die Ionenlawinen abreißen.
R trägt somit zur Löschung der Gasentladung bei. Außerdem können die an R auftretenden Spannungen dort abgegriffen und einem Zählwerk zugeführt werden.

Zur Aufgabe des Koppelkondensators:
Der hochspannungsfeste Kondensator C_K dient im wesentlichen der Subtraktion der Betriebsspannung U von der Signalspannung U_R.

b) Wird die Betriebsspannung im Vergleich zu Teilaufgabe a deutlich erhöht, so können die Elektronen beim Auftreffen auf den Zählrohrdraht zahlreiche Photonen auslösen (vgl. Entstehung von Röntgenstrahlung), die ihrerseits am Metall der Zählrohrwand über den Photoeffekt Elektronen erzeugen. Diese Elektronen sind dafür verantwortlich, daß sich die Elektronenlawinen nicht mehr wie im Proportionalitätsbereich vom Entstehungsort der primären Ionisation in Richtung der Feldlinien zum Zähldraht hin ausbreiten, sondern eine seitliche Ausbreitung der Entladung über das gesamte Zählrohr erfolgt. Der an R auftretende Spannungsstoß ist dann von der Primärionisation unabhängig, jedes primärionisierende Teilchen erzeugt einen gleich großen Spannungsstoß.

Hinweise:

1. Unmittelbar nach einem Impuls ist das Zählrohr für eine kurze Zeit, die sogenannte *Totzeit*, für neu einfallende ionisierende Strahlung völlig unempfindlich. Danach sind für eine weitere Zeit, die sogenannte *Erholungszeit*, die Impulshöhen kleiner und erreichen erst allmählich die Ausgangshöhe.

   Erklärung:
   Da die Elektronenlawinen sich nur in der Nähe des Zählrohrdrahtes ausbilden, wird dieser nach kurzer Zeit von einem Schlauch positiver Ionen eingehüllt:

   Die trägheitslosen Elektronen sind nämlich schon am Draht, während sich die trägen positiven Gasionen noch nicht wesentlich in Richtung Zählrohrwand bewegt haben. Da sich dann im feldfreien Raum um den Draht keine Lawine ausbilden kann, ist das Zählrohr für neu einfallende ionisierende Strahlung unempfindlich.
   Die Zeit, die die Ionen benötigen, um bis zur Zählrohrwand zu gelangen, ist die Erholungszeit.

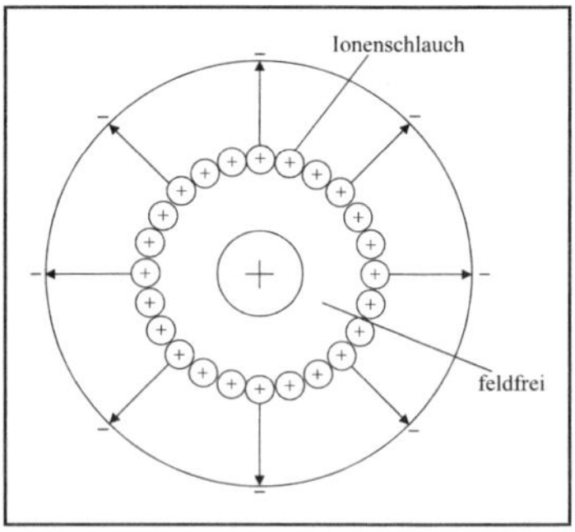

2. Löschzusätze "fangen" in starkem Maße die für den Auslösebereich charakteristischen Photonen weg und tragen so zur Löschung der Entladung bei. Zählrohre mit Löschzusätzen besitzen eine höhere Zählgeschwindigkeit.

3. Die mit einem Zählrohr gemessene Impulsrate ist wegen der Totzeit stets kleiner als die Zahl der pro Zeiteinheit ins Zählrohr gelangten ionisierenden Teilchen.

102. Zählrohrcharakteristik

Mißt man die Impulsrate (Zahl der Impulse pro Zeiteinheit), die ein Präparat konstanter Aktivität in einem Zählrohr auslöst in Abhängigkeit von der Betriebsspannung, so nennt man das zugehörige Spannungs-Impulsrate-Diagramm die Charakteristik des Zählrohrs.

Liegt die Zählrohrspannung unter der Einsatzspannung U_E, so spricht das Zählrohr auf eindringende Teilchen nicht an. Für $U > U_E$ gibt es einen Bereich von einigen hundert Volt, in dem die Impulsrate unabhängig von der Spannung praktisch konstant ist.

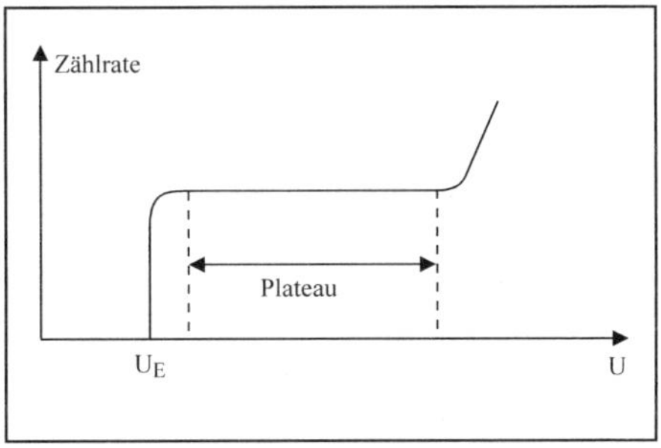

Dieser Bereich heißt Plateau. Bei der Messung mit einem im Auslösebereich arbeitenden Zählrohr wählt man die Betriebsspannung (Arbeitsspannung) so, daß man ungefähr in der Mitte des Plateaus liegt.

103. Nulleffekt

Die Tatsache, daß jedes Zählrohr auch ohne ein in seiner Nähe befindliches radioaktives Präparat eine bestimmte Zahl von Impulsen registriert, nennt man Nulleffekt. Die Anzahl dieser Impulse pro Zeiteinheit heißt Nullrate.
Der Nulleffekt wird durch die Höhenstrahlung, durch Streustrahlung aus dem Erdinneren und durch radioaktive Gasreste in der umgebenden Luft verursacht. Er ist u. a. von der Fläche abhängig, die das Zählrohr diesen Strahlungen bietet.

104. Expansionsnebelkammer

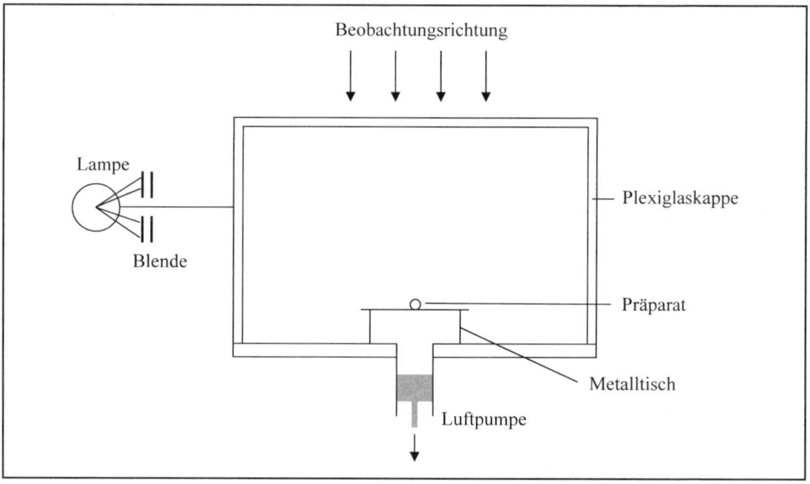

Die Kammer besteht aus einer luftdicht abgeschlossenen Dose mit Plexiglaskappe. In der Kammer liegt auf einem Metalltischchen eine Filzscheibe, die mit einem Wasser-Spiritus-Gemisch getränkt wird. Durch Verdunstung dieses Gemischs ist die Luft im Kammerinneren nach einer Weile mit Wasser und Alkohol in gasförmigem Zustand gesättigt. Wird nun der Gasdruck in der Kammer durch ruckartige Betätigung der Luftpumpe kurzfristig verringert, so kühlt sich die Luft im Kammerinneren ab und ein Teil des Wassers fällt in Form feiner Tröpfchen (Nebel) aus; kältere Luft kann nämlich nicht mehr soviel Wasser in gasförmigem Zustand aufnehmen. Für die Tröpfchenbildung benötigt man Kondensationskeime, die u. a. durch die in der Kammer vorhandenen Ionen gebildet werden können. Sorgt man dafür, daß die Kammer staubfrei ist und einmal gebildete Ionen abgezogen werden, so bilden sich die Kondensationströpfchen nur entlang der Bahn der Teilchen, die vorher die Kammer ionisierend durchsetzt haben. Diese Tröpfchenspuren können unmittelbar nach der Expansion fotographiert oder mit bloßem Auge beobachtet werden.

Hinweis:
Die 1912 konstruierte Wilsonsche Nebelkammer hat den entscheidenden Nachteil, daß man Teilchenspuren nur unmittelbar nach der Expansion 2–3 Sekunden lang beobachten kann. 1939 gelang es, eine kontinuierliche Nebelkammer zu bauen, mit der man mehrere Stunden lang beobachten kann: Methylalkohol, der aus

einem Verdampfer strömt, diffundiert von der wärmeren oberen nach unten in die kältere Zone. Diese wird durch gegen ein Blech gepreßtes Trockeneis erzeugt.
Auf dem Weg nach unten durchquert der Dampf das empfindliche Gebiet der Kammer, in dem die Verhältnisse stets so liegen, wie in der Wilsonschen Kammer unmittelbar nach der Expansion. Die Bahnen ionisierender Teilchen werden daher nur in der empfindlichen Zone sichtbar; diese regeneriert sich nach jeder Tröpfchenbildung durch den nachdiffundierenden Dampf selbständig.

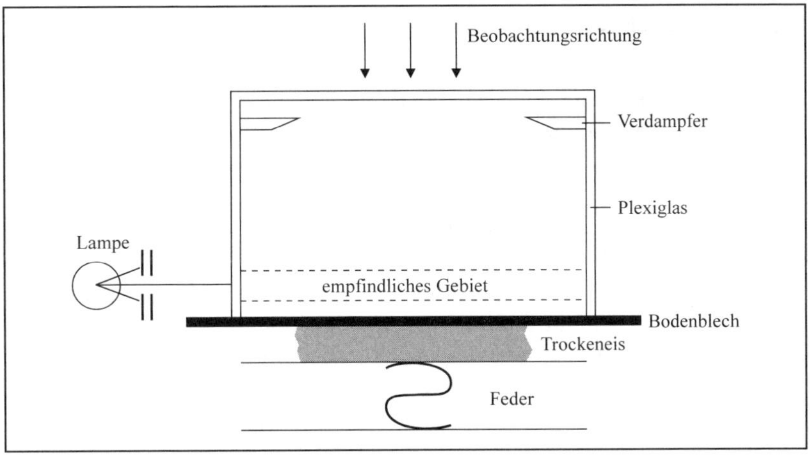

105. Blasenkammer

Die Füllung einer Blasenkammer besteht aus flüssigem Wasserstoff oder einer anderen leicht siedenden Flüssigkeit, die überhitzt ist, aber wegen des hohen Druckes nicht siedet (Dampftopf-Prinzip). Durch eine geringe Volumenvergrößerung des Dampfes wird der Dampfdruck über der Flüssigkeit gesenkt und damit die Flüssigkeit überhitzt, so daß sie siedet und Blasen bildet. Die Erfahrung zeigt, daß sich die Blasen vorwiegend dort bilden, wo sich Ionen befinden. Ein vor die Blasenkammer gesetztes Zählrohr kann die Dampfdruckerniedrigung automatisch einschalten, wenn es von hochenergetischen Teilchen durchflogen wird, so daß die Bahn des Teilchens in der Kammer anhand der Blasen längs der Bahn beobachtet werden kann.

Hinweis:
Für die Aufnahme von Bahnspuren hochenergetischer Teilchen mit großer Reichweite (z. B. Mesonen) sind Nebelkammern nicht mehr geeignet. Die Gasfüllung der Nebelkammer bremst energiereiche Teilchen nämlich nur geringfügig ab, so

daß mit der Nebelkammer nur ein Bruchteil der Bahn des ionisierenden Teilchens erfaßt wird. Da die Dichte von Flüssigkeiten etwa tausendmal größer ist als die von Gasen, werden hochenergetische Teilchen in der Flüssigkeit der Blasenkammer stärker gebremst. Mit der Blasenkammer kann man daher meist die gesamte Bahn des Teilchens beobachten.

106. Vergleich Nebelkammer/Zählrohr

Der große Vorteil der Nebelkammer besteht in der Sichtbarmachung der Teilchenspuren: Aus der Dicke und Länge der Spur bzw. dem Betrag und der Richtung ihrer Krümmung im Magnetfeld kann man Energie, Ladungsbetrag und -vorzeichen, Masse und Impuls des ionisierenden Teilchens bestimmen. Ferner wird die Analyse von Teilchen-Reaktionen, die vollständig in der Kammer ablaufen, durch Winkelmessungen an Bahnspuren der Ausgangsteilchen und der Reaktionsprodukte ermöglicht.
Der große Vorteil eines Zählrohrs besteht in der bequemen Registrierung auch hoher Impulsraten über einen längeren Zeitraum hinweg.
Immer wenn man an den Eigenschaften eines Teilchens interessiert ist, ist die Nebelkammer dem Zählrohr überlegen; wenn es nur auf die Registrierung von Teilchen ankommt, ist das Zählrohr vorzuziehen.

107. Vergleich Zählrohr/Ionisationskammer

In einer Ionisationskammer können ionisierende Teilchen nur dann nachgewiesen werden, wenn sie stark ionisieren und sehr zahlreich vorhanden sind. Der Nachweis einzelner α-, β-oder γ-Teilchen, aber auch der Nachweis zahlreicher β- oder γ-Teilchen ist mit einer Ionisationskammer nicht möglich.
Mit einem im Auslösebereich arbeitenden Zählrohr ist der Nachweis einzelner ionisierender Teilchen unabhängig von ihrem Ionisierungsvermögen möglich.

Hinweis:
Der letzte Satz ist mit Vorsicht zu genießen. Das Ansprechvermögen der Zählrohre für γ-Strahlung ist i. a. relativ gering, nämlich 0,1 % – 1 %. Das heißt von 1000 ins Zählrohr gelangenden γ-Quanten werden nur 1 – 10 registriert.

108. Spinthariskop

Ein Spinthariskop besteht aus einem Zinksulfid-Schirm, der bei vollständiger Dunkeladaption des menschlichen Auges mit einer Lupe oder einem Mikroskop beobachtet wird. Treffen α-Teilchen auf den Schirm, so beobachtet man Lichtblitze. Da jeder Lichtblitz durch *ein* auftreffendes α-Teilchen ausgelöst wird, kann man durch Abzählen der Lichtblitze die Anzahl der absorbierten α-Teilchen ermitteln.

109. Begriffsbestimmung

a) Als **Radioaktivität** bezeichnet man die unter Emission bestimmter Teilchen spontan, ohne irgendwelche äußeren Einflüsse erfolgende Umwandlung instabiler Kerne. Aber auch die spontane Umwandlung von Elementarteilchen (z. B. Zerfall freier Neutronen) fällt unter diesen Begriff.
Natürliche Radioaktivität ist die Radioaktivität instabiler, in der Natur vorkommender Isotope.
Künstliche Radioaktivität ist die Radioaktivität von Isotopen, die künstlich durch Kernreaktionen erzeugt worden sind.

b) In der durch natürliche Radioaktivität entstehenden Strahlung kommen nur α-Teilchen (He4-Kerne), β^--Teilchen (Elektronen) und γ-Quanten (hochenergetische Photonen) vor.

110. Identifizierung über die Reichweite in Luft

a) In Luft von Atmosphärendruck erzeugen

$$\left.\begin{array}{l}\alpha\text{-Teilchen}\\ \beta\text{-Teilchen}\\ \gamma\text{-Quanten}\end{array}\right\}\text{ der Energie 1 MeV längs eines cm ca. }\left\{\begin{array}{c}10^4\\ 10^2\\ 1\end{array}\right.\text{ einwertige}$$

Elektronen-Ionen-Paare.

b) Wegen $\frac{1\text{ MeV}}{35\text{ eV}} = 2{,}9 \cdot 10^4$ können größenordnungsmäßig von jeder Teilchenart 10^4 Elektronen-Ionen-Paare erzeugt werden. Nach Teilaufgabe a beträgt die Reichweite größenordnungsmäßig für

α-Teilchen: $\frac{10^4}{10^4}$ cm = 1 cm

β-Teilchen: $\frac{10^4}{10^2}$ cm = 10^2 cm = 1 m

γ-Teilchen: $\frac{10^4}{1}$ cm = 100 m

c) Handelt es sich um ein α-Präparat P, so zeigt ein Zählrohr in 10 cm Entfernung von P eine deutlich geringere Zählrate an, als in unmittelbarer Nähe von P. Daß die Zählrate nicht auf Null zurückgeht, liegt an der den α-Zerfall begleitenden γ-Strahlung bzw. an eventuell β-aktiven Töchtern, die durch den Zerfall der α-aktiven Mutter im Präparat vorhanden sind.
Zur Unterscheidung, ob β- oder γ-Präparat, müßte das Zählrohr um mehrere Meter vom Präparat entfernt werden. Dann aber wäre in erster Linie das quadratische Abstandsgesetz und nicht mehr der Schwächungseffekt durch Ionisierung von Luftmolekülen für ein Absinken der Zählrate verantwortlich.

Hinweis:
Beachten Sie, daß der Begriff Reichweite für β^--Teilchen nur sehr problematisch und für γ-Quanten eigentlich gar nicht definiert werden kann (vgl. Aufgabe 124.). Die in Teilaufgabe b für β^-- und γ-Strahlen geforderten Abschätzungen sind daher vergleichend zu verstehen: Wie groß wäre die Reichweite von β^-- und γ-Strahlen in Luft, wenn sie mit Luft genauso wie α-Teilchen wechselwirken würden?

111. Identifizierung über Absorber

Zwischen Präparat P und Zählrohr ZR werden entsprechend nebenstehender Skizze nacheinander 1 Blatt Papier, eine 1 mm dicke Bleiplatte und eine 5 cm dicke Bleiplatte gebracht.

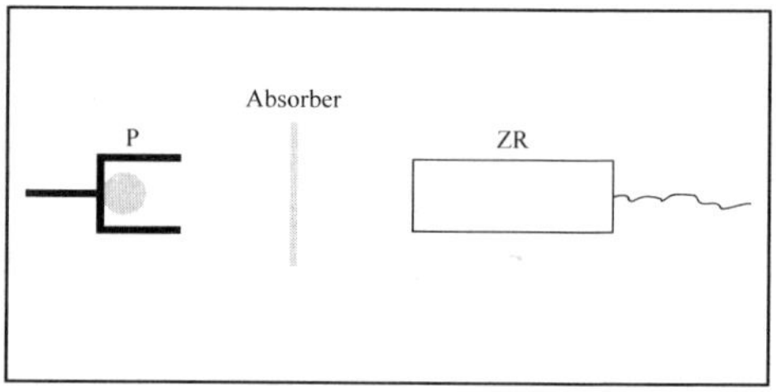

Wird die Strahlung vollständig

bereits durch das Blatt Papier / bereits durch die dünne Bleiplatte / erst durch die dicke Bleiplatte } ausgelöscht, so ist P ein { α - Strahler / β - Strahler / γ - Strahler

112. Identifizierung mittels Nebelkammer

a) α-Teilchen hinterlassen relativ kurze, kräftige und dicke, geradlinige Spuren.
β-Teilchen hinterlassen lange, dünne perlschnurartige Tröpfchenspuren, die bei energiereichen Teilchen relativ gerade verlaufen, bei energieärmeren aber auch Knicke aufweisen können.
γ-Quanten sind in der Nebelkammer aufgrund ihres geringen Ionisierungsvermögens direkt nicht nachweisbar. Sie erzeugen längs ihrer Bahn Photoelektronen, deren Spuren beobachtet werden können. Die Spur eines γ-Quants erscheint somit fasrig und recht undeutlich.

b)

113. Trennung

Da α- und β-Teilchen Ladungen entgegengesetzten Vorzeichens tragen, γ-Quanten aber ungeladen sind, werden α- und β-Teilchen von einem magnetischen oder einem elektrischen Feld in entgegengesetzter Richtung aus dem "Mischstrahl" heraus abgelenkt, während γ-Quanten ohne Ablenkung durch Felder gelangen können.

114. Ablenkung durch elektrische Felder

a) t_F bezeichne die Zeit, die das Teilchen zum Durchqueren des Feldes benötigt und a_y die Beschleunigung des Teilchens in y-Richtung zwischen den Kondensatorplatten. Dann gilt:

$$\left.\begin{array}{l} \left.\begin{array}{l} t_F = \frac{L}{v_0} \\ d = \frac{1}{2} \cdot a_y \cdot t_F^2 \end{array}\right\} \Rightarrow d = \frac{1}{2} \cdot a_y \cdot \frac{L^2}{v_0^2} \\ F_{elektrisch} = F_{Newton} \Rightarrow q \cdot E = m \cdot a_y \Rightarrow a_y = \frac{q}{m} \cdot E \end{array}\right\} \Rightarrow d = \frac{q \cdot E \cdot L^2}{2 \cdot m \cdot v_0^2}$$

b) $$\left.\begin{aligned} d_{\beta^-} &= \frac{e \cdot E \cdot L^2}{2 \cdot m_{\beta^-} \cdot v_0^2} \\ d_\alpha &= \frac{2 \cdot e \cdot E \cdot L^2}{2 \cdot m_\alpha \cdot v_0^2} \end{aligned}\right\} \Rightarrow \frac{d_{\beta^-}}{d_\alpha} = \frac{m_\alpha}{2 \cdot m_{\beta^-}} = \frac{4{,}0\,u}{2 \cdot 5{,}5 \cdot 10^{-4}\,u} = 3{,}6 \cdot 10^3$$

Die Ablenkung des β^--Teilchens ist wegen der wesentlich kleineren Masse also ca. 4000mal größer als die des α-Teilchens.

115. Ablenkung durch magnetische Felder

a) $$\left.\begin{aligned} F_{Lorentz} &= B \cdot q \cdot v_0 \\ F_{Zentral} &= \frac{m \cdot v_0^2}{r} \end{aligned}\right\} \Rightarrow \frac{m \cdot v_0^2}{r} = B \cdot q \cdot v_0 \Rightarrow r = \frac{m \cdot v_0}{q \cdot B}$$

b) $$\left.\begin{aligned} r_\alpha &= \frac{m_\alpha \cdot v_0}{2 \cdot e \cdot B} \\ r_{\beta^-} &= \frac{m_{\beta^-} \cdot v_0}{e \cdot B} \end{aligned}\right\} \Rightarrow \frac{r_\alpha}{r_{\beta^-}} = \frac{m_\alpha}{2 \cdot m_{\beta^-}} = \frac{4{,}0\,u}{2 \cdot 5{,}5 \cdot 10^{-4}\,u} = 3{,}6 \cdot 10^3$$

Der Kreisbahnradius des β^--Teilchens ist also ca. 4000mal kleiner als der des α-Teilchens. Daher werden auch in Magnetfeldern β^--Teilchen ca. 4000mal stärker abgelenkt als α-Teilchen.

116. Spezifische Ladung von β^--Teilchen

a) Bedingung für unabgelenktes Durchfliegen des Wienfilters:

$$F_{elektrisch} = F_{Lorentz} \Rightarrow q \cdot E = B_1 \cdot q \cdot v \Rightarrow v = \frac{E}{B_1} \Rightarrow v = \frac{3 \cdot 10^6\,\frac{V}{m}}{15 \cdot 10^{-3}\,T} =$$

$$= 2{,}0 \cdot 10^8\,\frac{m}{s} = \frac{2}{3} \cdot c$$

b) Berechnung von α:

$$\left.\begin{aligned} \left.\begin{aligned} 2\varphi + \vartheta = 180° &\Rightarrow \varphi = 90° - \frac{\vartheta}{2} \\ \alpha + \varphi + 90° = 180° &\Rightarrow \varphi = 90° - \alpha \end{aligned}\right\} &\Rightarrow \alpha = \frac{\vartheta}{2} \\ \tan\alpha = \frac{L}{r} \Rightarrow r = \frac{L}{\tan\alpha} & \end{aligned}\right\} \Rightarrow$$

$$\Rightarrow r = \frac{L}{\tan\frac{\vartheta}{2}} = \frac{2{,}6 \cdot 10^{-2}\,m}{\tan 6°} = 0{,}247\,m$$

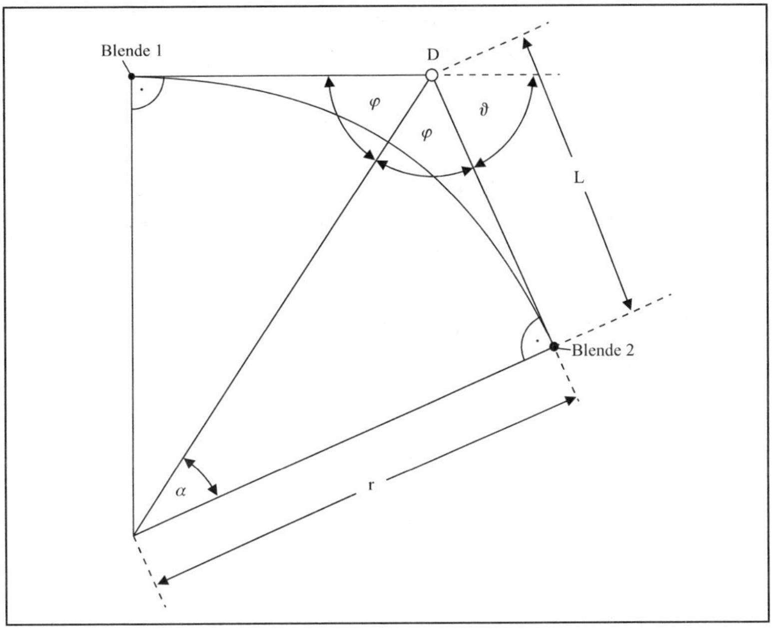

c) $$\left.\begin{aligned} F_{Lorentz} = F_{Zentral} \Rightarrow B_2 \cdot q \cdot v = \frac{m \cdot v^2}{r} \\ m = \frac{m_0}{\sqrt{1-\frac{v^2}{c^2}}} \end{aligned}\right\} \Rightarrow B_2 \cdot q = \frac{m_0 \cdot v}{r \cdot \sqrt{1-\frac{v^2}{c^2}}}$$

$$\Rightarrow \frac{q}{m_0} = \frac{v}{B_2 \cdot r \cdot \sqrt{1-\frac{v^2}{c^2}}} = \frac{2 \cdot 10^8 \frac{m}{s}}{6{,}1 \cdot 10^{-3} T \cdot 0{,}247 m \cdot \sqrt{1-\frac{4}{9}}} = 1{,}78 \cdot 10^{11} \frac{A \cdot s}{kg}$$

d) Es sind nur 2 Teilchen bekannt, deren spezifische Ladung den Wert $1{,}7588 \cdot 10^{11} \frac{A \cdot s}{kg}$ hat, das Elektron und das Positron. Der Meßwert von $1{,}78 \cdot 10^{11} \frac{A \cdot s}{kg}$ und die Richtung der Ablenkung weisen daher die β^--Teilchen als Elektronen aus.

Hinweise:

1. Möchte man die spezifische Ladung von Alphateilchen in analoger Weise messen, so ist dies wegen ihrer wesentlich geringeren Ablenkung in Magnetfeldern (vgl. Aufgabe 115) nur unter erheblichem experimentellem Aufwand

möglich. Darüber hinaus ist eine Aufdeckung der Natur der Alphateilchen über ihre spezifische Ladung nicht eindeutig möglich:
Bezeichnet nämlich m_N die Masse eines Nukleons ($m_p \approx m_n \approx m_N$), so gilt:

$$\left(\frac{q}{m}\right)_\alpha = \frac{2\cdot e}{4\cdot m_N} = \frac{e}{2\cdot m_N}; \quad \left(\frac{q}{m}\right)_{Deuteron} = \frac{e}{2\cdot m_N}; \quad \left(\frac{q}{m}\right)_{Li6} = \frac{3\cdot e}{6\cdot m_N} = \frac{e}{2\cdot m_N}$$

usw.
Es gibt also noch andere Nuklide, die prinzipiell die gleiche spezifische Ladung wie α-Teilchen besitzen. Die kleinen, durch unterschiedliche Bindungsenergien bedingten Abweichungen in den spezifischen Ladungen sind nur mit Massenspektrometern meßtechnisch erfaßbar.

2. Vergleichen Sie wegen Teilaufgabe b auch mit Aufgabe 49, Band 1, Titel 94321!

117. Die Identifizierung der α-Teilchen durch Rutherford und Royds

In einer dünnwandigen Kapillare befindet sich ein Radonpräparat P. Die Kapillarwände sind so beschaffen, daß durch sie die von P emittierten α-Teilchen ins evakuierte Sammelrohr gelangen können. Dort fangen sie Elektronen ein und werden zu He-Atomen. Nach einer Wartezeit von mehreren Tagen wird das im Sammelrohr befindliche Gas durch Einpumpen von Quecksilber nach oben in eine Spektralröhre gepreßt.

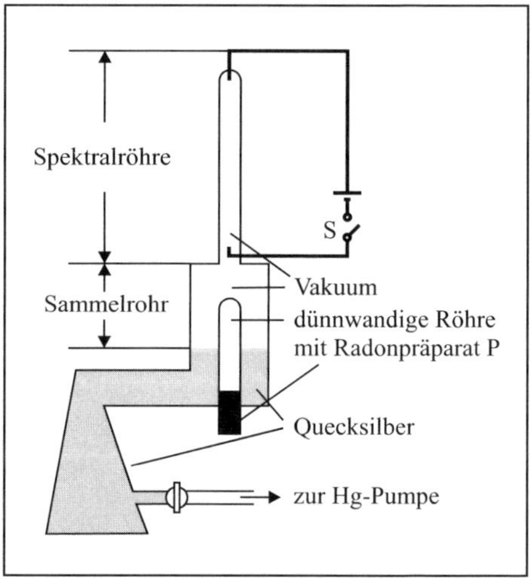

Die anschließend gezündete Glimmentladung emittiert die Spektrallinien des Heliums.
In einem zweiten Kontrollversuch wird sichergestellt, daß Helium nicht von außen ins Sammelrohr diffundieren konnte.

118. Natur der γ-Strahlung

γ-Strahlung verhält sich in allen Versuchen wie die als elektromagnetische Strahlung bekannte hochfrequente Röntgenstrahlung: So sind γ-Quanten auch durch stärkste elektrische und magnetische Felder nicht ablenkbar (wie Röntgenstrahlung), besitzen ein sehr schwaches Ionisierungsvermögen (wie Röntgenstrahlung), können Photo- und Comptoneffekt auslösen (wie Röntgenstrahlung). Stärkstes Indiz aber ist der durch *direkte* Messung gefundene Wert für die Geschwindigkeit von γ-Quanten: Vakuumlichtgeschwindigkeit.

119. Verschiebungssätze

a) – Bei einer α-*Umwandlung* nimmt die Ordnungszahl Z des radioaktiven Elements um 2, die Massenzahl A um 4 Einheiten ab.
- Bei einer β^--*Umwandlung* nimmt die Ordnungszahl Z des radioaktiven Elements um eine Einheit zu, die Massenzahl A bleibt unverändert.
- Bei einer γ-*Umwandlung* ändern sich Ordnungszahl Z und Massenzahl A nicht.

b) Veranschaulichung im N-Z-Diagramm:

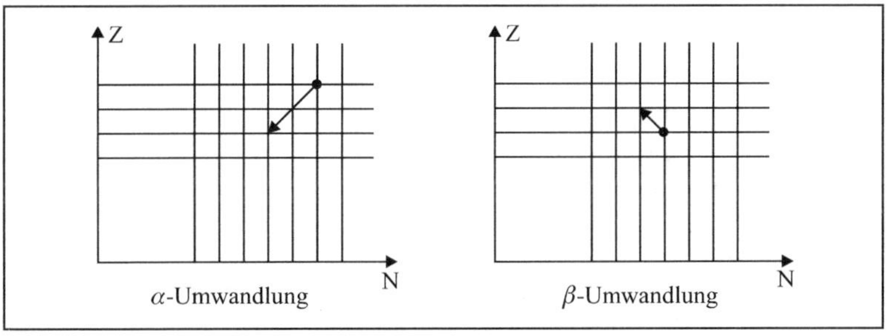

c) Da das α-Teilchen ein ${}^4_2$He-Kern und das Elektron ein einfach geladenes Nichtnukleon ist, ${}^{\ 0}_{-1}e^-$, werden die Verschiebungssätze durch folgende Zerfallsgleichungen begründet:

α-Umwandlung: $\quad {}^A_Z X \rightarrow {}^{A-4}_{Z-2}Y + {}^4_2He$

β^--Umwandlung: $\quad {}^A_Z X \rightarrow {}^{\ \ A}_{Z+1}Y + {}^{\ 0}_{-1}e^-$

120. Ergänzungsaufgabe

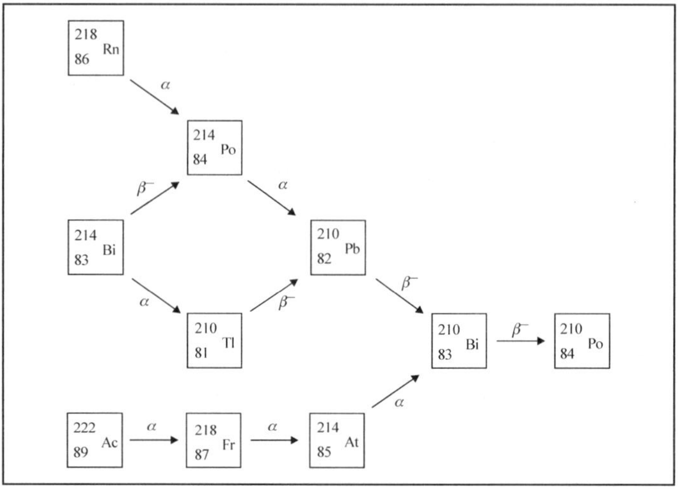

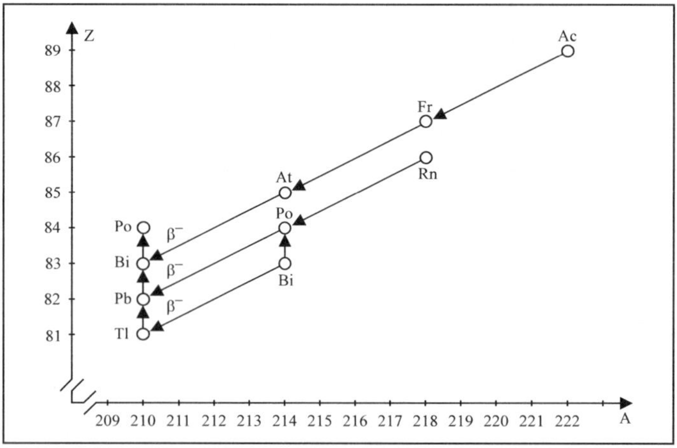

121. Zerfallsreihen

a) Zerfallsprodukte radioaktiver Elemente sind meist wieder radioaktiv. Radioaktive Elemente, die durch Zerfall auseinander hervorgehen, bilden in ihrer Gesamtheit eine Zerfallsreihe. Jede Zerfallsreihe beginnt mit einer Muttersubstanz und endet bei einem stabilen Endprodukt.

b) Nach den Verschiebungssätzen von FAJANS und SODDY nimmt beim natürlichen radioaktiven Zerfall die Massenzahl entweder um 4 Einheiten ab oder bleibt unverändert. Besitzt die Massenzahl A der Muttersubstanz einer Zerfallsreihe, z. B. die Darstellung $A = 4\,n + 1$ mit $n \in \mathbb{N}$, so sind die Massenzahlen sämtlicher Mitglieder dieser Zerfallsreihe also ebenfalls vom Typ $4\,n + 1$. Da es aber für eine natürliche Zahl A nur die 4 prinzipiell verschiedenen Darstellungen $4\,n$, $4\,n + 1$, $4\,n + 2$, $4\,n + 3$ gibt, kann es höchstens 4 verschiedene Zerfallsreihen geben.
Der tiefere Grund ist also die Tatsache, daß beim natürlichen radioaktiven Zerfall massenrelevant nur ein Teilchen mit der Massenzahl 4 auftritt.

122. Rechnungen zu Zerfallsreihen

a)

$$\left.\begin{array}{ll} 8\,\alpha\text{-Zerfälle:} & \begin{array}{l}\text{A nimmt um } 8 \cdot 4 = 32 \text{ Einheiten ab}\\ \text{Z nimmt um } 8 \cdot 2 = 16 \text{ Einheiten ab}\end{array} \\ 4\,\beta^{-}\text{-Zerfälle:} & \begin{array}{l}\text{keine Veränderung bei A}\\ \text{Z nimmt um 4 Einheiten zu}\end{array}\end{array}\right\} \Rightarrow$$

$\Rightarrow$ A nimmt insgesamt um 32 Einheiten, Z um $16 - 4 = 12$ Einheiten ab.

$$\Rightarrow \quad {}^{241}_{95}\text{Am} \xrightarrow{8\alpha,4\beta} {}^{241-32}_{95-12}\text{X} = {}^{209}_{83}\text{Bi}$$

b) Ausgangsnuklid ${}^{227}_{89}\text{Ac}$, Endnuklid ${}^{207}_{81}\text{Tl}$

Anzahl N_α der α-Zerfälle aus Änderung der Massenzahl A:

$$N_\alpha = \frac{227-207}{4} = \frac{20}{4} = 5$$

Da die Kernladungszahl um 8 abgenommen hat, aber die 5 α-Zerfälle eine Abahme um 10 nach sich ziehen, haben noch 2 β^--Zerfälle stattgefunden.

c) Wegen $237 = 59 \cdot 4 + 1$ und $211 = 52 \cdot 4 + 3$ sind die Masssenzahlen von Np 237 bzw. Po 211 vom Typ $4\,n + 1$ bzw. $4\,n + 3$. Da alle Mitglieder einer Zerfallsreihe gleichen Massenzahltyp besitzen, kann Po 211 nicht aus Np 237 entstehen.

123. Wechselwirkung von radioaktiver Strahlung mit Materie

a) α-Teilchen verlieren ihre Energie hauptsächlich über die Coulombwechselwirkung durch Stöße mit gebundenen Elektronen der Atome im Absorbermaterial. Dabei können die Elektronen entweder auf höhere diskrete Niveaus gehoben (Anregung) oder aus dem Atom gestoßen werden (Ionisation). Bei energiereichen α-Teilchen überwiegt die Ionisation.
Aufgrund ihrer großen Masse werden die α-Teilchen bei ihren Stößen mit den Elektronen nur unwesentlich aus ihrer ursprünglichen Einfallsrichtung abgelenkt (vgl. Hinweis 1).

b) β^--Teilchen erleiden auf ihrem Weg durch Materie Energieverluste und erfahren starke Ablenkungen von der ursprünglichen Einfallsrichtung.
Zu den Energieverlusten: Bei nicht zu großer kinetischer Energie verlieren die eingestrahlten β^--Teilchen ihre Energie vorwiegend über die Coulombwechselwirkung, indem sie wie α-Teilchen Anregung und Ionisation hervorrufen. Bei großen kinetischen Energien gewinnt jedoch der Energieverlust durch Strahlung an Bedeutung. Fliegt nämlich ein β^--Teilchen an einem Kern vorbei, so wird es durch die Coulombkraft abgelenkt und dabei beschleunigt. Da beschleunigte Ladungen strahlen, gibt das β^--Teilchen Bremsstrahlung ab (vgl. Hinweis 2).
Zur Ablenkung von der Einfallsrichtung: Aufgrund ihrer kleinen Masse erfahren die β^--Teilchen durch die Coulombkraft teils gewaltige Ablenkungen von der Einschußrichtung, so daß sie hinter dem Absorber nicht mehr in der ursprünglichen Strahlrichtung zu finden sind. Dies führt zu einer zusätzlichen Schwächung der Strahlung.

c) γ-Quanten wechselwirken hauptsächlich über den Photoeffekt, den Comptoneffekt oder die Paarerzeugung mit Materie.
Beim Photoeffekt wird das γ-Quant von einem Atom absorbiert, indem ein Elektron aus einer Schale gelöst wird, das die gesamte Energie des γ-Quants übernimmt. Die kinetische Energie des Photoelektrons ist gleich der um die Bindungsenergie des Elektrons verminderte Energie des γ-Quants.
Beim Comptoneffekt wird das γ-Quant an einem Elektron des Atoms gestreut, ändert seine Richtung und gibt einen Teil seiner Energie an das Elektron ab.

Bei der Paarerzeugung zerfällt das γ-Quant im Coulombfeld eines Kerns, der für den Ausgleich der Energie- und Impulsbilanz sorgt, in ein Elektron-Positron-Paar.

Hinweise:

1. Beachten Sie in diesem Zusammenhang auch die Ergebnisse des Rutherfordschen Streuversuchs (Aufgabe 40): Für Rutherford waren nur die ganz wenigen α-Teilchen interessant, die von der Coulombkraft des Atomkerns merklich aus der ursprünglichen Strahlrichtung abgelenkt worden sind. Diese Teilchen werden in Teilaufgabe a nicht erwähnt.
2. Vergleichen Sie mit der Entstehung des Röntgenbremsspektrums (Aufgabe 78).

124. Zum Begriff "Reichweite"

a) Unter der Reichweite eines Teilchens versteht man diejenige Schichtdicke, die ein Teilchen durchdringt, bis es seine gesamte Energie verloren hat.

b) γ-Quanten geben, vom Comptoneffekt einmal abgesehen, ihre gesamte Energie in einem einzigen "Alles-oder-Nichts-Prozeß" vollständig ab. Da diese Vernichtung des γ-Quants mit gleicher Wahrscheinlichkeit an jeder Stelle des Absorbers erfolgen kann, ist eine Festlegung der Reichweite in obigem Sinn nicht möglich.

c) Da β^--Teilchen bei einem Stoß bis zur Hälfte ihrer Energie abgeben können und sich auf Zick-Zack-Bahnen durch den Absorber bewegen, schwanken die Schichtdicken, innerhalb derer β^--Teilchen ihre Energie verlieren, sehr stark und ihre Bahnlängen sind wesentlich größer als diese Schichtdicken.

Hinweise:

1. Da α-Teilchen als schwere Teilchen durch Coulombstöße mit den Hüllenelektronen der Atome im Absorber kaum abgelenkt werden, sind ihre Bahnen geradlinig und ihre Reichweiten praktisch gleich ihren Bahnlängen.
2. Als mittlere Reichweite für β^--Teilchen wird diejenige Schichtdicke $\overline{R}$ festgelegt, innerhalb derer die Hälfte der eingestrahlten β^--Teilchen festgehalten wird.

125. Reichweitenmessung für α-Teilchen mit der Bragg-Kammer

a) β^-- und γ-Strahlung werden wegen ihres geringen Ionisierungsvermögens von Ionisationskammern nicht festgestellt. Zum Nachweis, daß nur α-Teilchen für den Ionisationsstrom I_{Ion} verantwortlich sind, bringt man vor das Metallgitter ein Blatt Papier. Dann sinkt I_{Ion} sofort auf Null. Würden auch β^--Teilchen oder γ-Quanten in nennenswertem Maß zu I_{Ion} beitragen, so müßte auch mit dem Papierabsorber, der für sie ja kein Hindernis darstellt, ein Strom I_{Ion} meßbar sein.

b) (1) Für $x_P > x_3$ werden alle vom Präparat P ausgesandten α-Teilchen durch die Luftschicht vor dem Gitter G absorbiert, I_{Ion} ist Null. Verringert man den Abstand $\overline{PG}$, so gelangen zunächst die weitreichendsten α-Teilchen durch G in die Kammer und lösen dort durch die Ionisierung der Luftmoleküle im Kammerinneren I_{Ion} aus. Je kleiner x_P, desto mehr α-Teilchen gelangen in die Kammer und desto größer wird I_{Ion}. Das Maximum ist erreicht, wenn alle von P pro Zeiteinheit emittierten α-Teilchen bis zur Auffängerelektrode K gelangen.

(2) Folgerungen hinsichtlich der Reichweite:

- Die Reichweite ist ziemlich einheitlich, da trotz des Abstandes $\overline{KG}$, 5 mm < $\overline{KG}$ < 10 mm, $x_3 - x_2$ relativ klein ist.
- Die größte Reichweite R_{max} beträgt: $R_{max} = x_3$.
- Die kürzeste Reichweite R_{min} kann nicht eindeutig bestimmt werden, da der Anstieg von I_{Ion} bei kleiner werdendem x_P nicht nur durch die zusätzlich in die Kammer eintretenden α-Teilchen, sondern auch durch die zwischen K und G zunehmende Ionisation bedingt wird.

c) Wenn $0 < x_P < x_2$ erreichen alle von P während Δt emittierten α-Teilchen K. Daher bleibt die Zahl der zwischen K und G in Δt erzeugten Ionen-Elektronen-Paare und damit auch I_{Ion} konstant.

Hinweis:

Das Ionisierungsvermögen eines α-Teilchens ist um so größer, je kleiner seine Geschwindigkeit ist. Daher besitzen α-Teilchen am Ende ihrer Flugbahn ($x_1 < x_P < x_2$) ein größeres Ionisierungsvermögen und daher steigt I_{Ion} über den für $x_P < x_1$ konstanten Wert zu dem Höcker an.

126. Das Absorptionsgesetz für γ-Strahlung

a) Die z. B. mit einem Zählrohr (ZR) gemessene Impulsrate eines monoenergetische γ-Strahlung emittierenden Präparats (P) nimmt nach einem Exponentialgesetz mit zunehmender Dicke d eines zwischen ZR und P befindlichen Absorbers ab:

$$Z(d) = Z_0 \cdot e^{-\mu \cdot d}$$

Z_0 bezeichnet dabei die Impulsrate ohne Absorber, μ den sog. Schwächungskoeffizienten.

b)

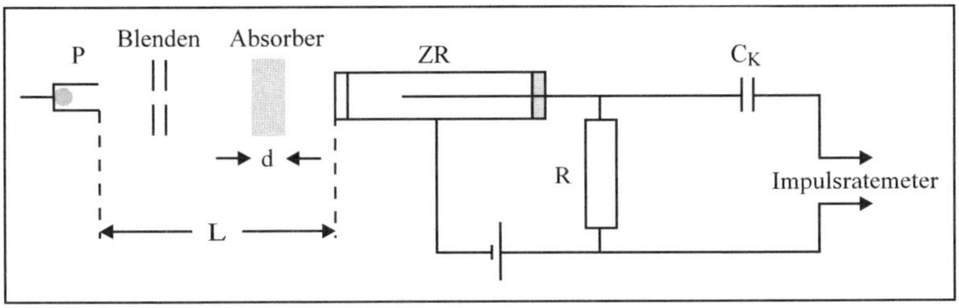

Zwischen P (konstante Aktivität, monoenergetische γ-Quanten) und ZR werden nacheinander materialgleiche Absorber unterschiedlicher Dicke d gebracht, ohne dabei den Abstand L zwischen P und ZR zu verändern. Jedesmal wird die zugehörige Zählrate gemessen.

c)

Absorberdicke d in cm	0	1,0	2,0	3,0	4,0	5,0	6,0	7,0
Zählrate Z	166 700	64 450	24 917	9 634	3 725	1 440	557	215
$\ln \frac{Z}{Z(0)}$	0	– 0,95	– 1,90	– 2,85	– 3,80	– 4,75	– 5,70	– 6,65

Da die Meßwertpaare in einem d–$\ln\frac{Z(d)}{Z(0)}$-Diagramm (siehe folgende Seite) auf einer Ursprungsgeraden mit der negativen Steigung – m liegen, gilt:

$$\ln\frac{Z(d)}{Z(0)} = -m \cdot d \Rightarrow \frac{Z(d)}{Z(0)} = e^{-m \cdot d} \Rightarrow Z(d) = Z(0) \cdot e^{-m \cdot d}$$

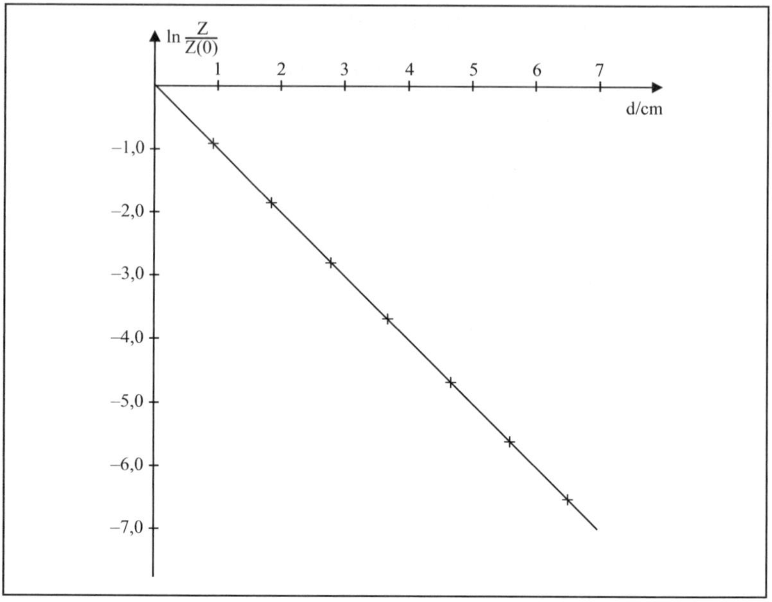

d) Vergleicht man das Ergebnis aus Teilaufgabe c mit dem Absorptionsgesetz, so erhält man m = μ. Der Betrag der Steigung der Geraden im d–$\ln\frac{Z(d)}{Z(0)}$-Diagramm ist der Schwächungskoeffizient μ.

$$\Rightarrow \mu = \frac{6{,}65}{7\,\text{cm}} = 0{,}95\,\frac{1}{\text{cm}}$$

Hinweise:

1. Auch die Intensität von β^--Strahlung wird beim Durchgang durch feste Körper näherungsweise mit zunehmender Absorberdicke nach einem Exponentialgesetz geschwächt. Das für γ- und β^--Strahlung geltende Gesetz finden Sie in der Formelsammlung auf Seite 56 / 5.5

2. Der Schwächungskoeffizient μ ist keine Konstante, er hängt von der Art des Absorbermaterials und der Energie der γ-Quanten ab.

3. Das Schwächungsgesetz für γ-Quanten läßt sich auch theoretisch herleiten. Diese Herleitung brauchen Sie nicht zu beherrschen. Sie weist jedoch große Ähnlichkeiten mit der Herleitung des Gesetzes für den radioaktiven Zerfall in Aufgabe 139 auf:
Bezeichnet ΔN die Anzahl der γ-Quanten, die durch Wechselwirkung in einer infinitesimal dünnen Schicht der Dicke Δd dem Strahl verlorengehen, so gilt ΔN ~ Δd. γ-Quanten führen nämlich "Alles-oder-Nichts-Wechselwirkungen"

aus. Sie gehen entweder "unbehelligt" durch den Absorber, oder werden in einer einzigen "tödlichen Begegnung mit einem Absorberatom" vernichtet und gehen dem Strahl verloren. Ferner gilt natürlich $\Delta N \sim N$. N bezeichnet dabei die Zahl der γ-Quanten, die auf die infinitesimal dünne Schicht trifft.

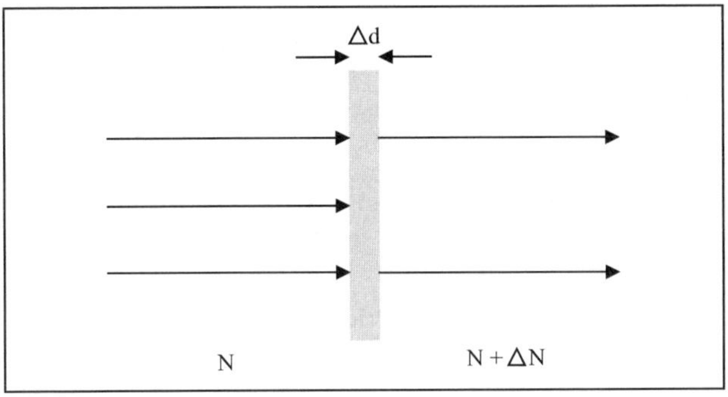

$$\left.\begin{array}{l}\Delta N \sim \Delta d \\ \Delta N \sim N\end{array}\right\} \Rightarrow \Delta N \sim N \cdot \Delta d \Rightarrow \Delta N = -\mu \cdot N \cdot \Delta d$$

μ ist eine Proportionalitätskonstante; das Minuszeichen trägt der Tatsache Rechnung, daß die Zahl N mit zunehmendem Δd abnimmt.

$$\Delta N = -\mu \cdot N \cdot \Delta d \Rightarrow \frac{\Delta N}{\Delta d} = -\mu \cdot N \xrightarrow{\Delta d \text{ sehr klein}} N' = -\mu \cdot N \Rightarrow$$

$$\left.\begin{array}{l}\Rightarrow \quad \frac{N'}{N} = -\mu \Rightarrow \int\limits_0^d \frac{N'(\xi)}{N(\xi)}\, d\xi = -\int\limits_0^d \mu d\xi \\ \int\limits_0^d \frac{N'(\xi)}{N(\xi)}\, d\xi = \left[\ln N(\xi)\right]_0^d = \ln N(d) - \ln N(0) = \ln \frac{N(d)}{N(0)} \\ \int\limits_0^d -\mu d\xi = \left[-\mu \cdot \xi\right]_0^d = -\mu \cdot d\end{array}\right\} \Rightarrow$$

$$\Rightarrow \quad \ln \frac{N(d)}{N(0)} = -\mu \cdot d \Rightarrow \frac{N(d)}{N(0)} = e^{-\mu \cdot d} \Rightarrow$$

$$\Rightarrow \quad N(d) = N(0) \cdot e^{-\mu \cdot d}$$

127. Halbwertsdicke

a) Die Halbwertsdicke ist diejenige Schichtdicke eines Absorbers, nach deren Durchstrahlung mit monoenergetischen γ-Quanten sich die Intensität der Strahlung auf den halben Wert ihres Anfangsbetrages verringert hat.

b) Nach Definition von D gilt: $N(D) = \frac{N_0}{2}$
Nach dem Absorptionsgesetz gilt: $N(D) = N_0 \cdot e^{-\mu \cdot D}$ $\Bigg\} \Rightarrow$

$$\Rightarrow \frac{N_0}{2} = N_0 \cdot e^{-\mu \cdot D} \Rightarrow e^{-\mu \cdot D} = \frac{1}{2} \Rightarrow -\mu \cdot D = \ln\frac{1}{2} \Rightarrow \mu = \frac{\ln 2}{D}$$

Hinweise:

1. Da μ von der Art des Absorbermaterials und der Energie der verwendeten γ-Quanten abhängt (vgl. Hinweis zu Aufgabe 126) ist D ebenfalls von der Art des Absorbermaterials und der Energie der verwendeten γ-Quanten abhängig. D ist also keine Material*konstante*.
2. Beachten Sie, daß die Herleitung der Beziehung $\mu = \frac{\ln 2}{D}$ völlig analog zur Herleitung der Beziehung $\lambda = \frac{\ln 2}{T}$ in Aufgabe 140 erfolgt.
3. Die Beziehung $D = \frac{\ln 2}{\mu}$ finden Sie in der Formelsammlung auf S. 56 / 5.6

128. Grundaufgaben zum Absorptionsgesetz

a) $\frac{Z_1}{Z_2} = \frac{Z(d_1)}{Z(d_2)} = \frac{Z_0 \cdot e^{-\mu \cdot d_1}}{Z_0 \cdot e^{-\mu \cdot d_2}} = e^{-\mu \cdot (d_1 - d_2)} \Rightarrow \ln\frac{Z_1}{Z_2} = -\mu \cdot (d_1 - d_2)$

$$\Rightarrow \mu = \frac{1}{d_2 - d_1} \cdot \ln\frac{Z_1}{Z_2} = \frac{1}{4{,}0\,\text{cm} - 1{,}0\,\text{cm}} \cdot \ln\frac{3867\,\frac{1}{\text{min}}}{223\,\frac{1}{\text{min}}} = 0{,}95\,\frac{1}{\text{cm}}$$

b) $Z_1 = Z(0) \cdot e^{-\mu \cdot d_1} \Rightarrow Z(0) = Z_1 \cdot e^{\mu \cdot d_1} = 3867\,\frac{1}{\text{min}} \cdot e^{0{,}95\frac{1}{\text{cm}} \cdot 1{,}0\,\text{cm}} =$

$$= 10^4\,\frac{1}{\text{min}}$$

c) $D = \frac{\ln 2}{\mu} \overset{a}{=} \frac{\ln 2}{0{,}95\frac{1}{\text{cm}}} = 0{,}73\,\text{cm}$

d) $\left.\begin{aligned} \frac{Z(d)}{Z(0)} &\overset{!}{=} 0{,}03 \\ \frac{Z(d)}{Z(0)} &= e^{-\mu \cdot d} \end{aligned}\right\} \Rightarrow e^{-\mu \cdot d} = 0{,}03 \Rightarrow -\mu \cdot d = \ln 0{,}03 \Rightarrow$

$$d = \frac{\ln 0{,}03}{-\mu} = \frac{\ln 0{,}03}{-0{,}95\frac{1}{\text{cm}}} = 3{,}7\,\text{cm}$$

129. Theoretische Herleitung des quadratischen Abstandsgesetzes

Da pro Zeiteinheit durch die gesamte Oberfläche $4 \cdot \pi \cdot r^2$ einer Kugel um M mit Radius r N_0 Teilchen treten, treten nach Dreisatz durch ein Flächenstück des Inhalts A von dieser Kugeloberfläche

$\frac{N_0}{4 \cdot r^2 \cdot \pi} \cdot A$ Teilchen pro Zeiteinheit.

Daher gilt:

$$\left.\begin{array}{l} N_1 = \frac{N_0}{4 \cdot r_1^2 \cdot \pi} \cdot A \\ N_2 = \frac{N_0}{4 \cdot r_2^2 \cdot \pi} \cdot A \end{array}\right\} \Rightarrow \frac{N_1}{N_2} = \frac{\frac{N_0}{4 \cdot r_1^2 \cdot \pi} \cdot A}{\frac{N_0}{4 \cdot r_2^2 \cdot \pi} \cdot A} = \frac{\frac{1}{r_1^2}}{\frac{1}{r_2^2}} = \left(\frac{r_2}{r_1}\right)^2$$

130. Experimentelle Bestätigung des quadratischen Abstandsgesetzes

a)

r / cm	5,0	7,5	10,0	12,5	15,0	17,5	20,0
$Z(r) / \frac{1}{min}$	15 000	6 600	3 750	2 390	1 670	1 230	930
$\frac{1}{\sqrt{Z(r)}} / \sqrt{min}$	0,008	0,012	0,016	0,020	0,024	0,029	0,033

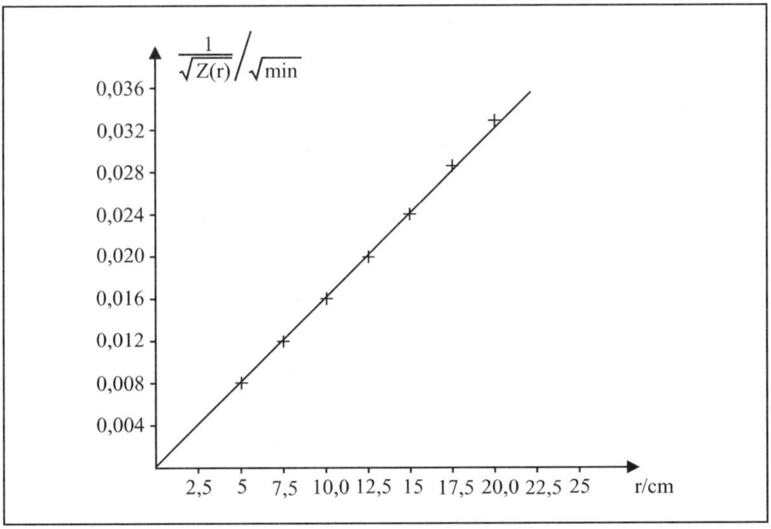

b) Da das r–$\frac{1}{\sqrt{Z(r)}}$-Diagramm eine Ursprungsgerade mit positiver Steigung m ist, gilt:

$$\frac{1}{\sqrt{Z(r)}} = m \cdot r \Rightarrow \frac{1}{Z(r)} = m^2 \cdot r^2 \Rightarrow Z(r) = \frac{1}{m^2} \cdot \frac{1}{r^2} \Rightarrow$$

$$\Rightarrow \quad \frac{Z(r_1)}{Z(r_2)} = \frac{\frac{1}{m^2 \cdot r_1^2}}{\frac{1}{m^2 \cdot r_2^2}} = \left(\frac{r_2}{r_1}\right)^2$$

c) Mit Worten: Die Zählraten in zwei verschiedenen Abständen von einem radioaktiven Präparat verhalten sich umgekehrt wie die Quadrate dieser Abstände.

d) $\frac{Z(r_1)}{Z(r_2)} = \left(\frac{r_2}{r_1}\right)^2 \Rightarrow Z(r_1) = Z(r_2) \cdot \left(\frac{r_2}{r_1}\right)^2 \Rightarrow$

$$\Rightarrow \quad Z(25\text{ cm}) = Z(5\text{ cm}) \cdot \left(\frac{5\text{cm}}{25\text{cm}}\right)^2 = 15000 \frac{1}{\text{min}} \cdot \frac{1}{25} = 600 \frac{1}{\text{min}}$$

131. Rechenaufgabe zum quadratischen Abstandsgesetz

$Z_i(r)$ bezeichne die mit dem Zählrohr registrierte Zählrate, wenn sich nur das Präparat P_i in einer Entfernung r vor dem Zählrohr befindet (i = 1,2). Für eine beliebige Entfernung r_0 gilt dann nach dem quadratischen Abstandsgesetz (vgl. Aufgabe 130):

$$\left.\begin{array}{l} \frac{Z_1(r_1)}{Z_1(r_0)} = \left(\frac{r_0}{r_1}\right)^2 \Rightarrow Z_1(r_0) = \left(\frac{r_1}{r_0}\right)^2 \cdot Z_1(r_1) \\ \frac{Z_2(r_2)}{Z_2(r_0)} = \left(\frac{r_0}{r_2}\right)^2 \Rightarrow Z_2(r_0) = \left(\frac{r_2}{r_0}\right)^2 \cdot Z_2(r_2) \end{array}\right\} \Rightarrow$$

$$\Rightarrow \quad \frac{Z_1(r_0)}{Z_2(r_0)} = \frac{\left(\frac{r_1}{r_0}\right)^2 \cdot Z_1(r_1)}{\left(\frac{r_2}{r_0}\right)^2 \cdot Z_2(r_2)} = \left(\frac{r_1}{r_2}\right)^2 \cdot \frac{Z_1(r_1)}{Z_2(r_2)} =$$

$$= \left(\frac{5{,}0\text{ cm}}{8{,}0\text{ cm}}\right)^2 \cdot \frac{7020 \frac{1}{\text{min}}}{4450 \frac{1}{\text{min}}} = 0{,}6$$

$$\Rightarrow Z_1(r_0) = 0{,}6 \cdot Z_2(r_0) \Rightarrow Z_1(r_0) < Z_2(r_0)$$

Befinden sich beide Präparate in gleicher Entfernung vor dem Zählrohr, so treffen von P_1 weniger γ-Quanten auf das Zählrohrfenster als von P_2. P_1 besitzt demnach die kleinere Aktivität.

132. Biologische Strahlenwirkung

Trifft radioaktive Strahlung auf einen Organismus, so kommt es dort innerhalb eines Bruchteils einer tausendstel Sekunde zur Anregung und Ionisation von Atomen und Molekülen (physikalische Primärreaktion). Diese ionisierten Atome oder Moleküle können sich innerhalb von Sekundenbruchteilen bis hin zu Minuten durch chemische Umwandlungen reversibel oder irreversibel zu neuen Verbindungen (auch toxischen) zusammenschließen (chemische Sekundärreaktion).
Auf diese ersten chemischen Umwandlungen folgen Veränderungen von Funktionsabläufen (z. B. Veränderungen der Durchlässigkeit der Zellwände) oder Veränderungen im Stoffwechsel (biochemische Reaktion).
Diese biochemischen Reaktionen führen schließlich zum manifesten biologischen Strahlenschaden (vgl. Hinweis).

Hinweise:

1. Radioaktive Strahlung kann z. B. die **Zellteilung** sogenannter Stammzellen in Mausergeweben (richtiger: aktiv prolieferierende Zellerneuerungssysteme), also z. B. Knochenmark, innere Darmwand, Oberhaut, Haare, kleine Blutgefäße, ... stören oder völlig unterbinden und so dazu führen, daß die in diesen Geweben fortlaufenden natürlichen Zellverluste nicht mehr ausgeglichen werden. Ein Zusammenbruch des Organs mangels Zellnachschub ist die Folge.
2. Sie kann aber auch die **Zelldifferenzierung** in der Embryonalentwicklung oder beim Erwachsenen (z. B. bei der Nachbildung spezieller Blutzellen im Knochenmark) stören oder unterbinden und dadurch schwerste Schäden hervorrufen.
3. Ausdifferenzierte, auf einen bestimmten Aufgabenbereich spezialisierte Zellen sind zwar weit weniger empfindlich gegenüber radioaktiver Strahlung, können jedoch in ihrer **Zellfunktion** durch biochemische Reaktionen gestört werden und dadurch Funktionsstörungen des betreffenden Organs hervorrufen.
4. Schließlich kann die **Regulation der Zelle im Zellverband**, also die Fähigkeit der Zelle, sich im Zellverband ein- und unterzuordnen, durch radioaktive Strahlung verlorengehen und so aus einer normalen Zelle eine Krebszelle entstehen.

All diese Prozesse sind jedoch hochkomplex und noch lange nicht bis ins letzte genau bekannt!

133. Klassifizierung von Strahlenschäden

a) Nichtstochastische Strahlenschäden sind Schäden, die erst nach Überschreiten einer Schwellendosis auftreten, Schäden, deren Schweregrad von der Höhe der Dosis abhängt. Ursachen sind Zellteilungsstörungen.

Bei nichtstochastischen Schäden handelt es sich um ein multicelluläres Ereignis. Beispiele sind: die akute Strahlenkrankheit, Rötung der Haut, Fertilitätsstörungen.

b) Stochastische Strahlenschäden sind Schäden, für deren Eintreten **kein** Schwellenwert angegeben werden kann, deren Eintritts**wahrscheinlichkeit** von der Höhe der Dosis abhängt. Ursachen sind Mutationen an den Körper- oder Keimzellen, deren Zellteilungsfähigkeit erhalten geblieben ist. Es handelt sich um ein unicelluläres Ereignis. Beispiele sind strahlenbedingte bösartige Geschwülste oder Erbkrankheiten.

c) Genetische Schäden sind Schäden an den Keimzellen (Eizelle der Frau bzw. Samenzelle des Mannes) und an den Geweben, die diese Keimzellen produzieren (Eierstöcken bzw. Hoden).

d) Somatische Schäden sind alle nicht genetischen, also den übrigen Körper betreffende Schäden.

134. Dosisbegriffe

Unter der **Energiedosis D** versteht man den Quotienten aus der vom Körper absorbierten Energie ΔE und der Masse Δm des Körpers:

$$D = \frac{\Delta E}{\Delta m}$$

Die Einheit der Energiedosis ist das Gray (Gy): $1\,\text{Gy} = \frac{1\,\text{J}}{1\,\text{kg}}$

Da verschiedene Strahlenarten bei gleicher Energiedosis biologisch unterschiedlich wirksam sind, führt man die **Äquivalenzdosis H** ein. H erhält man aus D durch Multiplikation mit dem empirisch ermittelten Faktor q der relativen biologischen Wirksamkeit (RBW-Faktor):

$$H = q \cdot D$$

Für α- bzw. γ-Strahlen hat q den Wert 20 bzw. 1. Will man also mit α-Strahlen den gleichen biologischen Effekt wie mit γ-Strahlen erzielen, so benötigt man nur $\frac{1}{20}$ der Energiedosis der γ-Strahlen.
Die Einheit der Äquivalenzdosis ist das Sievert (Sv): $1\,\text{Sv} = \frac{1\,\text{J}}{1\,\text{kg}}$

Unter der **Dosisleistung** versteht man den Quotienten aus der Energiedosis D bzw. der Äquivalenzdosis H und der Einwirkungszeit Δt der Strahlung, also $\frac{D}{\Delta t}$ bzw. $\frac{H}{\Delta t}$.

Hinweise:

1. Die Definitionsgleichungen für D und H finden Sie in der Formelsammlung auf Seite 56 / 5.7 bzw. 5.8.

2. Die Energiedosis ist eine recht trügerische Größe, da sie nicht zum Ausdruck bringt, daß radioaktive Strahlung verglichen mit anderen Formen der Energiezufuhr biologisch äußerst wirksam ist: so entspricht z. B. die Energiezufuhr in Form radioaktiver Strahlung der Energiedosis 7 Gy (Ganzkörperbestrahlung), eine absolut tödliche Dosis, gerade der durch die Termperaturdifferenz zur Körpertemperatur bedingten Wärmeenergie, einer Tasse Kaffee!

3. Merken Sie sich als Anhaltspunkte folgende Daten (die von Ihnen in Prüfungen aber nicht verlangt werden):
   RBW-Faktoren für

Röntgen-, γ-, β-Strahlen	:	$q = 1$
Neutronen	:	$q = 5$ bis 10
α-Strahlen	:	$q = 10$ bis 20

   Ca. 4 Sv als Ganzkörperbestrahlung auf einen Schlag gegeben, töten ca. 50 von 100 Menschen innerhalb von 30 Tagen.
   Ca. 1 mSv pro Jahr beträgt die natürliche Strahlenbelastung, der die Menschheit seit Anbeginn ausgesetzt ist.

135. Rechenaufgabe zu den Dosisbegriffen

a) $$\left.\begin{array}{l}\text{FS. S. 56/5.8} \quad H = q \cdot D \\ q = 1 \text{ für } \beta^- \text{- und } \gamma\text{-Strahlen}\end{array}\right\} \Rightarrow H = 1 \cdot 2{,}5 \cdot 10^{-4}\,\frac{\text{Sv}}{\text{h}} = 2{,}5 \cdot 10^{-4}\,\frac{\text{Sv}}{\text{h}}$$

b) Bezeichnet t die Zahl der Arbeitsstunden pro Tag, so gilt:

$$2{,}5 \cdot 10^{-4}\,\frac{\text{Sv}}{\text{h}} \cdot t \cdot 320 \le 0{,}05\,\text{Sv}$$

$$\Rightarrow \; t \le \frac{0{,}05\,\text{Sv}}{2{,}5 \cdot 10^{-4}\,\frac{\text{Sv}}{\text{h}} \cdot 320} = 0{,}625\,\text{h} = 37{,}5\,\text{min}$$

Der Fahrer darf pro Tag höchstens 37 min arbeiten.

c) Bezeichnet H(r) die Äquivalenzdosisleistung in der Entfernung r von der Ladefläche, so gilt nach dem quadratischen Abstandsgesetz:

$$\frac{H(3{,}5\,\text{m})}{H(2{,}5\,\text{m})} = \left(\frac{2{,}5\,\text{m}}{3{,}5\,\text{m}}\right)^2 \Rightarrow H(3{,}5\,\text{m}) = \left(\frac{2{,}5\,\text{m}}{3{,}5\,\text{m}}\right)^2 \cdot H(2{,}5\,\text{m})$$

$$\Rightarrow \; H(3{,}5\,\text{m}) = \left(\frac{2{,}5}{3{,}5}\right)^2 \cdot 2{,}5 \cdot 10^{-4}\,\frac{\text{Sv}}{\text{h}} = 1{,}28 \cdot 10^{-4}\,\frac{\text{Sv}}{\text{h}}$$

Bezeichnet t' die zulässige Zahl der Arbeitsstunden pro Tag, so gilt wie bei Teilaufgabe b:

$$t' \leq \frac{0{,}05\,\mathrm{Sv}}{1{,}28 \cdot 10^{-4}\,\frac{\mathrm{Sv}}{\mathrm{h}} \cdot 320} = 1{,}22\ \mathrm{h} = 73{,}2\ \mathrm{min}$$

Der Fahrer dürfte täglich ca. 36 min länger arbeiten.

d) Je gleichmäßiger eine bestimmte Äquivalenzdosis über einen Zeitraum verteilt absorbiert wird und je länger dieser Zeitraum ist, desto kleiner ist die Wahrscheinlichkeit für einen Strahlenschaden bzw. desto geringer ist der Strahlenschaden. Daher ist es für den Fahrer günstiger, jeweils nur 1 Faß zu transportieren und länger zu arbeiten.

136. Innere und äußere Bestrahlung

Befindet sich die α-Strahlen-Quelle außerhalb des Körpers, so stellen die α-Teilchen keine ernstliche Bedrohung für den Menschen dar. In Luft haben sie nur eine Reichweite von weniger als 10 cm und können den Körper nur erreichen, wenn man sich sehr nahe an der Strahlungsquelle befindet. Aber selbst wenn α-Teilchen zum Körper gelangen, werden sie von der Kleidung absorbiert und führen höchstens an unbedeckten Stellen zu einer Hautdosis, da sie nicht in den Körper eindringen.
Werden jedoch α-emittierende Radionuklide über die Nahrung, durch Inhalation oder durch Wunden in den Körper aufgenommen, werden also die Strahlungsquellen selbst inkorporiert, so richten die im Körper emittierten, aus nächster Nähe auf die Zellen treffenden α-Teilchen aufgrund ihrer hohen Ionisationsfähigkeit einen verheerenden biologischen Schaden an.

Hinweise:

1. Unter Radiotoxizität versteht man die Gefährlichkeit eines radioaktiven Stoffes, die durch die Energie und Art der Strahlung, durch die Halbwertszeit und die Art und Weise der Anreicherung bzw. des Verbleibs im Körper bestimmt ist. Alle Transurane, also Neptunium, Plutonium, Americium, ... (fast alle Isotope dieser Elemente sind α-Strahler), haben eine hohe Radiotoxizität.
   Ein Zahlenbeispiel: Laut Auskunft der amerikanischen AEC (Atomic Energy Commission) ist die Mindestmenge Plutonium, die inhaliert Lungenkrebs verursacht, so gering, daß sie nicht ermittelt werden kann; 10^{-6} g Plutonium gelten jedoch als tödliche Inhalationsdosis. Aber auch inkorporierte β^--, bzw. γ-Strahler, wie z. B. Sr90, können trotz ihrer wesentlich geringeren Ionisationsfähigkeit eine hohe Radiotoxizität aufweisen: Sr steht im Periodensystem in

der selben Gruppe wie Ca und wird, einmal vom Körper aufgenommen, wie Ca vor allem in die Knochen eingebaut. Dort richtet dieser β^--Strahler mit einer Halbwertszeit von 28 a Schäden im blutbildenden Knochenmark an.

2. Prägen Sie sich die wichtigsten Schutzmaßnahmen beim Umgang mit radioaktiven Präparaten ein! Diese lauten:
   a) Inkorporation vermeiden!
   b) Abstand halten!
   c) Abschirmen!
   d) Kurze Bestrahlungszeiten einhalten!

137. Ionisationskammerversuch

a)

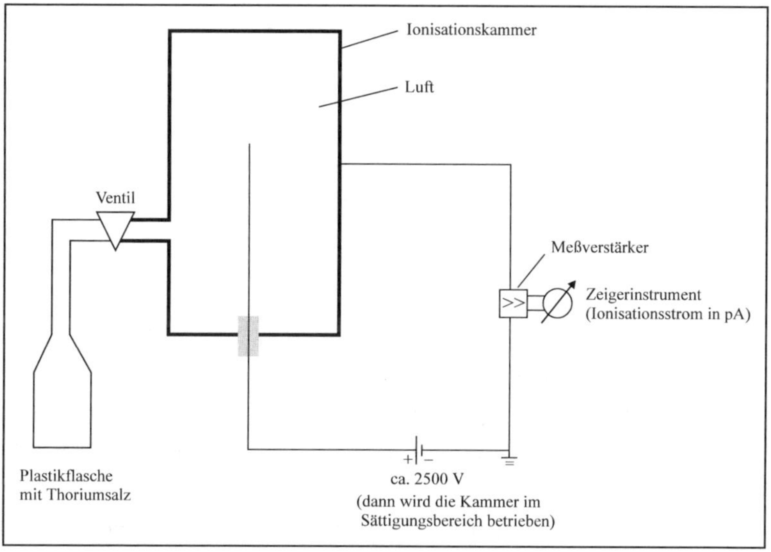

Durch den radioaktiven Zerfall des Thoriumsalzes entsteht gasförmiges $^{220}_{86}Rn$, das aus der Plastikflasche in die Ionisationskammer gedrückt werden kann.

b)

t/s	0	10	20	30	40	50	60	70	80	90	100
$I/10^{-11}$ A	40	35,2	31,2	27,2	24	21,2	18,8	16,4	14,4	12,8	11,2
$\ln\frac{I(t)}{I(0)}$	0	−0,13	−0,25	−0,39	−0,51	−0,63	−0,76	−0,89	−1,02	−1,14	−1,27

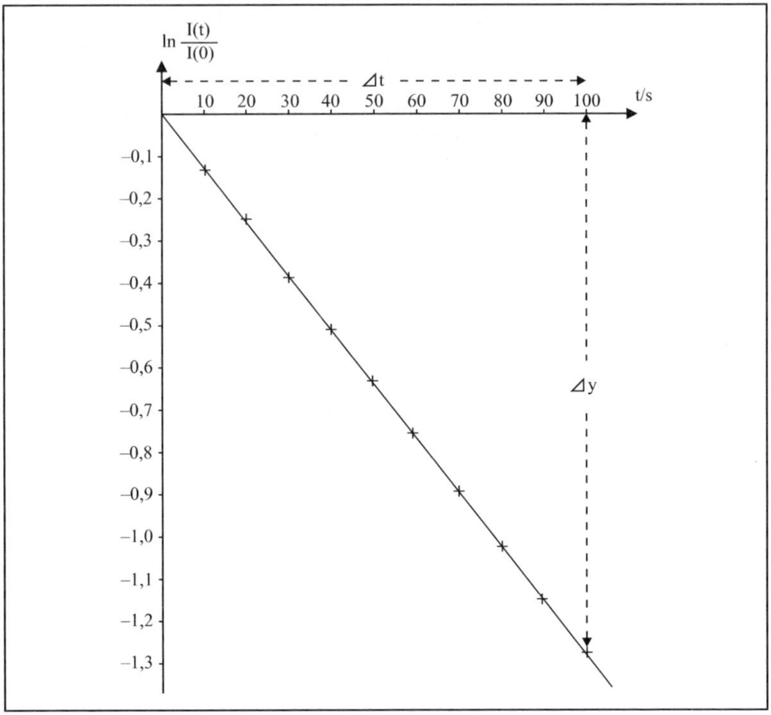

Die Meßwertpaare liegen also auf einer Ursprungsgeraden mit negativer Steigung (Bezeichnung – λ)

$$\Rightarrow \ln\frac{I(t)}{I(0)} = -\lambda \cdot t \Rightarrow \frac{I(t)}{I(0)} = e^{-\lambda \cdot t} \Rightarrow I(t) = I(0) \cdot e^{-\lambda \cdot t}$$

c) λ ist der Betrag der Steigung der Ursprungsgeraden in Teilaufgabe b

$$\lambda = \frac{|\Delta y|}{\Delta t} = \frac{1{,}27}{100\,\text{s}} = 0{,}0127\,\frac{1}{\text{s}}$$

138. Experimentelle Bestätigung des Zerfallsgesetzes

a) Wegen $T_2 \ll T_1$ wandelt sich bei $\text{Rn} \xrightarrow[T_1]{\alpha} \text{Po} \xrightarrow[T_2]{\alpha} \text{Pb}$ ein Rn-Kern unter praktisch gleichzeitiger Emission zweier α-Teilchen in einen Pb-Kern um. Erzeugen die α-Teilchen von Rn bzw. Po im Mittel n_1 bzw.

n_2 Elektronen-Ionenpaare in der Ionisationskammer, so entstehen durch den Zerfall eines Rn-Kerns praktisch sofort $n_1 + n_2$ Elektronen-Ionen-Paare.
Der Pb-Kern kann wegen $T_3 \gg T_1$ während der Versuchsdauer praktisch als stabil angesehen werden; außerdem tragen die von Pb 212 emittierten β^--Teilchen aufgrund ihres geringen Ionisierungsvermögens nicht nennenswert zum Ionisationsstrom bei.
Der Zerfall von Rn 220 hat also insgesamt für den Ionisationsstrom die gleiche Wirkung, wie wenn Rn 220 unter Emission *eines* α-Teilchens, das in der Kammer $n_1 + n_2$ Elektronen-Ionen-Paare erzeugt, in ein stabiles Nuklid überginge.

b) Sind die in Teilaufgabe a genannten Elektronen-Ionen-Paare einwertig, so entsteht beim Zerfall von ΔN Rn 220-Kernen der für den Ionisationsstrom I relevante Ladungsbetrag ΔQ:

$\Delta Q = \Delta N \cdot (n_1 + n_2) \cdot e$ (vgl. Teilaufgabe a und Aufgabe 100)

$$\Rightarrow I(t) = \lim_{\Delta t \to 0} \frac{\Delta Q}{\Delta t} = \lim_{\Delta t \to 0} (n_1 + n_2) \cdot e \cdot \frac{\Delta N}{\Delta t} = \underbrace{(n_1 + n_2) \cdot e}_{:= k} \cdot \lim_{\Delta t \to 0} \frac{\Delta N}{\Delta t} =$$

$$= k \cdot \dot{N}(t) \Rightarrow I(t) \sim \dot{N}(t)$$

c)
$$\left.\begin{array}{l} 138\text{ b: } I(t) = k \cdot \dot{N}(t) \\ 137\text{ b: } I(t) = I(0) \cdot e^{-\lambda \cdot t} \end{array}\right\} \Rightarrow k \cdot \dot{N}(t) = I(0) \cdot e^{-\lambda \cdot t} \Rightarrow \dot{N}(t) = \frac{I(0)}{k} \cdot e^{-\lambda \cdot t}$$

$$\left.\begin{array}{l} \Rightarrow \int_0^t \dot{N}(\tau)\, d\tau = \int_0^t \frac{I(0)}{k} \cdot e^{-\lambda \cdot \tau} d\tau \\ \int_0^t \dot{N}(\tau)\, d\tau = N(t) + C_1 \\ \int_0^t \frac{I(0)}{k} \cdot e^{-\lambda \cdot \tau} d\tau = -\frac{I(0)}{k \cdot \lambda} \cdot e^{-\lambda \cdot t} + C_2 \end{array}\right\} \Rightarrow$$

$$\Rightarrow N(t) + C_1 = -\frac{I(0)}{k \cdot \lambda} \cdot e^{-\lambda \cdot t} + C_2$$

$$\Rightarrow N(t) = \underbrace{-\frac{I(0)}{k \cdot \lambda}}_{:= C_3} \cdot e^{-\lambda \cdot t} + \underbrace{C_2 - C_1}_{:= C_4} = C_3 \cdot e^{-\lambda \cdot t} + C_4$$

Bestimmung der Konstanten C_3, C_4:

Nach hinreichend langer Zeit sind praktisch alle Kerne zerfallen:

$$\left.\begin{array}{l} \lim\limits_{t\to\infty} N(t) \overset{!}{=} 0 \\ \lim\limits_{t\to\infty} N(t) = \lim\limits_{t\to\infty} (C_3 \cdot e^{-\lambda\cdot t} + C_4) = C_4 \end{array}\right\} \Rightarrow C_4 = 0$$

somit: $$\left.\begin{array}{l} N(t) = C_3 \cdot e^{-\lambda\cdot t} \\ N(0) = C_3 \cdot e^{-\lambda\cdot 0} = C_3 \end{array}\right\} \Rightarrow N(t) = N(0)\cdot e^{-\lambda\cdot t}$$

Hinweis:
Den in der Aufgabenstellung angegebenen Ausschnitt der Thorium-Zerfallsreihe finden Sie in der Formelsammlung auf S. 82 / 16.3

139. Zerfallsgesetz aus Rutherfords Hypothese

a) ΔN bezeichne die Zahl derjenigen Kerne, die in einem Zeitintervall Δt zerfallen und N (t) die Zahl der Kerne, die zum Zeitpunkt t noch unzerfallen vorhanden sind.

Für sehr kleines Δt macht Rutherford dann die beiden Annahmen:

(1) $\Delta N \sim N(t)$ (Zerfallen von 100 000 Kernen in der nächsten Sekunde z. B. 10 Kerne, so ist es naheliegend anzunehmen, daß von 200 000, 300 000, ... Kernen in der nächsten Sekunde 20, 30, ... Kerne zerfallen.)

(2) $\Delta N \sim \Delta t$ (Zerfallen von 100 000 Kernen in der nächsten Sekunde z. B. 10 Kerne, so ist es naheliegend anzunehmen, daß in den nächsten 2, 3, ... Sekunden 20, 30, ... Kerne zerfallen. Allerdings darf Δt nicht zu groß werden.)

b) $$\left.\begin{array}{l} \Delta N \sim N(t) \\ \Delta N \sim \Delta t \end{array}\right\} \Rightarrow \Delta N \sim N(t)\cdot\Delta t \Rightarrow \Delta N = -\lambda\cdot N(t)\cdot\Delta t$$

Durch das Minuszeichen wird die Abnahme von N (t) mit fortschreitender Zeit berücksichtigt.

$$\Delta N = -\lambda\cdot N(t)\cdot\Delta t \Rightarrow \frac{\Delta N}{\Delta t} = -\lambda\cdot N(t) \xrightarrow{\Delta t \text{ sehr klein}} \dot{N}(t) = -\lambda\cdot N(t) \Rightarrow$$

$$\Rightarrow \quad \frac{\dot N(t)}{N(t)} = -\lambda \Rightarrow \int_0^t \frac{\dot N(\tau)}{N(\tau)}\,d\tau = \int_0^t -\lambda \cdot d\tau$$

$$\left.\begin{array}{l} \displaystyle\int_0^t \frac{\dot N(\tau)}{N(\tau)}\,d\tau = \left[\ln N(\tau)\right]_0^t = \ln N(t) - \ln N(0) = \ln\frac{N(t)}{N(0)} \\ \displaystyle\int_0^t -\lambda \cdot d\tau = \left[-\lambda \cdot \tau\right]_0^t = -\lambda \cdot t \end{array}\right\} \Rightarrow$$

$$\Rightarrow \quad \ln\frac{N(t)}{N(0)} = -\lambda \cdot t \Rightarrow \frac{N(t)}{N(0)} = e^{-\lambda \cdot t} \Rightarrow N(t) = N(0) \cdot e^{-\lambda \cdot t}$$

Hinweis:
Beachten Sie, daß die Herleitung des Zerfallsgesetzes völlig analog zur Herleitung des Absorptionsgesetzes für γ-Quanten im Hinweis zu Aufgabe 126 erfolgt.

140. Halbwertszeit und Zerfallskonstante

a) Die Halbwertszeit T ist diejenige Zeitspanne, nach der eine ursprünglich vorhandene Anzahl radioaktiver Kerne zur Hälfte zerfallen ist.

b)
$$\left.\begin{array}{l} \text{Nach Definition von T: } N(T) = \frac{N(0)}{2} \\ \text{Nach Zerfallsgesetz: } N(T) = N(0) \cdot e^{-\lambda \cdot T} \end{array}\right\} \Rightarrow \frac{N(0)}{2} = N(0) \cdot e^{-\lambda \cdot T} \Rightarrow$$

$$\Rightarrow e^{-\lambda \cdot T} = \tfrac{1}{2} \Rightarrow -\lambda \cdot T = \ln\tfrac{1}{2} \Rightarrow \lambda = \frac{\ln 2}{T}$$

Hinweise:

1. Beachten Sie, daß die Herleitung der Beziehung $T = \frac{\ln 2}{\lambda}$ völlig analog zur Herleitung der Beziehung $\mu = \frac{\ln 2}{D}$ in Aufgabe 127 erfolgt.
2. Numerische Werte für Halbwertszeiten:
   Man kennt Radionuklide mit Halbwertszeiten zwischen 10^{-7} Sekunden und 10^{17} Jahren.

141. "Atome altern nicht"

a) Sind zu irgendeinem Zeitpunkt t N (t) Kerne unzerfallen vorhanden, so zerfallen im anschließenden Zeitintervall Δt davon $|\Delta N|$ Kerne.

$$\left.\begin{array}{l}\Rightarrow P = \frac{|\Delta N|}{N(t)} \\ \text{Rutherfords Hypothese:} \\ \Delta N = -\lambda \cdot N(t) \cdot \Delta t\end{array}\right\} \Rightarrow P = \frac{\lambda \cdot N(t) \cdot \Delta t}{N(t)} = \lambda \cdot \Delta t$$

b) Da λ eine zeitunabhängige Konstante ist, ist die Wahrscheinlichkeit, innerhalb der nächsten Zeitspanne Δt zu zerfallen, für alle Kerne, die die Zerfallskonstante λ besitzen *unabhängig von der Zeit, die sie bisher "gelebt" haben*, gleich groß.
Bei einem Alterungsprozeß würde die Zerfalls- = "Sterbe"-Wahrscheinlichkeit mit zunehmenden "Lebensalter" steigen.

142. Halbwertszeit T und Zerfallskonstante λ aus Diagrammen

Auswertung von Abbildung 1:

T = 2,5 s

Begründung: $\frac{N(T)}{N(0)} = \frac{0{,}5 \cdot N(0)}{N(0)} = 0{,}5$

$\lambda = \frac{1}{3{,}6\,s} = 0{,}28\,\frac{1}{s}$

Begründung:
Da g den Graph in (0 / 1) tangiert, gilt wegen

$$\left(\frac{N(t)}{N(0)}\right)^{\cdot} = \left(e^{-\lambda \cdot t}\right)^{\cdot} = -\lambda \cdot e^{-\lambda \cdot t}$$

für ihre Steigung m_g:

$$m_g = -\lambda \cdot e^{-\lambda \cdot 0} = -\lambda \quad (*)$$

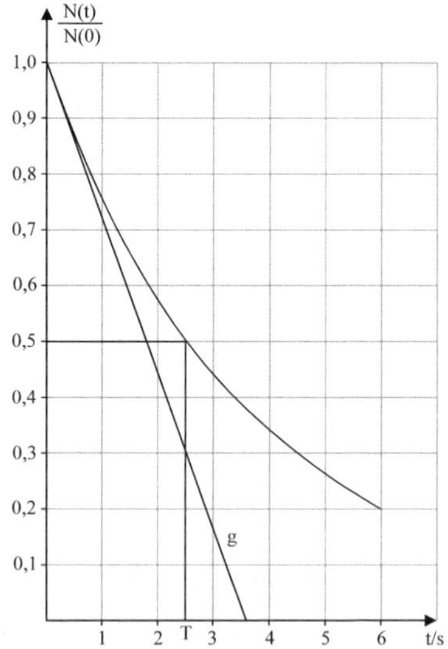

Der Abbildung entnimmt man $m_g = \frac{1{,}0}{-3{,}6\,s} \overset{(*)}{\Rightarrow} -\lambda = \frac{1{,}0}{-3{,}6\,s} \Rightarrow \lambda = 0{,}28\,\frac{1}{s}$

Auswertung von Abbildung 2:

T = 2,5 s

Begründung:

$\ln\frac{N(T)}{N(0)} = \ln\frac{0{,}5\cdot N(0)}{N(0)} = -\ln 2$

$\lambda = 0{,}28\,\frac{1}{s}$

Begründung:

$\ln\frac{N(T)}{N(0)} = \ln\frac{N(0)\cdot e^{-\lambda\cdot t}}{N(0)} =$

$= \ln e^{-\lambda\cdot t} = -\lambda\cdot t$

λ ist der Betrag der Steigung der Geraden. Aus einem geeigneten Steigungsdreieck erhält man λ.

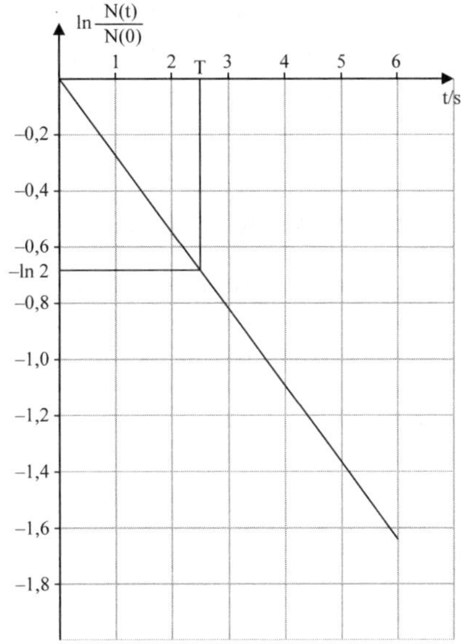

143. Aktivität

a) Die Aktivität A ist die zeitliche Änderung der Zahl der unzerfallenen Kerne, also

$$A(t) := \left|\frac{\Delta N}{\Delta t}\right| = |\dot{N}(t)|$$

b) $\left.\begin{array}{l} A(t) := \left|\frac{\Delta N}{\Delta t}\right| = |\dot{N}(t)| \\ N(t) = N(0)\cdot e^{-\lambda\cdot t} \Rightarrow \dot{N}(t) = -\lambda\cdot N(0)\cdot e^{-\lambda\cdot t} \end{array}\right\} \Rightarrow$

$$\Rightarrow A(t) = \left|-\lambda\cdot N(0)\cdot e^{-\lambda\cdot t}\right| \Rightarrow A(t) = \underbrace{\left|-\lambda\cdot N(0)\right|}_{:=A(0)}\cdot e^{-\lambda\cdot t} \Rightarrow$$

$$\Rightarrow A(t) = A(0)\cdot e^{-\lambda\cdot t}$$

Hinweis:

Als Benennung für die Aktivität verwendete man je nach der Halbwertszeit des Radionuklids $\frac{1}{s}$, $\frac{1}{min}$, $\frac{1}{d}$, $\frac{1}{a}$ (d: Tag; a: Jahr).

Eine alte Einheit ist das Ci (Curie). 1 Ci = $3{,}7 \cdot 10^{10}\,\frac{1}{s}$ ist die Anzahl der α-Zerfälle, die in 1 g reinen Radiums in 1 Sekunde stattfinden.

Seit 1985 verwendet man nur noch das Becquerel (Bq): 1 Bq = $\frac{1}{s}$

144. Elementare Rechenaufgaben zum Zerfallsgesetz

a) $N(t) = N(0) \cdot e^{-\lambda \cdot t} \Rightarrow N(0) = N(t) \cdot e^{\lambda \cdot t} = N(t) \cdot e^{\frac{\ln 2}{T} \cdot t} =$

$$= 6 \cdot 10^{19} \cdot e^{\frac{\ln 2}{8{,}7\,h} \cdot 2{,}3\,h} = 7{,}2 \cdot 10^{19}$$

b) (1) $N(0) = 7{,}2 \cdot 10^{19}; N(t) = 3 \cdot 10^{19}$

$$N(t) = N(0) \cdot e^{-\lambda \cdot t} \Rightarrow -\lambda \cdot t = \ln \frac{N(t)}{N(0)} \Rightarrow t = -\frac{T}{\ln 2} \cdot \ln \frac{N(t)}{N(0)} =$$

$$= -\frac{8{,}7\,h}{\ln 2} \cdot \ln \frac{3 \cdot 10^{19}}{7{,}2 \cdot 10^{19}} \approx 11\,h$$

(2) $N(0) = 7{,}2 \cdot 10^{19}; N(0) - N(t) = 3 \cdot 10^{19}$

$$N(0) - N(t) = N(0) - N(0) \cdot e^{-\lambda \cdot t} = N(0) \cdot (1 - e^{-\lambda \cdot t})$$

$$\Rightarrow (1 - e^{-\lambda \cdot t}) = \frac{N(0) - N(t)}{N(0)} \Rightarrow e^{-\lambda \cdot t} = 1 - \frac{N(0) - N(t)}{N(0)}$$

$$\Rightarrow -\lambda \cdot t = \ln\left(1 - \frac{N(0) - N(t)}{N(0)}\right) \Rightarrow t = -\frac{T}{\ln 2} \cdot \ln\left(1 - \frac{N(0) - N(t)}{N(0)}\right) =$$

$$= -\frac{8{,}7\,h}{\ln 2} \cdot \ln\left(1 - \frac{3 \cdot 10^{19}}{7{,}2 \cdot 10^{19}}\right) = 6{,}8\,h$$

(3) $\frac{N(t)}{N(0)} = 0{,}12$

Wie bei b_1 erhält man: $t = -\frac{T}{\ln 2} \cdot \ln \frac{N(t)}{N(0)} = -\frac{8{,}7\,h}{\ln 2} \cdot \ln 0{,}12 = 26{,}6\,h$

(4) $\frac{N(0) - N(t)}{N(0)} = 0{,}12$

Wie bei b_2 erhält man: $t = -\frac{T}{\ln 2} \cdot \ln\left(1 - \frac{N(0) - N(t)}{N(0)}\right) =$

$$= -\frac{8{,}7\,h}{\ln 2} \cdot \ln(1 - 0{,}12) = 1{,}6\,h$$

c) (1) $N(t) = N(0) \cdot e^{-\lambda \cdot t} = N(0) \cdot e^{-\frac{\ln 2}{T} \cdot t}$

$\Rightarrow N(10\,h) = 7{,}2 \cdot 10^{19} \cdot e^{-\frac{\ln 2}{8{,}7\,h} \cdot 10\,h} = 3{,}2 \cdot 10^{19}$

(2) $N(0) - N(10\,h) \overset{c\,(1)}{=} 7{,}2 \cdot 10^{19} - 3{,}2 \cdot 10^{19} = 4{,}0 \cdot 10^{19}$

(3) $\frac{3{,}2 \cdot 10^{19}}{7{,}2 \cdot 10^{19}} = 44{,}4\,\%$ bei c (1); $\frac{4{,}0 \cdot 10^{19}}{7{,}2 \cdot 10^{19}} = 55{,}6\,\%$ bei c (2)

d) FS. S. 56 / 5.4: $A(0) = \lambda \cdot N(0) = \frac{\ln 2}{T} \cdot N(0) = \frac{\ln 2}{8{,}7\,h} \cdot 7{,}2 \cdot 10^{19} =$

$= 5{,}7 \cdot 10^{18}\,\frac{1}{h} = 1{,}6 \cdot 10^{15}\,\frac{1}{s}$

FS. S. 56 / 5.4: $A(t) = A(0) \cdot e^{-\lambda \cdot t} = A(0) \cdot e^{-\frac{\ln 2}{T} \cdot t} \Rightarrow$

$A(3\,h) = 1{,}6 \cdot 10^{15}\,\frac{1}{s} \cdot e^{-\frac{\ln 2}{8{,}7\,h} \cdot 3\,h} = 1{,}3 \cdot 10^{15}\,\frac{1}{s}$

145. Massenbestimmung über Isotopenmarkierung

FS. S. 56 / 5.4: $A(0) = \lambda \cdot N(0) = \frac{\ln 2}{T} \cdot N(0) \Rightarrow N(0) = \frac{A(0) \cdot T}{\ln 2} \Rightarrow$

$$N(0) = \frac{30\,\frac{1}{s} \cdot 47 \cdot 24 \cdot 60 \cdot 60\,s}{\ln 2} = 1{,}76 \cdot 10^{8}$$

$\frac{1}{100}\,\% \mathrel{\hat{=}} 1{,}76 \cdot 10^{8}$ Atomen $\Rightarrow 100\,\% \mathrel{\hat{=}} 1{,}76 \cdot 10^{12}$ Atomen
FS. S. 86: mittlere Masse eines Hg - Atoms: 200,59 u $\Bigg\}\Rightarrow$

$\Rightarrow m = 1{,}76 \cdot 10^{12} \cdot 200{,}59 \cdot 1{,}66 \cdot 10^{-27}\,kg = 5{,}9 \cdot 10^{-13}\,kg = 5{,}9 \cdot 10^{-4}\,\mu g$

146. Messung "normaler" Halbwertszeiten

FS. S. 56 / 5.4: $A(t) = A(0) \cdot e^{-\lambda \cdot t} = A(0) \cdot e^{-\frac{\ln 2}{T} \cdot t} \Rightarrow -\frac{\ln 2}{T} \cdot t = \ln \frac{A(t)}{A(0)} \Rightarrow$

$$\Rightarrow \quad T = \frac{-\ln 2 \cdot t}{\ln \frac{A(t)}{A(0)}} = \frac{-\ln 2 \cdot 2\,h}{\ln \frac{330\,\frac{1}{s}}{400\,\frac{1}{s}}} = 7{,}2\,h$$

147. Messung "sehr langer" Halbwertszeiten

a) $\left.\begin{aligned}&\frac{A(0)-A(t)}{A(0)} \hat{=} 10^{-3}\ \% \hat{=} 10^{-5}\\ &\frac{A(0)-A(t)}{A(0)} = \frac{A(0)-A(0)\cdot e^{-\lambda\cdot t}}{A(0)} = 1-e^{-\lambda\cdot t}\end{aligned}\right\} \Rightarrow e^{-\lambda\cdot t} = 1-10^{-5} \Rightarrow$

$$\Rightarrow -\lambda\cdot t = \ln(1-10^{-5}) \Rightarrow t = -\tfrac{1}{\lambda}\cdot\ln(1-10^{-5}) = -\tfrac{T}{\ln 2}\cdot\ln(1-10^{-5}) =$$

$$= \frac{-4{,}47\cdot 10^{9}\,a}{\ln 2}\cdot\ln(1-10^{-5}) = 6{,}45\cdot 10^{4}\,a$$

Es dauert also ca. 64 500 Jahre!

b) Man mißt, wieviel Kerne ΔN während eines gegenüber T infinitesimal kleinen Zeitintervalls Δt zerfallen, und berechnet aus der Masse des Präparats die Zahl N (t) der zum Meßzeitpunkt unzerfallenen Kerne.

Nach Aufgabe 139 gilt dann:

$$|\Delta N| = \lambda\cdot N(t)\cdot\Delta t = \tfrac{\ln 2}{T}\cdot N(t)\cdot\Delta t \Rightarrow T = \frac{\ln 2\cdot N(t)\cdot\Delta t}{|\Delta N|}$$

c) Da 1 mol natürliches Kalium eine Masse von 39,0983 g besitzt, befinden sich in 10 g natürlichem Kalium

$$\frac{10\,g\cdot 6{,}022\cdot 10^{23}}{39{,}0983\,g} = 1{,}5402\cdot 10^{23} \text{ K-Atome.}$$

0,011 % davon, also $1{,}5402\cdot 10^{23}\cdot 0{,}011\cdot 10^{-2} = 1{,}6942\cdot 10^{19}$, sind K40 Atome $\Rightarrow N(t) = 1{,}7\cdot 10^{19}$.

$$\left.\begin{aligned}&\text{Teilaufgabe b:} && T = \frac{\ln 2\cdot N(t)\cdot\Delta t}{|\Delta N|}\\ &\text{Aufgabenstellung:} && 300\,\tfrac{1}{s} = A(t) = \frac{|\Delta N|}{\Delta t}\end{aligned}\right\} \Rightarrow T = \frac{\ln 2\cdot 1{,}7\cdot 10^{19}}{300\,\frac{1}{s}} =$$

$$= 3{,}9\cdot 10^{16}\,s = \frac{3{,}9\cdot 10^{16}\,a}{365\cdot 24\cdot 60\cdot 60} = 1{,}24\cdot 10^{9}\,a$$

148. Messung "kurzer" Halbwertszeiten

a) $\left.\begin{aligned}Z_1 &= N(0)-N(\Delta t) = N(0)-N(0)\cdot e^{-\lambda\cdot\Delta t} =\\ &= N(0)\cdot\left(1-e^{-\lambda\cdot\Delta t}\right)\\ Z_2 &= N(\Delta t)-N(2\cdot\Delta t) = N(0)\cdot e^{-\lambda\cdot\Delta t} - N(0)\cdot e^{-2\cdot\lambda\cdot\Delta t}\\ &= N(0)\cdot e^{-\lambda\cdot\Delta t}\cdot\left(1-e^{-\lambda\cdot\Delta t}\right)\end{aligned}\right\} \Rightarrow$

$$\Rightarrow \frac{Z_1}{Z_2} = \frac{N(0)\cdot\left(1-e^{-\lambda\cdot\Delta t}\right)}{N(0)\cdot e^{-\lambda\cdot\Delta t}\cdot\left(1-e^{-\lambda\cdot\Delta t}\right)} = \frac{1}{e^{-\lambda\cdot\Delta t}} = e^{\lambda\cdot\Delta t} \Rightarrow$$

$$\Rightarrow \lambda\cdot\Delta t = \ln\frac{Z_1}{Z_2}$$

b) FS. S. 56/5.2: $T = \frac{\ln 2}{\lambda}$
Teilaufgabe a: $\lambda = \frac{1}{\Delta t}\cdot\ln\frac{Z_1}{Z_2}$ $\Bigg\} \Rightarrow T = \frac{\ln 2}{\frac{1}{\Delta t}\cdot\ln\frac{Z_1}{Z_2}}$

$$\Rightarrow T = \frac{\Delta t\cdot\ln 2}{\ln\frac{Z_1}{Z_2}} = \frac{5\,s\cdot\ln 2}{\ln\frac{295169}{4767}} = 0{,}84\ s$$

149. Das Uran-Blei-Alter

a) $N_A = N_A(0)\cdot e^{-\lambda_A\cdot t} \Rightarrow -\lambda_A\cdot t = \ln\frac{N_A}{N_A(0)} \Rightarrow -\frac{\ln 2}{T}\cdot t = \ln\frac{N_A}{N_A(0)}$

$$\left.\begin{array}{l}\Rightarrow t = \frac{-T}{\ln 2}\cdot\ln\frac{N_A}{N_A(0)}\\ N_A + N_B = N_A(0)\end{array}\right\} \Rightarrow t = \frac{-T}{\ln 2}\cdot\ln\frac{N_A}{N_A+N_B} = \frac{T}{\ln 2}\cdot\ln\frac{N_A+N_B}{N_A}$$

$$\Rightarrow t = \frac{T}{\ln 2}\cdot\ln\left(1+\frac{N_B}{N_A}\right)$$

b) (1) $6{,}825 = \frac{m(U\,238)}{m(Pb\,206)} = \frac{238\cdot u\cdot N_A}{206\cdot u\cdot N_B} \Rightarrow \frac{N_A}{N_B} = \frac{206}{238}\cdot 6{,}825$

Teilaufgabe a: $t = \frac{T}{\ln 2}\cdot\ln\left(1+\frac{N_B}{N_A}\right) = \frac{4{,}5\cdot 10^9\ a}{\ln 2}\cdot\ln\left(1+\frac{238}{206\cdot 6{,}825}\right) =$
$= 1{,}02\cdot 10^9\ a$

(2) Da nach der Formelsammlung S. 81 in der Uran-Radium-Reihe alle Folgeprodukte von U 238 im Vergleich zur Halbwertszeit von U 238 durchwegs kurze Halbswertszeiten besitzen (die größte vorkommende Halbwertszeit von $2{,}5\cdot 10^5$ a beträgt nur 0,005 % der Halbwertszeit von U 238) kann in guter Näherung ein direkter Zerfall U → Pb angenommen werden.

Wegen $N_A(0) > N_A + N_B$ gilt:

$$t_{wirklich} = \frac{T}{\ln 2}\cdot\ln\frac{N_A(0)}{N_A} > \frac{T}{\ln 2}\cdot\ln\frac{N_A+N_B}{N_A} = t_{berechnet}$$

Das wirkliche Alter ist also größer als das unter der Annahme des direkten Zerfalls errechnete.

150. Das Kalium-Argon-Alter

a) Ca ist das fünfthäufigste Element der Erdkruste. Es kommt daher in fast allen Gesteinen so häufig vor, daß es nicht möglich ist, die durch den Zerfall K40 → Ca40 entstandenen kleinen Mengen Ca von den ursprünglich schon vorhandenen Ca-Mengen zu unterscheiden.

b)
$$\left.\begin{array}{l} N_K = N(0)\cdot e^{-\lambda\cdot t} \Rightarrow \dfrac{N(0)}{N_K} = e^{\lambda\cdot t} \\ N_{Ar} = 0{,}11\cdot\left(N(0) - N_K\right) \Rightarrow N(0) = \dfrac{N_{Ar}}{0{,}11} + N_K \end{array}\right\} \Rightarrow e^{\lambda\cdot t} = \frac{\frac{N_{Ar}}{0{,}11} + N_K}{N_K} \Rightarrow$$

$$\Rightarrow \quad \frac{N_{Ar}}{0{,}11\cdot N_K} + 1 = e^{\lambda\cdot t} \Rightarrow \frac{N_{Ar}}{N_K} = 0{,}11\cdot(e^{\lambda\cdot t} - 1) =$$

$$= 0{,}11\cdot\left(e^{\frac{\ln 2\cdot 1{,}75\cdot 10^6\,a}{1{,}27\cdot 10^9\,a}} - 1\right) = 1{,}0511\cdot 10^{-4}$$

151. Radiokarbonmethode

a) Die kosmische Strahlung erzeugt in der Atmosphäre Neutronen, die mit den Stickstoffkernen der Luft über die Reaktion

$$^{14}_{7}N + ^{1}_{0}n \rightarrow ^{14}_{6}C + ^{1}_{1}p$$

das radioaktive Kohlenstoffisotop C14 erzeugen.
Nimmt man an, daß sich in den letzten 100 000 Jahren die kosmische Strahlung nicht geändert hat, so hat sich aufgrund des Zerfalls und der Neuentstehung des C14 ein Gleichgewicht eingestellt, das Verhältnis $N_{C14} : N_{C12}$ für das Kohlendioxid der Atmosphäre ist konstant.
In lebenden Organismen liegt wegen der ständigen Aufnahme von Kohlendioxid das gleiche Verhältnis $N_{C14} : N_{C12}$ vor. Sterben sie aber, so endet die Aufnahme von Kohlenstoff, und das Verhältnis $N_{C14} : N_{C12}$ nimmt wegen des Zerfalls von C14 ab.
Aus dem in toten Organismen gefundenen Verhältnis $N_{C14} : N_{C12}$ läßt sich das Todesdatum des Organismus berechnen.

b)
$$A(t) = A(0)\cdot e^{-\lambda\cdot t} \Rightarrow -\lambda\cdot t = \ln\frac{A(t)}{A(0)} \Rightarrow$$

$$\left.\begin{array}{l} \Rightarrow \quad t = -\dfrac{1}{\lambda}\cdot\ln\dfrac{A(t)}{A(0)} = -\dfrac{T}{\ln 2}\cdot\ln\dfrac{A(t)}{A(0)} \\ A(t) = 1{,}35\,\dfrac{1}{s} \\ A(0) = 25\cdot 15{,}3\,\dfrac{1}{\min} = \dfrac{25\cdot 15{,}3}{60}\,\dfrac{1}{s} = 6{,}375\,\dfrac{1}{s} \end{array}\right\} \Rightarrow$$

$$\Rightarrow\ t = -\frac{5730\,a}{\ln 2} \cdot \ln \frac{1{,}35\frac{1}{s}}{6{,}375\frac{1}{s}} = 12832\,a$$

c) Das von den Autos ausgestoßene CO_2 ist durch Verbrennung des fossilen Kraftstoffs Benzin entstanden, enthält also einen extrem niedrigen Anteil an C14. Die Pflanzen in Straßennähe nehmen dieses "fossile CO_2" in verstärktem Maße auf und haben somit einen kleineren Anteil an C14 als Pflanzen, die "normales Atmosphären-CO_2" aufnehmen. Der errechnete Alterswert wird also zu hoch.

152. Abschätzung des Erdalters

$$\left.\begin{array}{l} N_{238}(t) = N_{238}(0)\cdot e^{-\lambda_{238}\cdot t} \\ N_{235}(t) = N_{235}(0)\cdot e^{-\lambda_{235}\cdot t} \end{array}\right\} \xrightarrow{N_{238}(0)=N_{235}(0)} \left.\begin{array}{r} \frac{N_{238}(t)}{N_{235}(t)} = \frac{e^{-\lambda_{238}\cdot t}}{e^{-\lambda_{235}\cdot t}} \\ \frac{N_{238}(t)}{N_{235}(t)} = 140 \end{array}\right\} \Rightarrow$$

$$\Rightarrow\ \frac{e^{-\lambda_{238}\cdot t}}{e^{-\lambda_{235}\cdot t}} = 140 \Rightarrow e^{(\lambda_{235}-\lambda_{238})\cdot t} = 140 \ \Rightarrow$$

$$\left.\begin{array}{l} \Rightarrow\ (\lambda_{235}-\lambda_{238})\cdot t = \ln 140 \Rightarrow t = \frac{\ln 140}{\lambda_{235}-\lambda_{238}} = \frac{\ln 140}{\frac{\ln 2}{T_{235}} - \frac{\ln 2}{T_{238}}} \\ \text{FS. S. 81:}\quad T_{238} = 4{,}5\cdot 10^9\,a \quad T_{235} = 7{,}1\cdot 10^8\,a \end{array}\right\} \Rightarrow$$

$$\Rightarrow\ t = \frac{\ln 140}{\ln 2\cdot\left(\frac{1}{7{,}1\cdot 10^8\,a} - \frac{1}{4{,}5\cdot 10^9\,a}\right)} = 6{,}01\cdot 10^9\,a$$

Die Erde wäre demnach 6 Milliarden Jahre alt.

153. Begriffsbestimmung und Notation

Unter einer Kernreaktion versteht man eine Umwandlung von Atomkernen, die durch Wechselwirkung mit Elementarteilchen oder Kernen hervorgerufen wird.

Zur Notation: Bei fast allen einfachen Kernreaktionen trifft ein Geschoßteilchen a auf einen Targetkern A. Dabei entsteht ein Endkern B und ein Endteilchen b. Man schreibt dann: a + A → B + b oder kurz A(a; b)B.

154. Ergänzung von Reaktionsgleichungen

	Reaktionsgleichung	Kurzschreibweise
a)	$^{16}_{8}O + \gamma \rightarrow {}^{15}_{8}O + {}^{1}_{0}n$	$^{16}_{8}O\,(\gamma, n)\,^{15}_{8}O$
b)	$^{59}_{27}Co + {}^{1}_{0}n \rightarrow {}^{60}_{27}Co + \gamma$	$^{59}_{27}Co\,(n, \gamma)\,^{60}_{27}Co$
c)	$^{9}_{4}Be + {}^{4}_{2}He \rightarrow {}^{12}_{6}C + {}^{1}_{0}n$	$^{9}_{4}Be\,(\alpha, n)\,^{12}_{6}C$
d)	$^{26}_{12}Mg + \gamma \rightarrow {}^{25}_{11}Na + {}^{1}_{1}p$	$^{26}_{12}Mg\,(\gamma, p)\,^{25}_{11}Na$
e)	$^{238}_{92}U + \alpha \rightarrow 20\,{}^{1}_{1}H + 35\,{}^{1}_{0}n + {}^{187}_{74}W$	$^{238}_{92}U\,(\alpha; 20p, 35n)\,^{187}_{74}W$
f)	$^{51}_{23}V + p \rightarrow {}^{51}_{24}Cr + {}^{1}_{0}n$	$^{51}_{23}V\,(p, n)\,^{51}_{24}Cr$
g)	$^{130}_{52}Te + d \rightarrow {}^{131}_{52}J + p$	$^{130}_{52}Te\,(d, p)\,^{131}_{52}J$
h)	$^{208}_{82}Pb + {}^{16}_{8}O \rightarrow {}^{207}_{82}Pb + {}^{17}_{8}O$	$^{208}_{82}Pb\,(^{16}_{8}O, {}^{17}_{8}O)\,^{207}_{82}Pb$

Hinweis:
Sie haben für die Lösung dieser Aufgabe Erhaltungssätze für die "unten"- und "oben"stehenden Zahlen verwendet, die allgemein für alle Teilchenprozesse gelten.
Man ordnet entsprechend folgender Tabelle den im Unterricht behandelten Elementarteilchen eine Ladungszahl Q (steht bei uns unten), eine Baryonenzahl B (steht bei uns oben) und eine Leptonenzahl L (taucht in obigen Gleichungen nicht auf) zu.

	p	$\bar{p}$	n	$\bar{n}$	e^-	e^+	γ	ν	$\bar{\nu}$
Ladungszahl Q	+1	–1	0	0	–1	+1	0	0	0
Baryonenzahl B	+1	–1	+1	–1	0	0	0	0	0
Leptonenzahl L	0	0	0	0	+1	–1	0	+1	–1

Möglich sind dann nur solche Teilchenprozesse, bei denen die Energie, der Impuls, die Ladungszahl, die Baryonenzahl und die Leptonenzahl erhalten bleiben.
$^{1}_{1}p + {}^{0}_{-1}e^- \rightarrow {}^{0}_{0}\gamma + {}^{0}_{0}\gamma$ ist z. B. unmöglich, weil die Baryonenzahlsumme auf der linken und rechten Seite der Gleichung verschieden ist.

155. Q-Wert einer Kernreaktion

a) Besitzt ein Teilchen c die kinetische Energie $E_{kin,c}$ und ist es unter Umständen mit der Energie $E_c{}^*$ über dem Grundzustand angeregt, so bezeichne $E_c = E_{kin,c} + E_c{}^*$.

Der Q-Wert einer Kernreaktion $a + A \rightarrow B + b$ ist dann definiert als:

$$Q = (E_B + E_b) - (E_A + E_a)$$

b) Bezeichnet m_c die relativistische Masse des Teilchens c und m_{oc} seine Ruhemasse, so gilt nach dem Energieerhaltungssatz wegen

$m_c \cdot c^2 = E_c + m_{oc} \cdot c^2$ für die Kernreaktion $a + A \rightarrow B + b$:

$$m_a \cdot c^2 + m_A \cdot c^2 = m_B \cdot c^2 + m_b \cdot c^2$$

$$\Leftrightarrow \quad E_a + m_{oa} \cdot c^2 + E_A + m_{oA} \cdot c^2 = E_B + m_{oB} \cdot c^2 + E_b + m_{ob} \cdot c^2$$

$$\Leftrightarrow \quad m_{oa} \cdot c^2 + m_{oA} \cdot c^2 - (m_{oB} \cdot c^2 + m_{ob} \cdot c^2) = E_B + E_b - E_a - E_A$$

$$\Leftrightarrow \quad Q = (m_{oa} + m_{oA} - m_{oB} - m_{ob}) \cdot c^2$$

c) Bei $Q < 0$ ist die Reaktion mit Absorption von Energie verbunden und heißt endotherm. Bei $Q > 0$ ist die Reaktion von Energieabgabe begleitet und heißt exotherm.

Hinweis:

Merken Sie sich:

Q-Wert = Summe der Ruheenergien der Ausgangsnuklide (a, A) minus Summe der Ruheenergien der Reaktionsprodukte (b, B)

oder

Q-Wert = Summe der kinetischen Energien (einschließlich eventueller Anregungsenergien) der Reaktionsprodukte minus Summe der kinetischen Energien (einschließlich eventueller Anregungsenergien) der Ausgangsnuklide.

156. Einfache Rechnungen zum Q-Wert

a) (R_1) $\quad {}^7_3\mathrm{Li}\,(p, \alpha)\ {}^4_2\mathrm{He}$ oder ${}^7_3\mathrm{Li} + {}^1_1\mathrm{H} \rightarrow {}^4_2\mathrm{He} + {}^4_2\mathrm{He}$

(R_2) $\quad {}^6_3\mathrm{Li}\,(d, \alpha)\ {}^4_2\mathrm{He}$ oder ${}^6_3\mathrm{Li} + {}^2_1\mathrm{H} \rightarrow {}^4_2\mathrm{He} + {}^4_2\mathrm{He}$

(R_3) $\quad {}^6_3\mathrm{Li}\,(p, \alpha)\ {}^3_2\mathrm{He}$ oder ${}^6_3\mathrm{Li} + {}^1_1\mathrm{H} \rightarrow {}^4_2\mathrm{He} + {}^3_2\mathrm{He}$

b) $Q_{R_1} = [m\,(Li7) + m\,(H1) - 2 \cdot m\,(He4)] \cdot c^2 =$

$= (7,014359\ u + 1,0072766\ u - 2 \cdot 4,0015064\ u) \cdot c^2 =$

$= 0,0186228\ u \cdot c^2 = 17,35\ MeV$

$Q_{R_2} = [m\,(Li6) + m\,(H2) - 2 \cdot m\,(He4)] \cdot c^2 =$

$= (6,013480\ u + 2,0135536\ u - 2 \cdot 4,0015064\ u) \cdot c^2 =$

$= 0,0240208\ u \cdot c^2 = 22,38\ MeV$

$Q_{R_3} = [m\,(Li6) + m\,(H1) - m\,(He4) - m\,(He3)] \cdot c^2 =$

$= (6,013480\ u + 1,0072766\ u - 4,0015064\ u - 3,0149327\ u) \cdot c^2 =$

$= 0,0043175\ u \cdot c^2 = 4,02\ MeV$

Bei R_2 wird also am meisten Energie freigesetzt.

Hinweis:
Die exakten Werte der Nuklidmassen finden Sie in der Formelsammlung auf Seite 83, 84; Tabelle T17.
Die Umrechnung

$$1\ u \cdot c^2 = 1,660566 \cdot 10^{-27}\ kg \cdot \left(2,99792458 \cdot 10^8\ \tfrac{m}{s}\right)^2 = 1,4924423 \cdot 10^{-10}\ J$$
$$= \frac{1,4924423 \cdot 10^{-10}}{1,6022 \cdot 10^{-19}}\ eV = 931,49563 \cdot 10^6\ eV$$

brauchen Sie nicht durchzuführen. Sie finden den Wert in der Formelsammlung auf Seite 72/3.3 oder auf Seite 85/T18: $1\ u \cdot c^2 = 931,5\ MeV$

157. Einfache Rechnung zum Q-Wert

$$Q_{R_1} - Q_{R_2} = [m\,(Li6) + m\,(H2) - m\,(Be7) - m\,(n)] \cdot c^2 -$$
$$- [m\,(Li6) + m\,(H2) - m\,(He4) - m\,(He3) - m\,(n)] \cdot c^2 =$$
$$= [m\,(He4) + m\,(He3) - m\,(Be7)] \cdot c^2 =$$
$$= (4,0015064\ u + 3,0149327\ u - 7,0147357\ u) \cdot c^2 =$$
$$= 0,0017034\ u \cdot c^2 > 0$$

$\Rightarrow\ Q_{R_1} > Q_{R_2} \Rightarrow$ Bei R_1 wird mehr Energie frei als bei R_2.

Da m (Be7) < m (He4) + m(He3), erhält das Neutron bei R_1 eine größere kinetische Energie als bei R_2.

158. Bestimmung der Neutronenmasse

a) $^1_1\text{H} + ^1_0\text{n} \rightarrow ^2_1\text{D} + \gamma$ oder $^1_1\text{H}(\text{n}, \gamma)^2_1\text{D}$

b) Da die Ruheenergie des Photons 0 ist, rechnet man die γ-Quantenenergie beim Q-Wert zu den kinetischen Energien.

$$\left.\begin{array}{l} Q = [m(H) + m(n) - m(D)] \cdot c^2 \\ Q = E_{kin}(D) + E_\gamma - E_{kin}(H) - E_{kin}(n) \\ E_{kin}(D) = E_{kin}(H) = E_{kin}(n) = 0 \end{array}\right\} \Rightarrow$$

$$\Rightarrow [m(H) + m(n) - m(D)] \cdot c^2 = E_\gamma \Rightarrow$$

$$\Rightarrow m(n) = \frac{E_\gamma}{c^2} + m(D) - m(H) =$$

$$= \frac{2{,}23\,\text{MeV}}{c^2} + 2{,}0135536\,u - 1{,}0072766\,u =$$

$$\overset{*)}{=} 1{,}008671\,u$$

$$*) \frac{2{,}23\,\text{MeV}}{c^2} = \frac{2{,}23\,\text{MeV}}{931{,}50\,\text{MeV}}\,u \text{ nach FS. S. 72/3.3}$$

Hinweise:

1. Mit Hilfe des Impulssatzes läßt sich zeigen, daß das Deuteron die kinetische Energie $E_{kin}(D) = \frac{E_\gamma^2}{2 \cdot m(D) \cdot c^2}$ besitzt.

   Vernachlässigt man diese Energie nicht, so erhält man mit obigen Versuchsdaten den tabellarischen genauen Wert für m (n):

   m (n) = 1,008665 u.

2. Die Masse eines Neutrons läßt sich mangels Ladung massenspektroskopisch nicht bestimmen.

159. Rutherfords Kernreaktion

a) $^{14}_7\text{N} + ^4_2\text{He} \rightarrow ^{17}_8\text{O} + ^1_1\text{H}$ bzw. $^{14}_7\text{N}(\alpha, \text{p})\,^{17}_8\text{O}$

b)
$$Q = [m(N14) + m(He4) - m(O17) - m(H1)] \cdot c^2 =$$
$$= (13{,}9992342\,u + 4{,}0015064\,u - 16{,}9947446\,u - 1{,}0072766\,u) \cdot c^2 =$$
$$= -0{,}0012802\,u \cdot c^2 = -1{,}19\,\text{MeV}$$

$Q < 0 \Rightarrow$ Reaktion ist endotherm.

c) Beim Zusammenstoß des α-Teilchens mit dem ${}^{14}_{7}N$-Kern entsteht kurzfristig ein ${}^{18}_{9}F$-Kern, der entsprechend den Gesetzen für den inelastischen Stoß eine von Null verschiedene kinetische Energie E* besitzt. Für die Kernreaktion steht daher nur die kinetische Energie $E_{kin}\left({}^{4}_{2}He\right) - E^* = |Q| - E^* < |Q|$ zur Verfügung. Die Kernreaktion kann erst dann beobachtet werden, wenn

$$E_{kin}\left({}^{4}_{2}He\right) - E^* \geq |Q|$$

160. Kinetische Energie von Reaktionspartnern

$$Q = [2 \cdot m\,(H3) - m\,(He4) - 2 \cdot m\,(n)] \cdot c^2 =$$
$$= [2 \cdot 3{,}01549\text{ u} - 4{,}0015064\text{ u} - 2 \cdot 1{,}008665\text{ u}] \cdot c^2 =$$
$$= 0{,}0121436\text{ u} \cdot c^2 = 11{,}3\text{ MeV}$$
$$Q = 2 \cdot E_{kin}(n) + E_{kin}(He4) - 2 \cdot E_{kin}(H3) \Rightarrow$$

$$\Rightarrow \quad E_{kin}(He4) = Q - 2 \cdot E_{kin}(n) + 2 \cdot E_{kin}(H3) =$$
$$= 11{,}3\text{ MeV} - 2 \cdot 4{,}1\text{ MeV} + 2 \cdot 0{,}5\text{ MeV} =$$
$$= 4{,}1\text{ MeV}$$

161. Kernphotoeffekt

a) $$Q = [m\,(O16) - m\,(O15) - m\,(n)] \cdot c^2 =$$
$$= (15{,}9905261\text{ u} - 14{,}9986829\text{ u} - 1{,}008665\text{ u}) \cdot c^2 =$$
$$= -0{,}0168218\text{ u} \cdot c^2 = -15{,}67\text{ MeV}$$
$$Q = E_{kin}(O15) + E_{kin}(n) - E_{kin}(O16) - E_\gamma \Rightarrow$$

$$\Rightarrow \quad E_\gamma = E_{kin}(O15) + E_{kin}(n) - E_{kin}(O16) - Q =$$
$$= E_{kin}(O15) + E_{kin}(n) - E_{kin}(O16) + 15{,}67\text{ MeV} =$$
$$\overset{E_{kin}(O16)=0}{=} \quad E_{kin}(O15) + E_{kin}(n) + 15{,}67\text{ MeV}$$

Ein γ-Quant der Mindestenergie 15,67 MeV kann die Reaktion auslösen, der O15 Kern und das Neutron besitzen dann jeweils die kinetische Energie 0 MeV.

b) So wie die Absorption eines Photons beim Fotoeffekt die Ablösung eines Elektrons aus der Atomhülle bewirkt, so führt bei der Reaktion aus Teilaufgabe a die Absorption eines γ-Quants durch den O16-Kern zur Emission eines Nukleons. So wie der Photoeffekt nur dann zu beobachten ist, wenn das Photon eine größere Energie als die Auslösearbeit besitzt, so tritt der Kernphotoeffekt nur dann auf, wenn das γ-Quant mindestens die Bindungsenergie des "abzulösenden" Nukleons mitbringt.

162. Radioaktiver Zerfall freier Neutronen

a) Zerfallsgleichung: $_0^1\mathrm{n} \xrightarrow{T=10{,}6\ \mathrm{min}} {}_1^1\mathrm{p} + {}_{-1}^{\ 0}\mathrm{e}^- + {}_0^0\bar{\nu}$

b) $m_p + m_e - m_n = 1{,}007277\ \mathrm{u} + 5{,}4858 \cdot 10^{-4}\,\mathrm{u} - 1{,}008665\ \mathrm{u} =$

$$= -8{,}39 \cdot 10^{-4}\,\mathrm{u}$$

Wegen des negativen Massendefekts kann ein Neutron nicht aus einem Elektron und einem Proton zusammengesetzt sein.

c) Protonen sind im Atomkern im Mittel wegen der abstoßenden Coulombkraft schwächer gebunden als Neutronen. Daher ist für die Erzeugung eines einzelnen Neutrons aus den Neutronen eines Atomkerns im Mittel mehr Energie E(n) erforderlich, als beim Einbau eines Protons in den Kernverband Energie E(p) frei wird. Der in Teilaufgabe a beschriebene Zerfall kann für Neutronen in stabilen Kernen nicht ablaufen, da die Energiedifferenz E(n) – E(p) größer ist als der Energiebetrag, der beim Zerfall $n \rightarrow p + e^-$ frei wird.

163. Neutronenerzeugung

Erzeugung *schneller Neutronen* nach: $_4^9\mathrm{Be} + {}_2^4\mathrm{He} \longrightarrow {}_6^{12}\mathrm{C} + {}_0^1\mathrm{n}$
Man schließt hierfür ein Gemisch aus Radiumsulfat (α-Teilchen-Quelle) und Berylliumpulver in ein Metallröhrchen. Durch dessen Wand können nur die Neutronen nach außen treten.

Erzeugung *langsamer Neutronen* nach: $_4^9\mathrm{Be} + \gamma \longrightarrow 2\,{}_2^4\mathrm{He} + {}_0^1\mathrm{n}$
Man bestrahlt ein Be-target mit γ-Quanten gerade ausreichender Energie (ca 2 MeV).

Hinweis:

1. Die ergiebigsten Neutronenquellen sind Kernreaktoren. Sie liefern im Experimentierkanal pro Sekunde ca. 10^{14} Neutronen auf 1 cm^2 strahlende Fläche.
2. Beschießt man Kerne mit Deuteronen extrem hoher Energien, so löst sich beim Aufprall die Bindung des Deuterons. Häufig bleibt sein Proton im Kern stecken, während sein Neutron mit der halben kinetischen Energie weiterfliegt. Mit Deuteronenenergien von ca. 200 MeV kann man so Neutronen von ca. 100 MeV kinetischer Energie erzeugen.

164. Neutronenklassifizierung

Thermische Neutronen sind Neutronen, die sich im thermischen Gleichgewicht mit dem Medium befinden, durch das sie diffundieren. Ein Gas thermischer Neutronen besitzt also die Temperatur des umgebenden Mediums. Im allgemeinen haben thermische Neutronen kinetische Energien unter 0,1 eV.

Als **schnellere** bzw. **mittlere Neutronen** werden Neutronen bezeichnet, deren kinetische Energie größer als 1 MeV ist bzw. zwischen 100 eV und 1 MeV liegt.

165. Wechselwirkung von Neutronen mit Materie

Neutronen können als ungeladene Teilchen nicht mit der Atomhülle, sondern nur mit den Atomkernen in Wechselwirkung treten. Wegen der geringen Reichweite der Kernkräfte und der kleinen räumlichen Ausdehnung der Kerne können so auch energiearme Neutronen erstaunlich dicke Materieschichten durchdringen. Da sie nach der Absorption durch Kerne auch oft wieder ausgeschleudert werden, bewegen sie sich auf regellosen Bahnen (vergleichbar der Bewegung eines Gasatoms) durch Materie. Im einzelnen beobachtet man: elastische Streuung an Kernen, inelastische Streuung an Kernen, Kernreaktionen mit Erzeugung von geladenen Teilchen oder weiteren Neutronen, z. B. (n, α)-, (n; p)-, (n; 2n)-Reaktionen.

166. Nachweis von Neutronen mit Zählrohren

a) Neutronen können das Zählrohrgas nicht ionisieren und somit keine Gasentladungen auslösen.

b) Die ins Zählrohr eindringenden Neutronen schlagen aus dem stark wasserstoffhaltigen Paraffin schnelle Protonen heraus. Diese können als geladene Teilchen das Zählrohrgas ionisieren und werden so vom Zählrohr angezeigt.

c) Thermische Neutronen bringen mit ihrer kinetischen Energie, die unter 0,1 eV liegt, nicht genügend Energie mit, um die mit mehreren eV im Paraffin gebundenen Wasserstoffkerne herausschlagen zu können. Aber selbst wenn dieses "Freischlagen" von Protonen gelänge, besäßen die Protonen mit weniger als 0,1 eV nicht genügend Energie für die Ionisation von Zählrohrgasatomen (einige eV wären hierfür erforderlich!).

d) Das Zählrohr wird mit einem borhaltigen Gas (z. B. BF_3) gefüllt. Mit den Borkernen reagieren die Neutronen dann entsprechend

$$^{10}_{5}B + ^{1}_{0}n \rightarrow ^{7}_{3}Li + ^{4}_{2}He$$

Der Nachweis der Neutronen erfolgt dann wieder indirekt über den Nachweis der bei dieser Reaktion entstandenen energiereichen α-Teilchen.

e) Die Wahrscheinlichkeit für die in d angegebene Kernreaktion sinkt mit zunehmender Geschwindigkeit der Neutronen ganz erheblich.

Hinweis:
Da Neutronen nicht ionisieren, hinterlassen sie auch in einer Nebelkammer keine Spuren. Ein indirekter Neutronennachweis mit der Kammer gelingt jedoch, wenn man sie mit einer wasserstoffhaltigen Substanz umgibt. Die dort durch energiereiche Neutronenstrahlung ausgelösten energiereichen Protonen erzeugen in der Nebelkammer α-Teilchen ähnliche Spuren.

167. Thermische Neutronen

a) Die Wahrscheinlichkeit für eine Kernreaktion steigt mit der Aufenthaltsdauer des Geschoßteilchens in Kernnähe, ist also für langsame Geschoße größer als für schnelle. Positiv geladene Geschoßteilchen müssen aber gegen die abstoßende Coulombkraft des Targetkerns anlaufen. Langsame positiv geladene Teilchen lösen daher keine Kernreaktion aus. Für die ungeladenen Neutronen gibt es aber keine abstoßende Coulombkraft. Die langsamen thermischen Neutronen sind somit ideale Kerngeschoße für die Auslösung von Kernreaktionen.

b) Schnelle Neutronen können in Moderatoren durch Stöße mit den Kernen des Moderatorenmaterials auf thermische Energien abgebremst werden. Ein Moderator erfüllt seine Aufgabe um so besser, je schneller er abbremst und je weniger Neutronen er einfängt. Unter diesen Gesichtspunkten sind Deuteronen ideale Moderatoren (vgl. Hinweis).

Hinweis:
Bei einem elastischen Stoß mit einem ruhenden Kern ist der Energieübertrag des Neutrons auf den Kern nach den Gesetzen der Stoßmechanik um so größer, je vergleichbarer die beiden Massen sind. Bei stark verschiedenen Massen findet praktisch kein Energieaustausch statt. Die meiste Energie könnte ein Neutron daher in einem elastischen Stoß auf ein Proton übertragen. Da Protonen aber relativ starke Neutronenfänger sind, Deuteronen aber nicht, erweisen sich letztere als ideale Moderatorkerne.
Ist man nur an der Abschirmung von Neutronenstrahlung interessiert, so verwendet man aus den oben beschriebenen Gründen wasserstoffhaltige (protonenhaltige) Absorber wie Wasser oder Paraffin.

168. Künstliche Radioaktivität und Aktivierung

Die Radioaktivität von Kernen, die in der Natur nicht vorkommen, sondern künstlich durch Beschuß mit geeigneten Teilchen hergestellt worden sind, heißt *künstliche Radioaktivität.* So kommt der β^+-Strahler P30, wegen seiner kleinen Halbwertszeit von 2,5 min in der Natur nicht vor. Er wurde künstlich hergestellt, indem das stabile, in der Natur vorkommende Al27 mit α-Teilchen beschossen wurde. Dieses "Radioaktivmachen" durch Beschuß mit Neutronen, Protonen, α-Teilchen, Deuteronen, γ-Quanten usw. bezeichnet man als Aktivierung.

169. Strahlung der künstlichen Radioaktivität

a) Künstlich radioaktive Kerne wandeln sich durch Emission von α-, β^--, β^+-Teilchen oder durch EC-Prozesse in stabile Kerne um. Häufig sind diese Umwandlungen von γ-Quanten-Emissionen begleitet. α-Zerfälle sind jedoch sehr selten.
Der Unterschied der künstlichen gegenüber der natürlichen Radioaktivität äußert sich also dadurch, daß β^+- oder EC-Umwandlungen bei der natürlichen Radioaktivität nicht zu beobachten sind.

b) β^--Umwandlung: Im Kern wandelt sich ein Neutron in ein Proton um. Dabei wird ein Elektron und ein Antineutrino emittiert:

$$^1_0n \rightarrow {}^1_1p + {}^{\ 0}_{-1}e^- + {}^0_0\overline{\nu}$$

β^+-Umwandlung: Im Kern wandelt sich ein Proton in ein Neutron um. Dabei wird ein Positron und ein Neutrino emittiert.

$$^1_1p \rightarrow {}^1_0n + {}^0_1e^+ + {}^0_0\nu$$

EC-Umwandlung: Der Kern fängt aus der Elektronenhülle ein Elektron ein und wandelt ein Proton in ein Neutron um. Dabei wird ein Neutrino emittiert.

$$^1_1p + {}^{\ 0}_{-1}e^- \rightarrow {}^1_0n + {}^0_0\nu$$

Hinweis:
Bei einer EC-Umwandlung fängt der Kern ein Elektron aus der Hülle ein. Im allgemeinen stammt dieses Elektron aus der kernnächsten K-Schale, in wenigen Fällen kann es aber aus der L-Schale kommen. Die so in der K- oder L-Schale entstandenen Lücken werden von Elektronen höherer Schalen aufgefüllt. Dabei entstehen charakteristische Röntgenquanten.
Jede EC-Umwandlung eines Radionuklids ist daher durch das Auftreten einer charakteristischen Röntgenstrahlung nachweisbar.

170. Konkurrenz von β^--, β^+-, EC-Umwandlung

Da α-Zerfall, Protonen- oder Neutronenemissionen für künstlich radioaktive Nuklide recht selten vorkommen, genügt es, sich mit der Konkurrenz der β^+-, β^-- und EC-Umwandlung auseinanderzusetzen.
Liegt ein Kern in einem N-Z-Diagramm oberhalb der Stabilitätslinie, so hat er einen relativen Protonenüberschuß, den er entweder durch eine β^+- oder eine EC-Umwandlung abbauen kann. Welcher dieser beiden Prozesse auftritt, hängt vor allem von der Größe der Kernladung ab. Schwere Kerne mit großer Ladung zeigen aufgrund der großen, auf die Elektronen anziehend wirkenden Coulombkraft des Kerns fast ausschließlich EC (electron capture: Elektroneneinfang). Bei Kernen mit niedriger Kernladungszahl treten beide Prozesse nebeneinander auf.
Graphisch kann man die bisherigen Aussagen, wie im Diagramm auf der folgenden Seite gezeigt wird, veranschaulichen.

Liegt der Kern unterhalb der Stabilitätslinie, so hat er relativen Neutronenüberschuß, den er durch einen β^--Zerfall abbauen kann.

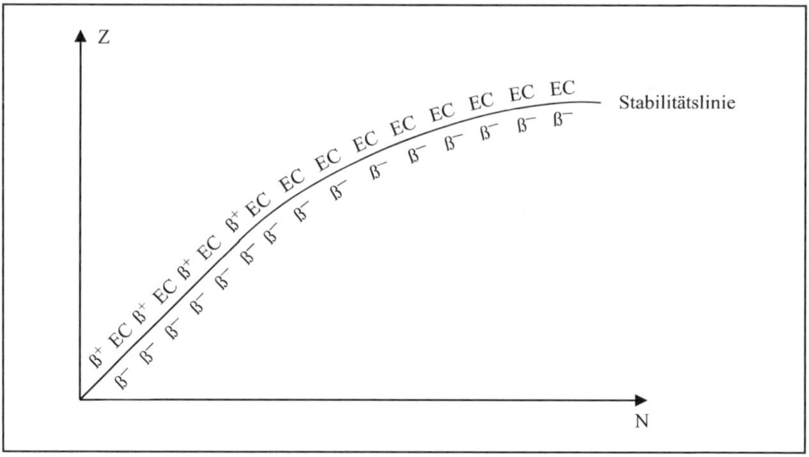

Hinweis:
Obige Überlegungen können nur als grobe Abschätzung dienen und sind mit Vorsicht zu genießen. So gibt es z. B. Radionuklide, bei denen sowohl β^+- als auch EC- als auch β^--Umwandlung zu beobachten ist, z. B. Cu64.

171. γ-Zerfall

a) γ-Strahlung entsteht beim Übergang von Atomkernen aus einem angeregten Zustand in den Grundzustand oder in einen weniger angeregten Zustand. Dabei ist die Energie der γ-Quanten gleich der Energiedifferenz des Anfangs- und Endniveaus des Kerns.

b) Die γ-Quantenemission angeregter Kerne entspricht der Lichtemission angeregter Atome.

Hinweis:
Da Kerne nur ganz bestimmte diskrete Energieniveaus besitzen, ist das γ-Emissionsspektrum eines Kerns ein diskretes Linienspektrum.

172. Energieniveauschema eines γ-Zerfalls

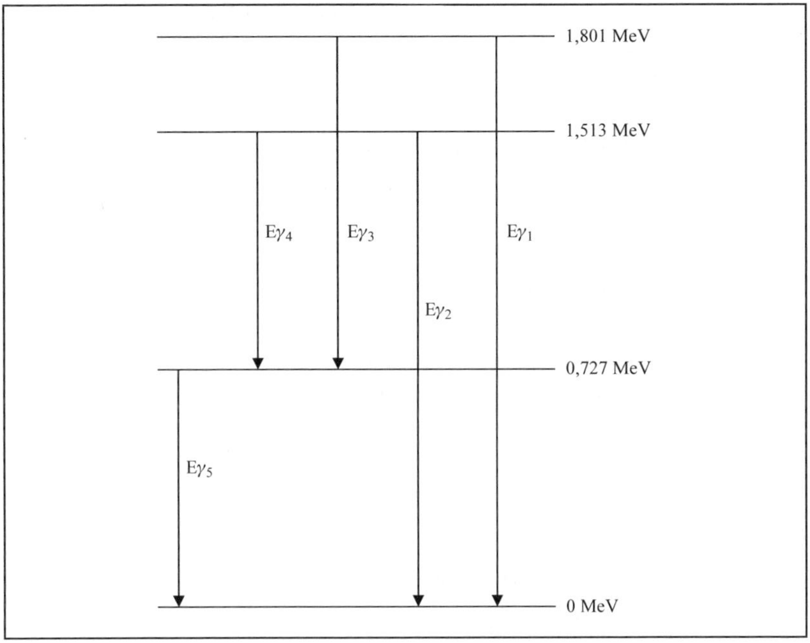

Durch Probieren gemäß des Ritzschen Kombinationsprinzips findet man

$$E_{\gamma 5} + E_{\gamma 3} = E_{\gamma 1} \quad \text{und} \quad E_{\gamma 5} + E_{\gamma 4} = E_{\gamma 2}$$

als einzig mögliche Summen, die zu vorgegebenen Energien führen.
Das höchste Energieniveau liegt also bei 1,801 MeV, das nächste bei 1,513 MeV.
Wegen $E_{\gamma 1} - E_{\gamma 2} = (E_{\gamma 5} + E_{\gamma 3}) - (E_{\gamma 5} + E_{\gamma 4}) = E_{\gamma 3} - E_{\gamma 4}$ erfolgt der zu $E_{\gamma 3}$ gehörende Übergang vom höchsten Niveau ins Niveau $E_{\gamma 1} - E_{\gamma 3} = E_{\gamma 5}$. Das letzte noch fehlende Niveau liegt also bei 0,727 MeV.

173. Energetische Voraussetzung für den α-Zerfall

a) Wegen ${}^{A}_{Z}X_1 \xrightarrow{\alpha} {}^{A-4}_{Z-2}X_2 + {}^{4}_{2}He$ muß

$$\frac{Q}{c^2} = m\left({}^{A}_{Z}X_1\right) - m\left({}^{A-4}_{Z-2}X_2\right) - m\left({}^{4}_{2}He\right) > 0 \text{ erfüllt sein.}$$

b) (Z_1) $^{223}_{88}Ra \rightarrow ^{219}_{86}Rn + ^{4}_{2}He$

$$Q_1 = [222{,}97025\,u - 218{,}96233\,u - 4{,}0015064\,u] \cdot c^2 =$$
$$= 0{,}0064136\,u \cdot c^2 = 5{,}97\,MeV > 0$$

(Z_2) $^{203}_{81}Tl \rightarrow ^{199}_{79}Au + ^{4}_{2}He$

$$Q_2 = [202{,}92791\,u - 198{,}92542\,u - 4{,}0015064\,u] \cdot c^2 =$$
$$= 0{,}0009836\,u \cdot c^2 = 0{,}92\,MeV > 0$$

(Z_3) $^{13}_{6}C \rightarrow ^{9}_{4}Be + ^{4}_{2}He$

$$Q_3 = [13{,}0000627\,u - 9{,}0099914\,u - 4{,}0015064\,u] \cdot c^2 =$$
$$= -0{,}0114351\,u \cdot c^2 = -10{,}65\,MeV < 0$$

(Z_3) ist endotherm und daher unmöglich. (Z_2) und (Z_1) sind exotherm. Wegen des rund 6,5mal kleineren Q-Wertes des Zerfalls Z_2 ist dieser aber wesentlich unwahrscheinlicher als Z_1. Tatsächlich weist die Nuklidkarte C13 und Tl203 als stabil aus, während Ra223 ein natürlicher α-Strahler ist.

174. Zerfallsschema eines α-Zerfalls

a) $^{212}_{83}Bi \rightarrow ^{208}_{81}Tl + ^{4}_{2}He$

$$Q = [m\,(Bi212) - m\,(Tl208) - m\,(He4)] \cdot c^2 =$$
$$= [211{,}94576\,u - 207{,}93758\,u - 4{,}0015064\,u] \cdot c^2 =$$
$$= 0{,}0066736\,u \cdot c^2 = 6{,}22\,MeV$$

b)

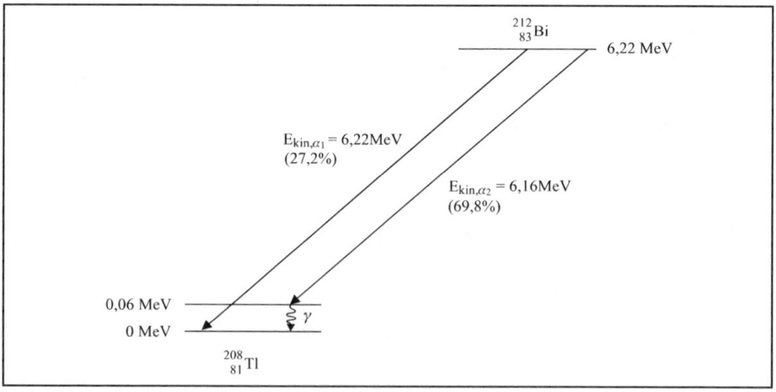

c) Beim α-Zerfall des Bi212 entsteht mit 69,8 % Wahrscheinlichkeit ein angeregter Zustand des Tl208. Beim Übergang des Tl-Kerns aus diesem angeregten Zustand in den Grundzustand wird ein γ-Quant der Energie $E_\gamma = 0{,}06$ MeV emittiert.
Berechnung der zugehörigen Wellenlänge:

$$E_\gamma = \frac{h \cdot c}{\lambda} \Rightarrow \lambda = \frac{h \cdot c}{E_\gamma} = \frac{6{,}63 \cdot 10^{-34}\,\text{J} \cdot \text{s} \cdot 3 \cdot 10^{8}\,\frac{\text{m}}{\text{s}}}{0{,}06 \cdot 10^{6} \cdot 1{,}6 \cdot 10^{-19}\,\text{J}} = 21\ \text{pm}$$

d) Es wäre möglich, daß sich $^{212}_{83}$Bi in einem angeregten Zustand befindet und die Übergänge dann wie in nebenstehender Abbildung ablaufen.

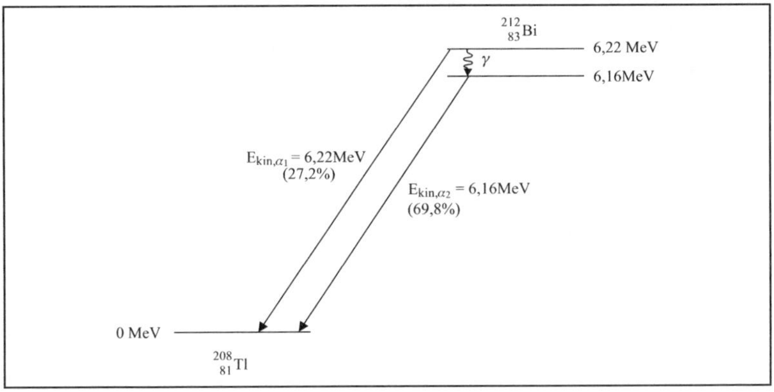

175. Energiespektrum beim α-Zerfall

α-Energiespektren sind diskrete Linienspektren, während β^--Energiespektren kontinuierlich sind.

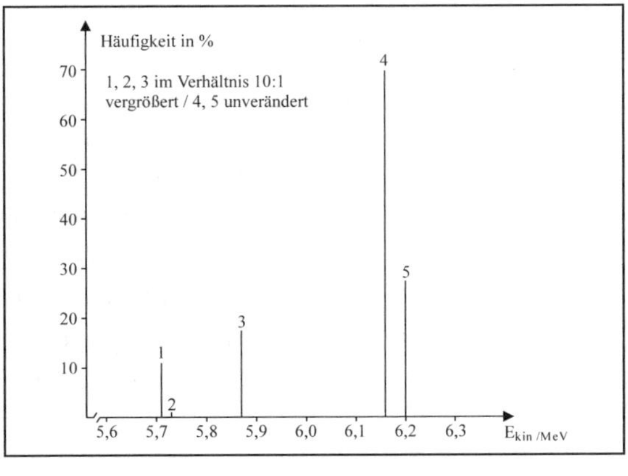

176. Energiespektrum beim β^--Zerfall

a) $F_{Lorentz} = F_{Zentral} \Rightarrow$

$\Rightarrow \; B \cdot e \cdot v = \frac{m \cdot v^2}{r} \; \Rightarrow$

$\Rightarrow \; B \cdot e \cdot r = m \cdot v \; \Rightarrow$

$\Rightarrow \; B \cdot e \cdot r = p \quad (*)$

$$E^2 = E_0^2 + p^2 \cdot c^2 \Rightarrow E = \sqrt{E_0^2 + p^2 \cdot c^2} \quad (**)$$

$$E_{kin} = E - E_0 \overset{(**)}{=} \sqrt{E_0^2 + p^2 \cdot c^2} - E_0 \overset{(*)}{=} \sqrt{E_0^2 + (B \cdot e \cdot r \cdot c)^2} - E_0$$

b) (1)

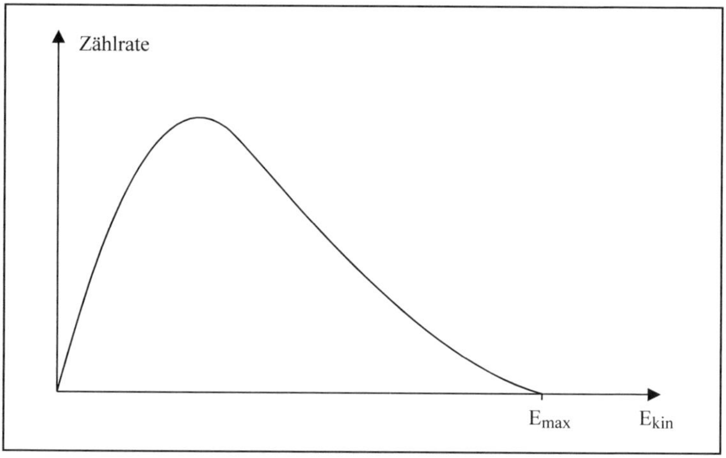

(2) Merkmale:

- Das Energiespektrum ist kontinuierlich und nicht diskret.
- Es beginnt bei $E_{kin} = 0$ und erstreckt sich bis zu einer scharf definierten oberen Grenzenergie E_{max}.
- Die am häufigsten vorkommende β^--Energie beträgt
  - ca. $\frac{1}{3}$ der Maximalenergie, wenn die β^--Teilchen von einem schweren Kern emittiert wurden.
  - ca. $\frac{1}{2}$ der Maximalenergie, wenn die β^--Teilchen von einem leichten Kern emittiert wurden.

177. Probleme mit dem β^--Spektrum

a) Alle Beobachtungen zeigen, daß der Kern Energien nur in ganz bestimmten diskreten Portionen aufnimmt oder abgibt, keinesfalls aber kontinuierlich. So ist auch für den β^--Zerfall davon auszugehen, daß der Kern nur eine ganz bestimmte diskrete Energie, nämlich die Zerfallsenergie E_{max} abgibt. Alle Elektronen mit $E_{kin} < E_{max}$ werfen nun die Frage auf, wo die Restenergie $\Delta E = E_{max} - E_{kin}$ geblieben ist. Da sie vom Kern nicht in Form kinetischer Rückstoßenergie weggetragen worden sein kann (vgl. Teilaufgabe c) und außer Kern und Elektron keine weiteren Teilchen vorhanden sind, verletzt ihr ungeklärtes Verschwinden den Energieerhaltungssatz.

b) Bei der Emission von 2 Elektronen müßte sich die Kernladungszahl bei einer β^--Umwandlung um 2 Einheiten erhöhen. Da stets aber nur die Erhöhung um eine Einheit beobachtet wurde, ist die 2-Elektronen-Hypothese unhaltbar.

c) Nach den Stoßgesetzen der Mechanik kann der Kern die Rückstoßenergie nicht in beliebigen Werten aufnehmen, sondern nur in einem einzigen, der wegen der im Vergleich zur Kernmasse sehr kleinen Elektronenmasse fast Null ist.

d) Es wurde beobachtet, daß das β^--Teilchen und der Tochterkern T n i c h t in entgegengesetzter Richtung auseinanderfliegen (also einen von Null verschiedenen Gesamtimpuls besitzen), obwohl der Mutterkern vor dem Zerfall praktisch als ruhend vorausgesetzt werden konnte (also den Impuls Null besaß).

e) PAULI postulierte, daß beim β^--Zerfall außer dem Elektron noch ein zweites Teilchen, das Antineutrino, ausgeschleudert werden muß. Bezeichnet E_{max} die beim β^--Zerfall freiwerdende Energie und E_{kin} die kinetische Energie eines beobachteten Elektrons, so übernimmt das Antineutrino die Restenergie $E_{max} - E_{kin}$ und rettet damit den Energiesatz. Außerdem fliegt das Antineutrino stets so weg, daß die Vektorsumme der Impulsvektoren des Tochterkerns, des Elektrons und des Antineutrinos Null ergibt. Damit rettet das Antineutrino auch den Impulssatz.

f) β^--Umwandlung: $^1_0n \rightarrow {}^1_1p + {}^{0}_{-1}e^- + {}^0_0\overline{\nu}$ (im Kern)

β^+-Umwandlung: $^1_1p \rightarrow {}^1_0n + {}^{0}_{+1}e^+ + {}^0_0\nu$ (im Kern)

EC-Umwandlung: $^1_1p + {}^{0}_{-1}e^- \rightarrow {}^1_0n + {}^0_0\nu$ (im Kern)

(ν: Neutrino, $\overline{\nu}$: Antineutrino)

Hinweis:

Die wichtigsten Eigenschaften des Neutrinos sind:

1. Es besitzt wahrscheinlich die Ruhemasse 0, auf alle Fälle aber eine wesentlich kleinere Ruhemasse als das Elektron.
2. Es ist ungeladen.
3. Es bewegt sich wahrscheinlich mit Lichtgeschwindigkeit.
4. Es besitzt eine äußerst schwache Wechselwirkung mit Materie und daher ein äußerst großes Durchdringungsvermögen.

178. Zerfallsschema eines β^--Zerfalls

a) $^{60}_{27}Co \rightarrow {}^{60}_{28}Ni + {}^{0}_{-1}e^- + {}^0_0\overline{\nu}$

$$\frac{Q}{c^2} = m\,(Co60) - m\,(Ni60) - m\,(e^-) =$$

$$= 59{,}918998\ u - 59{,}91542\ u - 5{,}486 \cdot 10^{-4}\ u = 3{,}0294 \cdot 10^{-3}\ u \Rightarrow$$

$$\Rightarrow \quad Q = 2{,}82\ MeV$$

b)

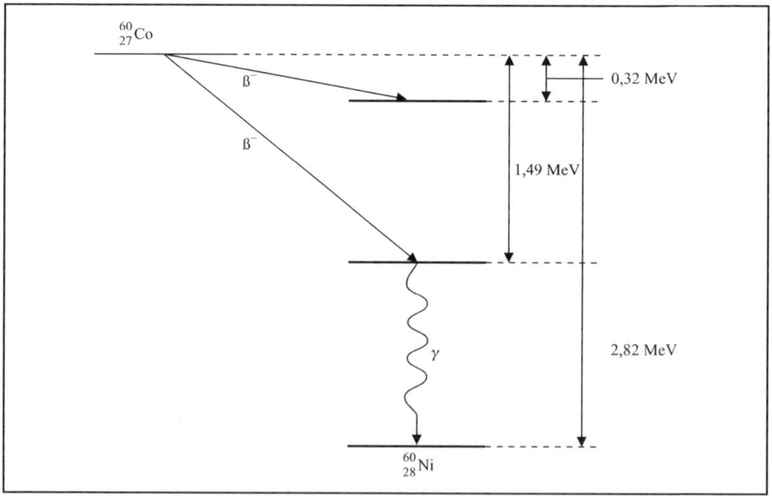

Da Co60 im Grundzustand war, müssen zunächst die beiden β^--Zerfälle erfolgt sein. Damit hat man 2 Niveaus von Ni60, die 0,32 MeV und 1,49 MeV unterhalb des Grundniveaus von Co60 liegen. Außerdem liegt der Grundzustand von Ni60 2,82 MeV unter dem des Co60. Wegen 2,82 – 1,49 = 1,33 wird das 1,33 MeV-γ-Quant beim Übergang des Ni 60-Kerns vom 1. angeregten in den Grundzustand emittiert.

c) Nach obigem Schema beträgt die Energie des zweiten γ-Quants
2,82 MeV – 0,32 MeV = 2,50 MeV oder
1,49 MeV – 0,32 MeV = 1,17 MeV.
Da es weniger Energie als 1,33 MeV besitzt, hat es die Energie 1,17 MeV.

179. Begriffsbestimmung

Bei einer **angeregten Kernspaltung** zerfällt ein Kern durch eine Kernreaktion, z. B. mit einem Neutron, in fast allen Fällen in zwei größere Kernbruchstücke, anstatt wie bei sonstigen Kernreaktionen nur einzelne Nukleonen oder Alphateilchen zu emittieren.

Hinweise:

1. Bei der wesentlich seltener vorkommenden spontanen Kernspaltung spaltet der Kern ohne vorherige Absorption eines Teilchens.
2. Statt Kernspaltung sagt man auch Kernfission.

180. Vielfalt der Spaltprodukte

a) $^{235}_{92}U + ^{1}_{0}n \longrightarrow ^{236}_{92}U \longrightarrow ^{138}_{53}J + ^{95}_{39}Y + 3\ ^{1}_{0}n$

$$^{138}_{53}J \xrightarrow{6{,}3\,s} ^{138}_{54}Xe + ^{0}_{-1}e^- + ^{0}_{0}\bar{\nu}$$
$$^{138}_{54}Xe \xrightarrow{14\,min} ^{138}_{55}Cs + ^{0}_{-1}e^- + ^{0}_{0}\bar{\nu}$$
$$^{138}_{55}Cs \xrightarrow{32\,min} ^{138}_{56}Ba + ^{0}_{-1}e^- + ^{0}_{0}\bar{\nu}$$

$$^{95}_{39}Y \xrightarrow{11\,min} ^{95}_{40}Zr + ^{0}_{-1}e^- + ^{0}_{0}\bar{\nu}$$
$$^{95}_{40}Zr \xrightarrow{64\,d} ^{95}_{41}Nb + ^{0}_{-1}e^- + ^{0}_{0}\bar{\nu}$$
$$^{95}_{41}Nb \xrightarrow{35\,d} ^{95}_{42}Mo + ^{0}_{-1}e^- + ^{0}_{0}\bar{\nu}$$

b)

$${}^{90}_{39}\mathrm{Y} \xrightarrow{64{,}4\,\mathrm{h}} {}^{90}_{40}\mathrm{Zr} + {}^{\;0}_{-1}\mathrm{e}^- + {}^{0}_{0}\bar{\nu}$$

$${}^{90}_{38}\mathrm{Sr} \xrightarrow{28\,\mathrm{a}} {}^{90}_{39}\mathrm{Y} + {}^{\;0}_{-1}\mathrm{e}^- + {}^{0}_{0}\bar{\nu}$$

$${}^{90}_{37}\mathrm{Rb} \xrightarrow{2{,}6\,\mathrm{min}} {}^{90}_{38}\mathrm{Sr} + {}^{\;0}_{-1}\mathrm{e}^- + {}^{0}_{0}\bar{\nu}$$

$${}^{90}_{36}\mathrm{Kr} \xrightarrow{32\,\mathrm{s}} {}^{90}_{37}\mathrm{Rb} + {}^{\;0}_{-1}\mathrm{e}^- + {}^{0}_{0}\bar{\nu}$$

$${}^{143}_{59}\mathrm{Pr} \xrightarrow{13{,}6\,\mathrm{d}} {}^{143}_{60}\mathrm{Nd} + {}^{\;0}_{-1}\mathrm{e}^- + {}^{0}_{0}\bar{\nu}$$

$${}^{143}_{58}\mathrm{Ce} \xrightarrow{33\,\mathrm{h}} {}^{143}_{59}\mathrm{Pr} + {}^{\;0}_{-1}\mathrm{e}^- + {}^{0}_{0}\bar{\nu}$$

$${}^{143}_{57}\mathrm{La} \xrightarrow{14\,\mathrm{min}} {}^{143}_{58}\mathrm{Ce} + {}^{\;0}_{-1}\mathrm{e}^- + {}^{0}_{0}\bar{\nu}$$

$${}^{143}_{56}\mathrm{Ba} \xrightarrow{20\,\mathrm{s}} {}^{143}_{57}\mathrm{La} + {}^{\;0}_{-1}\mathrm{e}^- + {}^{0}_{0}\bar{\nu}$$

$${}^{235}_{92}\mathrm{U} + {}^{1}_{0}\mathrm{n} \longrightarrow {}^{236}_{92}\mathrm{U} \longrightarrow {}^{143}_{56}\mathrm{Ba} + {}^{90}_{36}\mathrm{Kr} + 3\,{}^{1}_{0}\mathrm{n}$$

c)

$${}^{140}_{57}\mathrm{La} \xrightarrow{40{,}2\,\mathrm{h}} {}^{140}_{58}\mathrm{Ce} + {}^{\;0}_{-1}\mathrm{e}^- + {}^{0}_{0}\bar{\nu}$$

$${}^{140}_{56}\mathrm{Ba} \xrightarrow{12{,}8\,\mathrm{d}} {}^{140}_{57}\mathrm{La} + {}^{\;0}_{-1}\mathrm{e}^- + {}^{0}_{0}\bar{\nu}$$

$${}^{140}_{55}\mathrm{Cs} \xrightarrow{65\,\mathrm{s}} {}^{140}_{56}\mathrm{Ba} + {}^{\;0}_{-1}\mathrm{e}^- + {}^{0}_{0}\bar{\nu}$$

$${}^{235}_{92}\mathrm{U} + {}^{1}_{0}\mathrm{n} \longrightarrow {}^{236}_{92}\mathrm{U} \longrightarrow {}^{140}_{55}\mathrm{Cs} + 2\,{}^{1}_{0}\mathrm{n} + {}^{94}_{37}\mathrm{Rb}$$

$${}^{94}_{37}\mathrm{Rb} \xrightarrow{3\,\mathrm{s}} {}^{94}_{38}\mathrm{Sr} + {}^{\;0}_{-1}\mathrm{e}^- + {}^{0}_{0}\bar{\nu}$$

$${}^{94}_{38}\mathrm{Sr} \xrightarrow{1{,}2\,\mathrm{min}} {}^{94}_{39}\mathrm{Y} + {}^{\;0}_{-1}\mathrm{e}^- + {}^{0}_{0}\bar{\nu}$$

$${}^{94}_{39}\mathrm{Y} \xrightarrow{19\,\mathrm{min}} {}^{94}_{40}\mathrm{Zr} + {}^{\;0}_{-1}\mathrm{e}^- + {}^{0}_{0}\bar{\nu}$$

Hinweise:

1. Die bei den β^--Zerfällen angegebenen Halbwertszeiten gehören natürlich nicht zu der von Ihnen erwarteten Lösung. Sie wurden angegeben, um Ihnen eine Vorstellung über die Lebensdauer der bei einer Kernspaltung entstehenden radioaktiven Folgekerne zu geben.

2. Folgende Graphik, die n i c h t zum aktiven Wissen eines Grundkurskollegiaten gehört, zeigt die relative Häufigkeit der bei der Spaltung von U235 durch langsame Neutronen auftretenden Spaltprodukte in Abhängigkeit von ihrer Massenzahl. Beachten Sie den logarithmischen Maßstab auf der y-Achse!

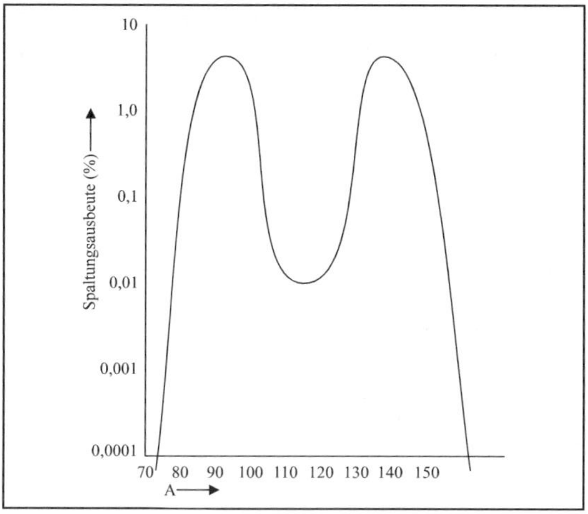

181. Modellvorstellung zur Kernspaltung

a) Das die Kernspaltung anregende Neutron dringt in den U235-Kern ein; es bildet sich kurzzeitig der Zwischenkern U236. Die durch den Einbau des Neutrons freiwerdende Bindungsenergie und die eventuell vom Neutron im Schwerpunktsystem mitgebrachte kinetische Energie versetzen den U236-Kern in Schwingungen. Bei ausreichend starker Verformung schnürt er sich ein. Da an dieser "Einschnürstelle" der Zusammenhalt nur durch die Kernkräfte einiger weniger Nukleonen bewirkt wird, können die längerreichweitigen, elektrostatischen Abstoßungskräfte zwischen den Protonen die Überhand gewinnen – es kommt zur Spaltung in einen $^{138}_{53}J$- und einen $^{95}_{39}Y$-Kern unter Emission von drei Neutronen.

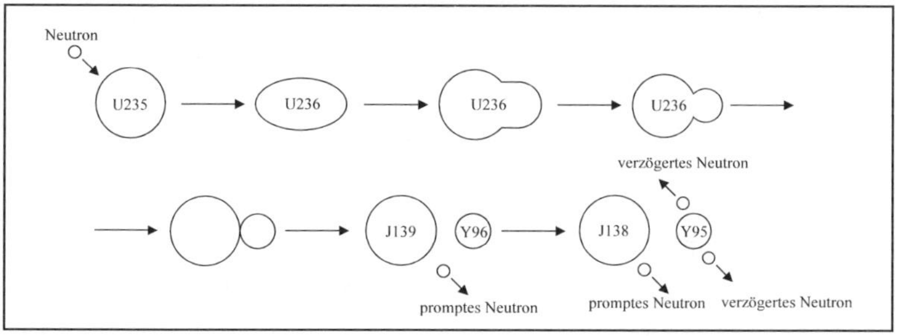

b) Der überwiegend größte Teil (ca. 85 %) der freiwerdenden Energie tritt in Form kinetischer Energie der beiden Bruchkerne J138 und Y95 auf, die restlichen 15 % findet man als Anregungsenergien der Bruchstücke (die zur Emission von β^--Teilchen, γ-Quanten und Antineutrinos führt) und als kinetische Energie der Neutronen.

182. Spaltschwelle und Aktivierungsenergie

a) Berechnung des Q-Werts:

$$\begin{aligned}\frac{Q}{c^2} &= m(U236) - m(Kr90) - m(Ba143) - 3 \cdot m(n)\\ &= 236{,}04558\ u - 89{,}919603\ u - 142{,}92055\ u - 3 \cdot 1{,}008665\ u\\ &= 0{,}179432\ u > 0\end{aligned}$$

Die Reaktion ist also exotherm!

b)

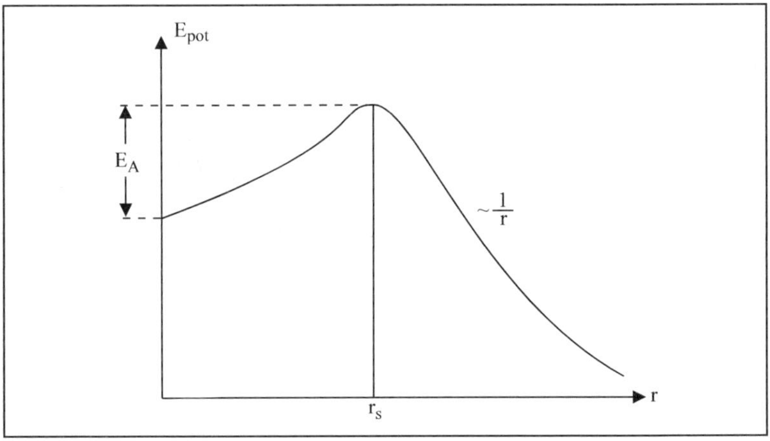

Für $r > r_s$ besitzen die Kerne nur die elektrische potentielle Energie

$$E_{pot}(r) = \frac{(36 \cdot e) \cdot (56 \cdot e)}{4 \cdot \pi \cdot \varepsilon_0 \cdot r} \sim \frac{1}{r}$$

da für $r > r_s$ nur die langreichweitigen Abstoßungskräfte der Protonen wirksam sind. Für $r < r_s$ wirken zusätzlich zur abstoßenden Coulombkraft die kurzreichweitigen, anziehenden Kernkräfte; es kommt zur Abnahme von E_{pot} für $0 < r < r_s$. Kr36 und Ba143 liegen in diesem Bereich nicht mehr als getrennte Kerne sondern als gemeinsamer Kern vor.

c) U236 spaltet dann in einem Kr90- und einen Ba143-Kern, wenn diese beiden Kerne "irgendwie" so weit voneinander getrennt worden sind, daß nur noch die abstoßende Kraft ihrer Protonen wirksam ist. Dafür ist aber nach dem Diagramm dem U236-Kern die Energie E_A zuzuführen. U236 ist also einfach deshalb relativ stabil, weil es im Grundzustand die für die Spaltung erforderliche Aktivierungsenergie E_A nicht besitzt.

d) Das vom U235-Kern absorbierte Neutron kann die Spaltung anregen, wenn die Summe aus seiner kinetischen Energie (im Schwerpunktsystem) und der durch seinen Einbau freiwerdenden Bindungsenergie größer als E_A ist.

183. Energieabschätzungen

a) Berechnung des Q-Werts:

$$Q = [m(U235) + m(n) - m(Kr90) - m(Ba143) - 3 \cdot m(n)] \cdot c^2 =$$
$$= [m(U235) - m(Kr90) - m(Ba143) - 2 \cdot m(n)] \cdot c^2 =$$
$$= [235{,}04394\ u - 89{,}919603\ u - 142{,}92055\ u - 2 \cdot 1{,}008665\ u] \cdot c^2 =$$
$$= 0{,}186457\ u \cdot c^2 = 173{,}7\ MeV$$

b) Berechnung der Kernradien:

Ba143: $r_{Ba} = 1{,}4 \cdot 10^{-15}\ m \cdot \sqrt[3]{143} = 7{,}3 \cdot 10^{-15}\ m$

Kr90: $r_{Kr} = 1{,}4 \cdot 10^{-15}\ m \cdot \sqrt[3]{90} = 6{,}3 \cdot 10^{-15}\ m$

Unmittelbar nach der Spaltung, wenn die Schwerpunkte der beiden Kerne den Abstand $r_{Ba} + r_{Kr}$ haben, beträgt die elektrische potentielle Energie E_{pot} der Kerne

$$E_{pot} = \frac{(36 \cdot e) \cdot (56 \cdot e)}{4 \cdot \pi \cdot \varepsilon_0} \cdot \frac{1}{r_{Ba} + r_{Kr}} =$$
$$= \frac{(36 \cdot 1{,}6 \cdot 10^{-19}\ A \cdot s) \cdot (56 \cdot 1{,}6 \cdot 10^{-19}\ A \cdot s)}{4 \cdot \pi \cdot 8{,}85 \cdot 10^{-12} \frac{A \cdot s}{V \cdot m} \cdot (7{,}3 + 6{,}3) \cdot 10^{-15}\ m} =$$
$$= 3{,}4 \cdot 10^{-11}\ J = 213{,}3\ MeV$$

E_{pot} wandelt sich durch die Abstoßung in kinetische Energie der Bruchkerne um.

c) Berechnung der mittleren Bindungsenergie pro Nukleon:

$$\text{U235:}\quad \left|\frac{B}{A}\right| = \frac{[92\cdot m(p)+143\cdot m(n)-m(U235)]\cdot c^2}{235} =$$

$$= \frac{[92\cdot 1{,}007277\,u+143\cdot 1{,}008665\,u-235{,}04394\,u]\cdot c^2}{235} =$$

$$= \frac{1{,}86\,u\cdot c^2}{235} = 7{,}4\text{ MeV}$$

$$\text{Kr90:}\quad \left|\frac{B}{A}\right| = \frac{[36\cdot m(p)+54\cdot m(n)-m(Kr90)]\cdot c^2}{90} =$$

$$= \frac{[36\cdot 1{,}007277\,u+54\cdot 1{,}008665\,u-89{,}919603\,u]\cdot c^2}{90} =$$

$$= \frac{0{,}81\,u\cdot c^2}{90} = 8{,}4\text{ MeV}$$

$$\text{Ba143:}\quad \left|\frac{B}{A}\right| = \frac{[56\cdot m(p)+87\cdot m(n)-m(Ba143)]\cdot c^2}{143} =$$

$$= \frac{[56\cdot 1{,}007277\,u+87\cdot 1{,}008665\,u-142{,}92055\,u]\cdot c^2}{143} =$$

$$= \frac{1{,}24\,u\cdot c^2}{143} = 8{,}1\text{ MeV}$$

Da vor der Reaktion 235 Nukleonen, nach der Reaktion aber 90 bzw. 143 Nukleonen gebunden sind, wird bei der Spaltung die Energie

$$143\cdot 8{,}1\text{ MeV} + 90\cdot 8{,}4\text{ MeV} - 235\cdot 7{,}4\text{ MeV} = 175{,}3\text{ MeV}$$

frei.

184. Spaltneutronen

a) Bei schweren Kernen ist der relative Anteil der Neutronen an der Zahl der Nukleonen größer als bei mittelschweren (vgl. Aufgabe 91). Wird also ein schwerer Kern in zwei mittelschwere Kerne gespalten, so wird der Neutronenüberschuß der Bruchkerne durch Freisetzung mehrerer einzelner Neutronen abgebaut.

b) Prompte Neutronen heißen die Neutronen, die unmittelbar nach der Spaltung freigesetzt werden. Von den im Mittel bei der Spaltung von U235 2,5 frei werdenden Neutronen sind z. B. 99,25 % prompt. Ein geringer Teil von Neutronen, bei U235 ca. 0,75 % werden 0,1 s bis 100 s nach der Spaltung dadurch freigesetzt, daß die Spaltprodukte

Neutronenüberschuß durch Neutronenemission mit meßbaren Halbwertszeiten loswerden. Diese Neutronen heißen verzögerte Neutronen. Nur die verzögerten Neutronen ermöglichen überhaupt die Steuerung eines Kernreaktors (vgl. Aufgabe 189).

185. Spaltstoffe

Als Spaltstoffe für die technische Nutzung kommen nur sehr schwere Kerne (vgl. Aufgabe 97) in Frage, bei deren Spaltung genügend viele, weitere Spaltungen anregende Neutronen (vgl. Aufgaben 167 und 186) frei werden. Diese Bedingungen erfüllen sowohl U235 als auch U238, die beide im Mittel pro Spaltung 2 bis 3 schnelle Neutronen liefern.
Da die Energie E_A (vgl. Aufgabe 182) zur Anregung der Kernspaltung bei U238 (mit $E_A = 7{,}0$ MeV) erheblich größer ist als die beim Einbau des Neutrons freiwerdende Bindungsenergie E_B ($E_B = 5{,}5$ MeV), ist nur ein schnelles Neutron, das die Energiedifferenz $E_A - E_B$ ($E_A - E_B = 1{,}5$ MeV im Schwerpunktsystem) in Form kinetischer Energie mitbringt, zur Spaltung von U238 in der Lage. Je mehr kinetische Energie aber ein Neutron besitzt, desto unwahrscheinlicher wird sein Einfang durch den U238-Kern. Außerdem sinkt die kinetische Energie schneller Neutronen durch Stöße mit U238-Kernen, bei denen sie nicht eingefangen werden, relativ rasch unter den Wert $E_A - E_B$ ($E_A - E_B = 1{,}5$ MeV), so daß sie nicht mehr zur Spaltung von U238-Kernen in der Lage sind.
Bei U235 dagegen ist die Aktivierungsenergie E_A ($E_A = 6{,}5$ MeV) kleiner als die beim Neutroneneinbau freiwerdende Bindungsenergie E_B ($E_B = 6{,}8$ MeV). U235 läßt sich daher mit thermischen Neutronen spalten. Die oben genannten Nachteile schneller Neutronen (geringe Einfangswahrscheinlichkeit, nach wenigen Stößen unfähig zur Spaltungsanregung) treten bei Verwendung von U235 als Spaltstoff nicht auf.

Hinweis:

1. Die in Klammer gesetzten Zahlen gehören nicht zum aktiven Wissen eines Grundkurskollegiaten.
2. Die Unterschiede in der freiwerdenden Bindungsenergie beim Neutroneneinbau zwischen einem U235- und einem U238-Kern lassen sich dadurch erklären, daß sich der relativ instabile gu-Kern U235 (der relativ stabile gg-Kern U238) in den relativ stabilen gg-Kern U236 (in den relativ instabilen gu-Kern U239) umwandelt.

3. Auch $^{239}_{94}Pu$, $^{241}_{94}Pu$, $^{233}_{92}U$ sind schwere gu-Kerne und eignen sich als Spaltstoffe, $^{232}_{90}Th$ oder $^{240}_{94}Pu$ dagegen als gg-Kerne nicht.

186. Kettenreaktion

a) Bei der Spaltung von U235 werden im Mittel 2,5 schnelle Neutronen frei. Jedes dieser Neutronen ist nun prinzipiell in der Lage seinerseits einen U235-Kern zu spalten und dabei im Mittel wieder 2,5 schnelle Neutronen freizusetzen usw. Dadurch steigert sich die Zahl der Neutronen und die Zahl der gespaltenen Kerne lawinenartig, man spricht von einer Kettenreaktion.
Wegen der geringen Wechselwirkung der Neutronen mit Materie können diese bei zu kleinem Volumen des Spaltmaterials in den Außenraum entweichen, bevor sie mit einem U235-Kern reagiert haben, und gehen der geplanten Lawine verloren. In kleinen Volumina kommt eine Kettenreaktion also nicht zustande.
Da die Oberfläche einer Kugel (und damit die Neutronenverluste durch die Oberfläche) mit r^2 wächst, während das Volumen (und damit die Zahl der Kerne, d. h. der potentiellen Neutronenquellen) mit r^3 zunimmt, gehen die Oberflächenverluste mit wachsendem Kugelradius bei einem kugelförmigen Spaltmaterial relativ gesehen zurück. Ab einem bestimmten Kugelradius kann sich also eine einmal gestartete Kettenreaktion aufrechterhalten. Die kleinste Masse, für die dies zutrifft, nennt man kritische Masse.

b) Ein System, in dem die Kettenreaktion kontrollierbar, d. h. von außen her steuerbar abläuft, heißt Kernreaktor.

Hinweis:
Eine Kugel reinen U235 vom Radius 8,5 cm ist kritisch!

187. Moderation

a) Eine Substanz, die Neutronen hoher Energie auf geringere Energie abbremst, heißt Moderator.

b) Ein Moderator muß
- ein möglichst geringes Atomgewicht haben, da die beim Neutronenstoß übertragene Energie um so größer ist und damit die Abbremsung des Neutrons um so schneller erfolgt, je leichter der Moderatorkern ist (vgl. Aufgabe 167) und
- eine möglichst geringe Einfangswahrscheinlichkeit für Neutronen besitzen, da es andernfalls zu einem Abbruch der Kettenreaktion kommen kann.

c) Stellt man die Wahrscheinlichkeit für die Einfangsreaktion

$$^{238}_{92}U + ^{1}_{0}n \longrightarrow ^{239}_{92}U$$

in Abhängigkeit von der kinetischen Energie des Neutrons graphisch dar, so erhält man folgendes Diagramm:

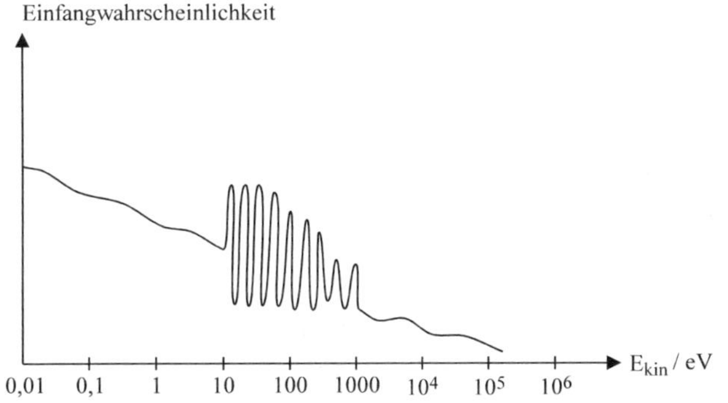

Hiernach gibt es zwischen 10 eV bis 1000 eV eine Vielzahl ausgeprägter Maxima. Neutronen der zugehörigen Energien werden also mit großer Wahrscheinlichkeit eingefangen, ohne zur Kernspaltung zu führen (vgl. Aufgabe 185). Die Werte von E_{kin}, für die die Einfangswahrscheinlichkeit relative Maxima besitzt, werden als Resonanzstellen bezeichnet.

d) Die bei der Urankernspaltung frei werdenden, die Kettenreaktion tragenden Spaltneutronen haben im Mittel kinetische Energien in der Größenordnung MeV. U235 (nur dieses Uranisotop eignet sich als Spaltstoff; vgl. Aufgabe 185) wird aber von langsamen Neutronen (E_{kin} = 0,01 eV) mit weit größerer Wahrscheinlichkeit (ca. 1000mal größer) gespalten als von schnellen Neutronen (E_{kin} = 1 MeV). Daher versucht man im Kernreaktor die bei der Spaltung entstehenden Neutronen durch Moderatoren abzubremsen. Die Kerne des Spaltmaterials selbst sind dafür nicht geeignet, weil wegen des großen Massenunterschieds zwischen Neutron und Urankern zur Abbremsung eine Vielzahl von Stößen erforderlich ist, die Neutronen sich daher relativ lange in dem "gefährlichen" Energiebereich befinden, in dem sie durch Resonanzeinfang durch U238 verlorengehen, ohne gespalten zu haben.

Hinweise:

1. Die bei Teilaufgabe d in Klammer gesetzten Zahlenwerte gehören n i c h t zum aktiven Wissen eines Grundkurskollegiaten.
2. In Uran-Reaktoren sind praktisch nur die Uranisotope U235 und U238 vorhanden (vgl. Aufgabe 188).

188. Zur Auslegung eines Uran-Reaktors

a) In einem homogenen Reaktor wird der Moderator mit dem Spaltmaterial vermischt, in einem heterogenen Reaktor wird er in großen Teilen zwischen das Spaltmaterial gegeben.

b) Von den genannten Moderatoren bremst leichtes Wasser, also ${}^{1}_{1}H_2O$, schnelle Neutronen am schnellsten auf thermische Geschwindigkeiten ab; Graphit, also ${}^{12}_{6}C$, am langsamsten. Schweres Wasser, also ${}^{2}_{1}H_2O$, erweist sich hinsichtlich der Abbremseigenschaften nur knapp schlechter als leichtes Wasser, aber deutlich besser als Graphit.
Hinsichtlich des Einfangs langsamerer Neutronen hat leichtes Wasser die schlechtesten Eigenschaften. Es absorbiert thermische Neutronen ca. 400mal besser als schweres Wasser und ca. 60mal besser als Graphit.

c) Aufgrund der relativ hohen Neutronenabsorption durch leichtes Wasser wird ein heterogener Leichtwasserreaktor mit Natururan (ca. 0,7 % U235 und ca. 99,3 % U238) als Brennstoff nicht kritisch. Will man leichtes Wasser als Moderator verwenden, so muß man den U235 Anteil am Brennstoff von 0,7 % auf ca. 2 bzw. 3 % erhöhen.

Benützt man schweres Wasser oder Graphit als Moderator, so kann bei einem heterogenen Reaktor Natururan als Brennstoff verwendet werden, wenn man Neutronenverluste nach außen durch einen den Reaktorkern umgebenden Reflektor möglichst weit herabsetzt.
Verwendet man angereichertes Uran in einem Schwerwasser- oder graphitmoderierten Reaktor als Brennstoff, so kann der Reaktor wesentlich kompakter gebaut werden.

Hinweis:
Beachten Sie die Zwickmühle, in der man sich bei der Reaktorplanung befindet:
In relativ billigem Natururan läßt sich mit praktisch kostenlosem, normalem Wasser keine Kettenreaktion erzeugen. Gibt man dem wassermoderiertem Reaktor aus Sicherheitsgründen (vgl. Aufgabe 189 und 192) gegenüber dem graphitmoderierten Reaktor den Vorzug, so muß man relativ billiges Natururan mit sehr teuerem schweren Wasser moderieren oder durch sehr teuere Isotopentrennung angereichertes Uran mit sehr billigem normalem Wasser moderieren.

189. Steuerung und Regelung der Kettenreaktion

a) Ein Reaktor ist so ausgelegt, daß sowohl die prompten als auch die verzögerten Spaltneutronen (vgl. Aufgabe 184) die Kettenreaktion aufrecht erhalten, und daß sie ohne verzögerte Spaltneutronen zusammenbrechen würde. Daher ist es trotz des Zeitaufwandes für das mechanische Ein- und Ausführen von stark neutronenabsorbierenden Stäben (z. B. aus Borcarbid B_4C oder Cadmium) in den Brennstoff, dank der verzögerten Spaltneutronen möglich, die Kettenreaktion aus- und einzuschalten (Steuerung) bzw. so einzustellen, daß eine gewünschte Energieabgabe erfolgt (Regelung).

b) Ein Brennelement besteht aus mehreren, entsprechend folgender Skizze, parallel zueinander, in quadratischer Gitteranordnung angebrachten Brennstoffstäben und einer kleineren Anzahl von Regelstäben, die parallel zu den Brennstoffstäben in das Brennelement ein- oder ausgeführt werden können. Ein Brennstoffstab ist ein verschweißtes Hüllrohr aus einer Edelmetallegierung, in das eine Brennstoffsäule aus gesinterten UO_2-Tabletten eingefüllt ist. Die Regelstäbe bestehen aus einer neutronenabsorbierenden Substanz und ermöglichen je nach Eindringtiefe, wie in Teilaufgabe a beschrieben, die Regelung der Kettenreaktion (Fremdsteuerung).

Brennstoff- und Regelstäbe sind in einem wassermoderierten Reaktor von Wasser umgeben. Das Wasser übernimmt dabei sowohl die Rolle des Moderators als auch des Kühlmittels. Dies ermöglicht in gewissem Umfang die Eigensteuerung des Reaktors: Nimmt nämlich mit steigender Spaltrate in den Brennstoffstäben die Temperatur des Wassers zu, so sinkt seine Dichte. Dadurch stehen pro Volumeneinheit weniger Moderatorkerne zur Verfügung, so daß die Neutronen nicht mehr so effektiv gebremst werden und die Spaltrate wieder abnimmt.

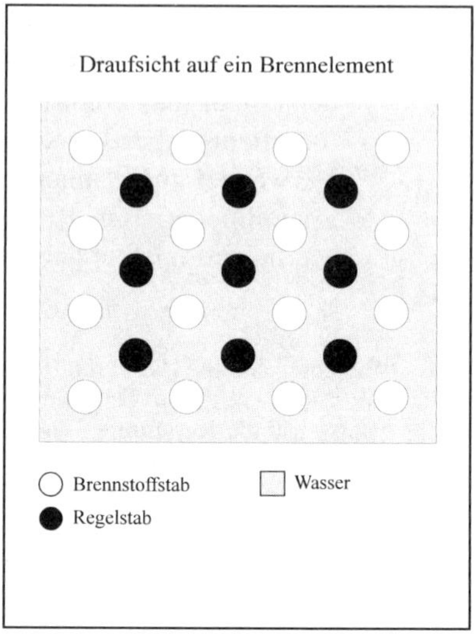

Hinweis:
Beachten Sie, daß die in Teilaufgabe b beschriebene Eigensteuerung bei einem graphitmoderierten Reaktor nicht möglich ist! Dies stellt ein Sicherheitsrisiko dar (vgl. Aufgabe 191 und 192).

190. Prinzipieller Aufbau eines wassermoderierten Reaktors

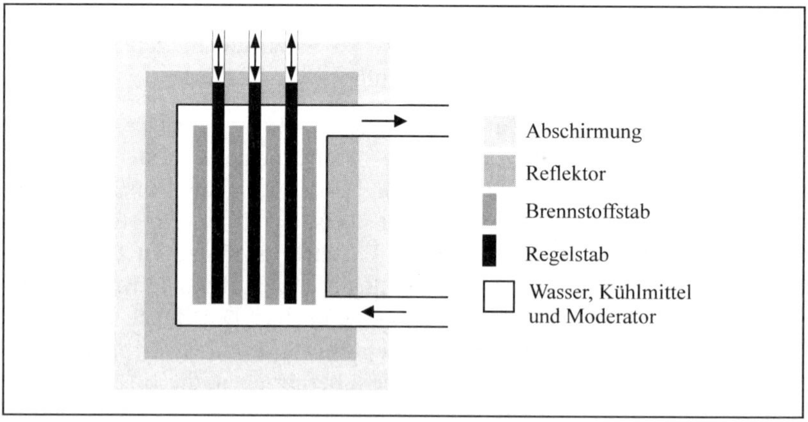

Die wesentlichen Bestandteile eines wassermoderierten Reaktors sind:

1. **Brenn- oder Spaltstoff:** Durch Spaltung seiner Kerne wird Energie frei. In einem wassermoderierten Reaktor ist der Spaltstoff in Form von Brennstoffstäben in Wasser eingebettet.

2. **Moderator und Kühlung:** Dieses Wasser wirkt als Moderator, in dem es die Spaltneutronen möglichst schnell und möglichst ohne Absorption auf niedere Geschwindigkeiten abbremst. Gleichzeitig fungiert es aber auch als Kühlmittel, in dem es die bei der Spaltung freiwerdende Energie in Form von Wärme aufnimmt und, von Umwälzpumpen angetrieben, aus dem Reaktor abführt.

3. **Reflektor:** Den aus Moderator und Brennstoffstäben bestehenden Reaktorkern umgibt ein aus Moderatormaterial bestehender Neutronenreflektor, der die Aufgabe hat, möglichst viele aus dem Reaktorkern entweichende Neutronen zurückzustreuen.

4. **Regelstäbe:** Die aus neutronenabsorbierendem Material bestehenden Stäbe können durch Herausziehen oder Hineinschieben in den Reaktorkern den Neutronenfluß und damit die Kettenreaktion regeln.

5. **Strahlenabschirmung:** Reaktorkern und Reflektor werden zum Schutz der Außenwelt vor entweichenden Neutronen und γ-Strahlung mit geeignetem Absorbermaterial umgeben.

191. Bauprinzip von Druck- und Siedewasser-Reaktoren

a)

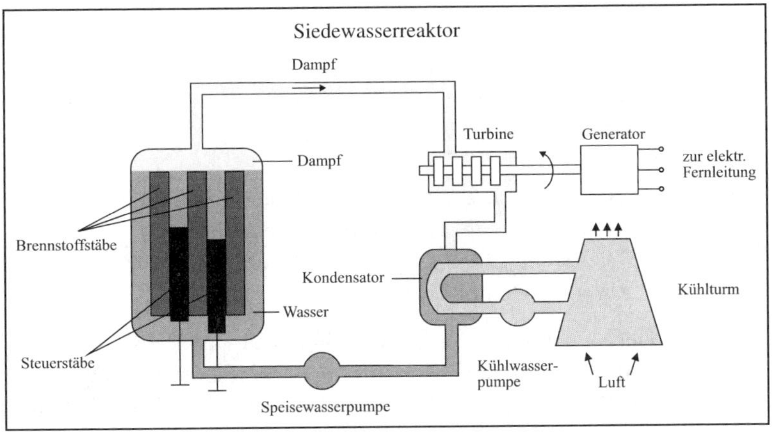

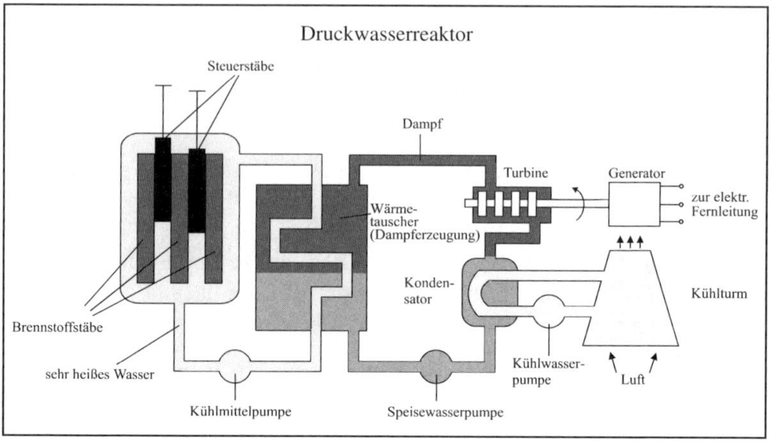

b) Bei beiden Reaktortypen wird normales Wasser als Kühlmittel und Moderator verwendet, das die Brennstoff- und die Steuerstäbe ständig umspült. Dies ist im Gegensatz zu graphitmoderierten und wassergekühlten Reaktoren (z. B. Tschernobylreaktor) ein Vorteil, da bei einem Störfall, der zu einem Kühlmittelverlust führt, auch der Moderator fehlt und damit die Kettenreaktion nicht mehr effektiv moderiert werden kann.

Der **Siedewasserreaktor** hat nur einen Kühlkreislauf. Die bei der Kernspaltung freiwerdende Energie wird dazu benützt, Wasser im Reaktorkern in Dampf überzuführen, der dann direkt der Turbine zugeführt wird. Die wesentlichen Nachteile dieses Reaktortyps sind:

- Die Steuerung der Kettenreaktion mit den Regelstäben muß wegen des sich im Reaktordruckgefäß oben sammelnden Dampfes von unten her erfolgen. Bei einer notwendigen Schnellabschaltung können die Regelstäbe also nicht "von allein" in den Reaktorkern fallen.
- Bei Schäden an den Brennelementen kann radioaktives Material über den Dampf in die Turbine gelangen.
- Die Brennstäbe brennen von oben nach unten nicht gleichmäßig ab (Wasser-Dampf-Gemisch!)

Der **Druckwasserreaktor** besitzt zwei Kühlkreisläufe. Im Primärkreislauf befindet sich nur flüssiges Wasser, das aufgrund des hohen Druckes auch bei Temperaturen von ca. 300 °C noch nicht im gasförmigen Zustand vorliegt. Dies ist ein Vorteil, da Flüssigkeiten Wärme wesentlich besser leiten als Gase. Dieses heiße Wasser erzeugt in einem Wärmetauscher in einem zweiten Kreislauf Dampf, der dann der Turbine zugeführt wird. Dampf und Turbine werden also im Gegensatz zum Siedewasserreaktor nicht radioaktiv kontaminiert (Vorteil bei Wartungsarbeiten). Außerdem kann die Steuerung der Kettenreaktion von oben her erfolgen, die Regelstäbe können bei einer Schnellabschaltung "von allein" in den Reaktorkern fallen.

Hinweis für bayerische Leser/innen:

1995 befinden sich in Bayern folgende Kernkraftwerke in Betrieb:
- Kernkraftwerk Isar 1 in Ohu bei Landshut: Siedewasserreaktor mit einer Bruttoleistung von 907 MW
- Kernkraftwerk Isar 2 in Ohu bei Landshut: Druckwasserreaktor mit einer Bruttoleistung von 1370 MW
- KRB-B in Gundremmingen: Siedewasserreaktor mit einer Bruttoleistung von 1300 MW
- KRB-C in Gundremmingen: Siedewasserreaktor mit einer Bruttoleistung von 1308 MW
- KKG Grafenrheinfeld: Druckwasserreaktor mit einer Bruttoleistung von 1300 MW

192. Die wesentlichen Sicherheitseinrichtungen bei deutschen Leichtwasserreaktoren

- **Dichtverschweißte Metallumhüllungen** der Brennstoffstäbe sollen das Entweichen von Spaltprodukten in den primären Kühlkreislauf verhindern.
- Die Brennelemente befinden sich zusammen mit dem Kühlmittel im **Reaktordruckbehälter**, der aus ca. 14 cm dicken Spezialstahl gefertigt ist und alle durch Druck und Temperatur bedingten Gefahrenmöglichkeiten entgegenwirken soll.
- Der Reaktordruckbehälter, alle Einrichtungen für den Austausch von abgebrannten Brennelementen (Kran, Lagerbecken usw.), allgemein alle Teile des Reaktors, die eine Strahlengefahr darstellen, befinden sich innerhalb des **Sicherheitsbehälters**. Das ist ein Stahlbehälter mit einer einige cm dicken Wand, der so ausgelegt ist, daß er im Fall eines Lecks im Reaktordruckbehälter den entstehenden Druck aushält und Radionuklide von der Umwelt zurückhält (viele Ostblock-Reaktoren haben dieses Containment nicht!).

- Der Sicherheitsbehälter befindet sich innerhalb einer weiteren **Hülle aus Stahlbeton**, die je nach Baujahr des Reaktors Wandstärken zwischen 50 cm und 200 cm besitzt. Sie soll den Reaktor vor äußeren Gefahren wie z. B. Flugzeugabstürzen schützen.
- Im Raum zwischen Sicherheitsbehälter und Betonhülle besteht permanent ein **Unterdruck**, um das Entweichen von radioaktiven Gasen zu verhindern.
- Alle für den sicheren Reaktorbetrieb elementar wichtigen Einrichtungen (z. B. Hauptkühlmittelpumpe) unterliegen dem sicherheitsphilosophischen Prinzip der **Redundanz** und der **Diversifikation**. Sie sind also jeweils mehrfach und nicht bauartgleich vorhanden.

Hinweise:

Trotz dieser Sicherheitsvorkehrungen haben sich in Kernkraftwerken in der Vergangenheit zahlreiche Pannen mit unterschiedlichem Gefährdungspotential für die Umwelt ereignet. Die beiden spektakulärsten sind:

1. Fast-GAU im Jahr 1978 im Kernkraftwerk Three-Mile-Island bei Harrisburg, USA, bei dem es aufgrund einer kaum vorstellbaren Verkettung von menschlichen und technischen Fehlern fast zur Kernschmelze gekommen wäre, und relativ große Mengen an Radioaktivität in die Umwelt gelangten. Die menschlichen Fehler bestanden darin, daß bei Wartungsarbeiten vergessen worden war, Ventile für die Noteinspeisung von Kühlwasser im Sekundärkreislauf zu öffnen und daß nach Eintreten des Störfalls wegen zu hohen Wasserstands im Druckhalter die durch die Automatik eingeschalteten Hochdruckeinspeisepumpen vom Bedienungspersonal ausgeschaltet wurden. Die technischen Fehler bestanden in einer Störung bei den Pumpen des Sekundärkreislaufs und in der Tatsache, daß sich ein automatisch geöffnetes Abblaseventil nicht wieder schloß.
2. GAU im Jahr 1986 im Ukrainischen Kernkraftwerk Tschernobyl, bei dem es infolge von menschlichem Versagen und Konstruktionsfehlern zur Kernschmelze mit anschließender Freisetzung von sehr großen Mengen an Radioaktivität kam. Der Konstruktionsfehler bestand im wesentlichen darin, daß der Reaktor mit Graphit moderiert und mit Wasser gekühlt wurde. Wegen dieser Trennung von Moderator und Kühlmittel zeigen die Reaktoren vom Typ Tschernobyl ein besonderes Störverhalten und bei zu geringer Leistung eine Neigung zur Instabilität (vgl. Aufgabe 189). Außerdem fehlte beim Tschernobyl-Reaktor der Sicherheitsbehälter.

193. Wiederaufarbeitung

a) Während des Aufenthalts eines Brennelements im Reaktorkern sinkt erstens wegen der gewünschten Kernspaltung der U235-Anteil in den Brennstoffstäben, nimmt zweitens die Anzahl unerwünschter neutronenabsorbierender Spaltprodukte, sog. Neutronengifte, in den Brennstoffstäben zu, nimmt drittens die mechanische Stabilität der Hüllrohre der Brennstoffstäbe ab. Da die beiden erstgenannten Tatsachen die Kettenreaktion bedrohen, die letztgenannte aber die Gefahr der Freisetzung radioaktiver Spaltprodukte in sich birgt, werden Brennelemente nach ca. 3 Jahren durch neue ersetzt.

b) In einem "abgebrannten" Brennelement" befindet sich neben den Neutronengiften noch ein bemerkenswert hoher Anteil von noch nicht gespaltenen U235-Kernen und von Pu239-Kernen (vgl. Hinweis 1), die wie U235-Kerne durch thermische Neutronen spaltbar sind.
Unter Wiederaufarbeitung versteht man einen Prozeß, bei dem in einem ersten mechanischen Schritt die Brennstäbe mechanisch zerkleinert und in einem zweiten chemischen Schritt die wertvollen Spaltstoffe U235 und Pu239 von den Neutronengiften getrennt werden, um bei der Fertigung neuer Brennstoffstäbe wieder Verwendung zu finden.

c) Für eine Wiederaufarbeitung spricht, daß dadurch der Uranbedarf verringert wird.
Dagegen sprechen:
- die hohen Kosten einer Wiederaufarbeitungsanlage. Die direkte Endlagerung abgebrannter Brennelemente ohne Wiederaufarbeitung ist erheblich billiger;
- daß bei der Wiederaufarbeitung, auch bei störungsfreiem Betrieb der Anlage, wesentlich größere Mengen Radioaktivität an die Umwelt abgegeben werden als bei einem Kernkraftwerk;
- daß der Betrieb einer Wiederaufarbeitungsanlage nicht risikolos ist (hochgiftiges Plutonium wird freigesetzt, ungewollte Kettenreaktionen sind in Wiederaufarbeitungsanlagen schon aufgetreten);
- daß bei der Wiederaufarbeitung in großen Mengen Plutonium anfällt, das für die Herstellung von Kernwaffen verwendet werden kann.

Hinweise:

1. Pu239 wird auf folgendem Weg aus dem "wertlosen" U238 erbrütet:

$$^{1}_{0}n + {}^{238}_{92}U \longrightarrow {}^{239}_{92}U$$

$$\xrightarrow[23{,}5\text{ min}]{\beta^-} {}^{239}_{93}Np + {}^{0}_{-1}e^- + {}^{0}_{0}\overline{\nu}$$

$$\xrightarrow[2{,}36\text{ d}]{\beta^-} {}^{239}_{94}Pu + {}^{0}_{-1}e^- + {}^{0}_{0}\overline{\nu}$$

2. In Europa gibt es 1995 im Betrieb befindliche Wiederaufarbeitungsanlagen nur in
   - Sellafield alias Windscale, Großbritannien (Kapazität 400 t Uran pro Jahr)
   - Thorp, Großbritannien (Kapazität 1200 t Uran pro Jahr)
   - La Hague, Frankreich (mehrere Anlagen, Gesamtkapazität ca. 2000 t Uran pro Jahr)
   - Mol, Belgien (Kapazität ca. 80 t Uran pro Jahr)

194. Endlagerung

a) Im radioaktiven Abfall befinden sich unter anderem auch Radionuklide mit z. T. außerordentlich langen Halbwertszeiten, die überdies eine äußerst hohe Radiotoxizität besitzen können. (Nichtaufgearbeitete Brennelemente enthalten z. B. Pu239, das eine Halbwertszeit von 24 000 Jahren besitzt.) Das Hauptproblem bei der Endlagerung dieser Abfälle besteht daher darin, die darin enthaltenen Radionuklide über sehr lange Zeiträume von der belebten Welt, der Biosphäre, sicher fernzuhalten, bis die Aktivität durch den radioaktiven Zerfall auf ein unbedenkliches Maß gesunken ist.

b) Das Problem der Endlagerung ist weltweit nicht gelöst! In Deutschland wurden lediglich schwach- und mittelaktive Abfälle versuchsweise in Salzstöcken eingelagert (ehemaliges Salzbergwerk Asse II bei Braunschweig). Salzstöcke sind Salzablagerungen, die sich vor ca. 100 Millionen Jahren gebildet und sich seitdem kaum verändert haben. Für die Endlagerung hochaktiver Abfälle eignet sich aber auch Asse II nicht!

Hinweis:
Aus den obengenannten Gründen wird der Betrieb und die Entsorgung von Kernkraftwerken manchmal mit einem Flugzeug verglichen, das gebaut worden und gestartet ist, bei dem man jetzt aber, wo es sich in der Luft befindet, feststellt, daß man vergessen hat, eine Landeeinrichtung einzubauen.

195. Technische Kernfusion

a) $Q_1 = [m(H2) + m(H3) - m(He4) - m(n)] \cdot c^2 =$
$= (2{,}0135536\ u + 3{,}0155012\ u - 4{,}0015064\ u - 1{,}008665\ u) \cdot c^2 =$
$= 0{,}0188834\ u \cdot c^2 = 17{,}59\ MeV$

$Q_2 = [2 \cdot m(H2) - m(H3) - m(H1)] \cdot c^2 =$
$= (2 \cdot 2{,}0135536\ u - 3{,}0155012\ u - 1{,}0072766\ u) \cdot c^2 =$
$= 0{,}0043294\ u \cdot c^2 = 4{,}03\ MeV$

$Q_3 = [2 \cdot m(H2) - m(He3) - m(n)] \cdot c^2 =$
$= (2 \cdot 2{,}0135536\ u - 3{,}0149327\ u - 1{,}008665\ u) \cdot c^2 =$
$= 0{,}0035095\ u \cdot c^2 = 3{,}27\ MeV$

b) Das Deuteron muß gegen die abstoßende elektrische Coulombkraft des Triton anlaufen. In sehr großer Entfernung muß seine kinetische Energie daher mindestens die der potentiellen Energie sein, die es besitzt, wenn es das Triton berührt.

Kernradius von H2: $r_D = 1{,}4 \cdot 10^{-15}\,m \cdot \sqrt[3]{2} = 1{,}8 \cdot 10^{-15}\,m$

Kernradius von H3: $r_T = 1{,}4 \cdot 10^{-15}\,m \cdot \sqrt[3]{3} = 2{,}0 \cdot 10^{-15}\,m$

$$E_{pot} = \frac{1}{4 \cdot \pi \cdot \varepsilon_0} \cdot \frac{e \cdot e}{r_D + r_T} =$$
$$= \frac{(1{,}6 \cdot 10^{-19}\ A \cdot s)^2}{4 \cdot \pi \cdot 8{,}85 \cdot 10^{-12}\ \frac{A \cdot s}{V \cdot m} \cdot (1{,}8 + 2{,}0) \cdot 10^{-15}\ m} =$$
$$= 6{,}1 \cdot 10^{-14}\ J = 0{,}38\ MeV$$

c) $P \stackrel{\wedge}{=} \frac{10^9 \cdot 17{,}6\,MeV}{1\,s} = \frac{10^9 \cdot 17{,}6 \cdot 10^6 \cdot 1{,}6 \cdot 10^{-19}\,J}{1\,s} = 2{,}8 \cdot 10^{-3}\,W$

Also nicht einmal 3 Milliwatt!

d) Da 1 kmol Deuterium die Masse 2,014 kg besitzt, befinden sich in 1 kg Deuterium $N = \frac{6{,}022 \cdot 10^{26}}{2{,}014} = 2{,}99 \cdot 10^{26}$ Deuteriumatome. Bei ihrer Fusion mit $2{,}99 \cdot 10^{26}$ Tritiumkernen werden nach Teilaufgabe a

$$2{,}99 \cdot 10^{26} \cdot 17{,}59 \cdot 10^6\ eV = 5{,}25 \cdot 10^{33}\ eV = 2{,}34 \cdot 10^8\ kWh$$

frei.

e) Fusion und Neutronenerzeugung: $^{2}_{1}H + ^{3}_{1}H \longrightarrow ^{4}_{2}He + ^{1}_{0}n$

Erbrüten von Tritium aus Lithium: $^{6}_{3}Li + ^{1}_{0}n \longrightarrow ^{4}_{2}He + ^{3}_{1}H$

f) (1) Für größere Leistungen müßten in einem Fusionsreaktor die zur Fusion vorgesehenen Teilchen bei Temperaturen in der Größenordnung 10^9 K längere Zeit eingeschlossen werden. Die hieraus resultierenden Hauptprobleme bestehen darin,

- Vorrichtungen zu finden, die die Teilchen bei so hohen Temperaturen für längere Zeit zusammenhalten.
- so hohe Temperaturen so lange zu erzeugen, daß der Fusionsprozeß in Gang kommt.

(2) Vorteile der Kernfusion:

- Der Ausgangsstoff Deuterium ist in unbegrenzter Menge im Wasser vorhanden, das seltenere Tritium ließe sich relativ einfach erbrüten.
- Außer Tritium entstehen keine radioaktiven Stoffe (von der Aktivierung der verwendeten Materialien durch die bei R_1 freigesetzten Neutronen abgesehen).

Hinweis:
Bislang ist man noch weit davon entfernt, einen funktionsfähigen Fusionsreaktor bauen zu können – trotz großer Anstrengungen.

196. Energieproduktion in Sternen

a) $Q_1 = [m(C12) + m(H1) - m(N13)] \cdot c^2$

$Q_2 = [m(N13) - m(C13) - m(e^+)] \cdot c^2$

$Q_3 = [m(C13) + m(H1) - m(N14)] \cdot c^2$

$Q_4 = [m(N14) + m(H1) - m(O15)] \cdot c^2$

$Q_5 = [m(O15) - m(N15) - m(e^+)] \cdot c^2$

$Q_6 = [m(N15) + m(H1) - m(C12) - m(He4)] \cdot c^2$

$$\Rightarrow Q_{ges} = \sum_{i=1}^{6} Q_i = \left[4 \cdot m(H1) - m(He4) - 2 \cdot m(e^+)\right] \cdot c^2 =$$
$$= \left[4 \cdot 1{,}0072766\ u - 4{,}0015064\ u\right] \cdot c^2 - 2 \cdot 0{,}511\ MeV =$$
$$= 0{,}0276\ u \cdot c^2 - 1{,}022\ MeV = 25{,}71\ MeV - 1{,}022\ MeV =$$
$$= 24{,}69\ MeV$$

b) Von β^+-Zerfällen unterbrochen, lagern sich nacheinander 4 Protonen an den C12-Kern an, der am Schluß des Zyklus die 4 angelagerten Protonen als He4-Kern abgibt und unverändert wieder als C12-Kern für einen neuen Zyklus zur Verfügung steht. C12 ermöglicht also die Fusion von 4 Protonen zu einem He4-Kern, ohne sich dabei zu verändern. Katalysatoren in der Chemie ermöglichen oder beschleunigen Reaktionen, ohne sich dabei zu "verändern".

c) FS. S. 75 Erdbahnradius $r_E = 1{,}5 \cdot 10^{11}$m
Da eine Kugel vom Radius r_E eine Oberfläche O,
$$O = 4 \cdot \pi \cdot r_E{}^2 = 4 \cdot \pi \cdot (1{,}5 \cdot 10^{11}\ m)^2 = 2{,}8 \cdot 10^{23}\ m^2$$
besitzt, gibt die Sonne pro Sekunde die Energie
$$E = 1{,}4 \cdot 10^3\ J \cdot 2{,}8 \cdot 10^{23} = 3{,}9 \cdot 10^{26}\ J$$
ab.
Nach $E = m \cdot c^2$ entspricht dieser Energie eine Masse von
$$m = \frac{E}{c^2} = \frac{3{,}9 \cdot 10^{26}\ J}{\left(3 \cdot 10^8\ \frac{m}{s}\right)^2} = 4{,}3 \cdot 10^9\ kg$$
Die Sonne verliert also pro Sekunde ca. 4 Millionen Tonnen Masse!

d) FS. S. 75: Sonnenmasse: $m_\odot = 2 \cdot 10^{30}$ kg
Gesamtmasse des Heliums: $M_{He} = 0{,}05 \cdot 2 \cdot 10^{30}\ kg = 10^{29}$ kg
Anzahl N_{He} aller He-Kerne in der Sonne:
$$N_{He} = \frac{M_{He}}{m_{He}} = \frac{1 \cdot 10^{29}\ kg}{6{,}6 \cdot 10^{-27}\ kg} = 1{,}5 \cdot 10^{55}$$
Da bei der Fusion eines Heliumkerns nach Teilaufgabe a ca. 25 MeV Energie frei werden, hat die Sonne seit ihrer Geburt die Energie E_{ges}
$$E_{ges} = 1{,}5 \cdot 10^{55} \cdot 25\ MeV = 1{,}5 \cdot 10^{55} \cdot 25 \cdot 10^6 \cdot 1{,}6 \cdot 10^{-19}\ J =$$
$$= 6 \cdot 10^{43}\ J$$
abgestrahlt.

Da sie nach Teilaufgabe c pro Sekunde ca. $3{,}9 \cdot 10^{26}$ J abstrahlt, hat sie

$$t = \frac{6 \cdot 10^{43}\,\mathrm{J}}{3{,}9 \cdot 10^{26}\,\mathrm{J}}\ \mathrm{s} = 1{,}5 \cdot 10^{17}\,\mathrm{s} = \frac{1{,}5 \cdot 10^{17}}{60 \cdot 60 \cdot 24 \cdot 365}\ \mathrm{a} = 4{,}8 \cdot 10^{9}\,\mathrm{a}$$

"gelebt".

197. Der "Zoo" der Elementarteilchen

(1) Die leichtesten Elementarteilchen bilden die Gruppe der **Leptonen**; zu ihr gehören Elektron, Positron, Neutrino und Antineutrino.

(2) Mittelschwere Teilchen bilden die Gruppe der **Mesonen**. Im Unterricht wurden bisher noch keine zu dieser Gruppe gehörenden Teilchen erwähnt.

(3) Schwere Teilchen bilden die Gruppe der **Baryonen**, die wieder in zwei Untergruppen unterteilt ist, die Nukleonen und die Hyperonen.
Zu den Nukleonen gehören nur das Proton und das Neutron, alle schwereren Teilchen zählt man zu den Hyperonen.
Mesonen und Baryonen zusammen bilden die Gruppe der **Hadronen**.

(4) Das Photon nimmt eine Sonderstellung ein und kann keiner der genannten Gruppen zugeordnet werden.

198. Kräfte zwischen den Elementarteilchen

Zwischen Elementarteilchen können vier verschiedene Kraftarten wirken:
- die starke Wechselwirkung
- die elektromagnetische Wechselwirkung
- die schwache Wechselwirkung
- die Gravitationswechselwirkung.

Elektromagnetische und Gravitationswechselwirkung haben unendliche Reichweite, die Reichweite der starken Wechselwirkung beträgt ca. 10^{-15} m, die der schwachen Wechselwirkung ca. 10^{-17} m.
Nimmt man die starke Wechselwirkung als Bezugsgröße, so verhalten sich die Stärken dieser Kräfte, ihre eingangs angegebene Aufzählungsfolge einhaltend, etwa wie $1 : 10^{-2} : 10^{-12} : 10^{-29}$.
Alle Hadronen unterliegen der starken Wechselwirkung und alle geladenen Teilchen der elektromagnetischen Wechselwirkung.

Die schwache Wechselwirkung wirkt zwischen den Leptonen untereinander oder zwischen Leptonen und Hadronen.
Die Gravitationswechselwirkung wirkt zwischen allen Teilchen, die eine Masse besitzen.

Hinweis:
Bitte vergegenwärtigen Sie sich, wie diese vier Fundamentalkräfte den gesamten Aufbau des Mikro- und des Makrokosmos steuern:
Mikrokosmos: Die starke Wechselwirkung hält die Protonen und die Neutronen im Atomkern zusammen. Die elektromagnetische Wechselwirkung bindet die Elektronen und die Kerne aufgrund ihrer Ladungen in Form von Atomen aneinander. Da die elektromagnetische Wechselwirkung aber langreichweitig ist, vermag sie Atome in Form von Molekülen zu binden und unter diesen Molekülen weitere Bindungen zu vermitteln. Der Übergang zum Makrokosmos ist dadurch möglich.
Aufgrund ihrer Masse werden Atome und Moleküle über sehr große Entfernungen von der Gravitationswechselwirkung in Form von Planeten, Sternen, Galaxien und Galaxienhaufen in riesigen makroskopischen Strukturen zusammengehalten.
Die schwache Wechselwirkung tritt nur bei bestimmten Kernzerfallsarten in Erscheinung; der Betazerfall wird z. B. von ihr gesteuert.

199. Kräfte sind Wechselwirkungen

In der modernen Physik wird die Kraft, die zwei Elementarteilchen aufeinander ausüben, durch den Austausch eines für die jeweilige Fundamentalkraft charakteristischen Austauschteilchens erklärt. Der Begriff "Wechselwirkung" ist daher zutreffender als der Begriff "Kraft". So wird die starke Wechselwirkung durch Pionen, die elektromagnetische Wechselwirkung durch Photonen, die schwache Wechselwirkung durch Weakonen (W^+, W^-, Z^0-Teilchen) und die Gravitationswechselwirkung durch Gravitonen vermittelt. Bis heute wurden mit Ausnahme des Gravitons alle anderen Austauschteilchen bereits experimentell nachgewiesen.

Hinweis:
Ein großes Ziel der theoretischen Physiker besteht darin, eine vereinheitlichte Theorie der vier Fundamentalkräfte aufzustellen. Die vier Fundamentalkräfte stellen sich im Rahmen dieser Theorie dann jeweils nur als Spezialfall (der bei bestimmten energetischen Randbedingungen eintritt) einer übergeordneten Universalkraft dar.
Von diesem Ziel ist man heute aber noch weit entfernt. Vor allem die Gravitationswechselwirkung bereitet bei diesen Bemühungen große Schwierigkeiten.
Stellen Sie eine stimmige Theorie der Gravitation auf und Sie sind auf einen Schlag weltberühmt! Newton mit seiner phänomenologischen Formel für die Gravitationskraft und Einstein mit seiner allgemeinen Relativitätstheorie haben bereits Vorarbeiten geleistet!

200. Quarkmodell

Quarks waren zunächst hypothetische Teilchen, die zur Erklärung der Hadronenvielfalt postuliert wurden. Im Quarkmodell gibt es insgesamt folgende sechs Quarks:

up-quark (Symbol: u), down-quark (Symbol: d), strange- oder sideways-quark (Symbol: s), charm-quark (Symbol: c), top- oder truth-quark (Symbol: t) und bottom- oder beauty-quark (Symbol: b). Zu jedem dieser 6 Quarks gibt es jeweils noch ein entsprechendes Antiquark. Die Quarks tragen positive oder negative Ladungen, deren Betrag nur $\frac{1}{3}$ oder $\frac{2}{3}$ der Elementarladung ausmacht. Quarks können über sogenannte Gluonen miteinander wechselwirken.

Mit diesem Quarkmodell gelingt es nun zu zeigen, daß alle Mesonen und alle Baryonen aus Quarks zusammengesetzt, also strukturiert sind. So besteht z. B. das Proton aus einem d- und zwei u-quarks, das Neutron aus einem u- und zwei d-quarks. Mesonen sind z. B. aus jeweils 2 Quarks aufgebaut.

Hinweis:
Die Existenz einiger Quarks wurde zunächst indirekt durch die Streuung hochenergetischer (20 GeV) Elektronen an Protonen bestätigt. Der experimentelle Nachweis des letzten noch fehlenden Quarks, des top-quarks, wurde am 2. März 1995 bekannt gegeben.

201. Die Urbausteine der Materie

Die bis heute durchgeführten Streuversuche mit Leptonen legen nahe, daß es sich bei den 6 Leptonen und ihren Antiteilchen um punktförmige, also strukturlose Teilchen handelt. Auch die 6 Quarks und ihre Antiquarks werden als strukturlos angesehen. Leptonen und Quarks sind aus heutiger Sicht also nicht mehr aus kleineren Teilchen aufgebaut. Da alle Elementarteilchen entweder zu den Leptonen oder den Hadronen gehören und alle Hadronen aus Quarks aufgebaut sind, scheint es, als ob mit den Leptonen und den Quarks wirklich die Urbausteine der Materie gefunden worden wären.

Stichwortverzeichnis

*Die angegebenen Zahlen sind die **Nummern** der Fragen bzw. Antworten!*

Ihre Meinung ist uns wichtig !

Ihre Anregungen sind uns immer willkommen. Bitte informieren Sie uns mit diesem Schein über Ihre Verbesserungsvorschläge!

Titel-Nr.	Seite	Vorschlag

Bitte hier abtrennen

Zutreffendes bitte ankreuzen!

Die Absenderin/der Absender ist:

- ☐ Lehrer/in in den Klassenstufen: ____
- ☐ Fachbetreuer/in
  Fächer: ____
- ☐ Seminarlehrer/in
  Fächer: ____
- ☐ Regierungsfachberater/in
  Fächer: ____
- ☐ Oberstufenbetreuer/in
- ☐ Schulleiter/in
- ☐ Referendar/in, Termin 2. Staats-
  examen: ____
- ☐ Leiter/in Lehrerbibliothek
- ☐ Leiter/in Schülerbibliothek
- ☐ Sekretariat
- ☐ Eltern
- ☐ Schüler/in, Klasse: ____
- ☐ Sonstiges: ____

Unterrichtsfächer: **(Bei Lehrkräften!)**

STARK Verlag
Postfach 1852
85318 Freising

13-V1T

Bitte ausfüllen und im frankierten Umschlag an uns einsenden. Für Fensterkuverts geeignet.

Kennen Sie Ihre Kundennummer?
Bitte hier eintragen.

Absender **(Bitte in Druckbuchstaben!)**

Name/Vorname

Straße/Nr.

PLZ/Ort

Telefon privat **Geburtsjahr**

E-Mail-Adresse

Schule/Schulstempel **(Bitte immer angeben!)**

(Bitte blättern Sie um)